固体废弃物在绿色建材中的应用

李秋义　王亮　著

U0212570

中国建材工业出版社

图书在版编目（CIP）数据

固体废弃物在绿色建材中的应用/李秋义，王亮著．
--北京：中国建材工业出版社，2019.3
ISBN 978-7-5160-2522-2

Ⅰ．①固…　Ⅱ．①李…　②王…　Ⅲ．①建筑材料—
固体废物处理　Ⅳ．①X799.1

中国版本图书馆 CIP 数据核字（2019）第 047199 号

内 容 简 介

我国固体废弃物的堆存数量庞大、种类繁多、成分复杂、利用率极低。随着工业生产和城镇化进程的高速发展，固体废弃物排放数量将进一步增加。因此，提高固体废弃物循环利用效率问题亟待解决。固体废弃物用于绿色建材的生产，既能解决固体废物处理与堆放、占用土地、污染环境等问题，又可取得良好的经济效益和社会效益，对于发展循环经济、低碳经济具有重要意义，拥有广阔的发展前景。

本书主要介绍了不同固体废弃物在绿色建筑材料中的应用及其再生产品，可供从事固体废弃物资源化利用和绿色建材研究开发、生产应用以及教学、培训和管理人员参考。

固体废弃物在绿色建材中的应用

Guti Feiqiwu zai Lüse Jiancaizhong de Yingyong

李秋义　王亮　著

出版发行：中国建材工业出版社
地　　址：北京市海淀区三里河路 1 号
邮　　编：100044
经　　销：全国各地新华书店
印　　刷：北京中科印刷有限公司
开　　本：787mm×1092mm　1/16
印　　张：15.75
字　　数：350 千字
版　　次：2019 年 3 月第 1 版
印　　次：2019 年 3 月第 1 次
定　　价：80.00 元

前　言

　　固体废弃物（简称"固废"）是指在社会的生产、流通、消费等一系列活动中产生的一般不再具有原使用价值而被丢弃的以固态和泥状存在的物质，或者是提取目的组分后废弃的剩余物质。我国固体废弃物来源主要有四大类：工业固体废弃物、城市建筑垃圾、危险固体废弃物和医疗废弃物。本书重点介绍的是工业固体废弃物和城市建筑垃圾。

　　随着工业生产和城镇化进程的高速发展，我国固体废弃物数量逐年增加。固体废弃物数量庞大，种类繁多，成分复杂，处理相当困难，但可再生利用组分比率也不断提高。目前，我国固体废弃物的利用率很低，其堆存量仍然十分巨大，不仅侵占了土地资源，带来不同程度的环境污染，又浪费了可再生利用资源，因此提高固体废弃物循环利用效率问题亟待解决。

　　工业固体废弃物用于绿色建材的生产，既能解决固体废弃物处理与堆放、占用土地、污染环境等问题，又可取得良好的经济效益和社会效益，具有广阔的发展空间，应大力推广应用。产业化阶段的绿色建材对固体废弃物的需求稳定增长，绿色建材将固体废弃物资源化，是发展循环经济、低碳经济的重要内容，也是促进建材行业可持续发展的一项重要工作。作者长期从事固体废弃物资源化利用技术的研究工作，获得资助的相关项目有国家自然科学基金面上项目"基于多尺度再生材料的绿色混凝土及其性能研究"（51878366）、国家自然科学基金面上项目"再生混凝土多重界面结构与性能损伤机理及强化技术研究"（51578297）、国家自然科学基金面上项目"再生骨料品质控制及再生混凝土配合比设计理论研究"（51378270）、山东省自然科学基金重大基础研究项目"固废制备节能保温绿色建材基础理论与关键技术"（ZR2017ZC0737）和青岛市地方建筑材料管理处项目"拆除建筑垃圾高效资源化关键技术与产业化应用研究"（402019201700013）等，在此对资助部门表示衷心的感谢！书中的相关内容主要源于作者本人指导的研究生的学位论文，他们是岳公冰、郭远新、苏敦磊、王卓、陶李尧、徐庆宝、隋志成、刘超、李述俊、彭志顺等人。在书稿整理过程中，得到了高嵩同志的帮助。对他们付出的辛苦劳动一并表示感谢！

本书介绍了固体废弃物的定义、分类和组成、资源化利用的主要途径，主要包括绪论、再生骨料性能与制备技术、再生骨料混凝土的性能、建筑垃圾再生产品、碱激发再生骨料混凝土、石油焦脱硫灰渣在绿色建筑材料中的应用、固体废弃物在泡沫混凝土中的应用 7 章。本书可供从事固体废弃物和绿色建材研究开发、生产应用以及教学、培训和管理人员参考。

李祝龙

2019 年 2 月 13 日

目　　录

第1章 绪　　论

随着我国工业化进程的加快，以出口加工型经济增长为主要途径的工业发展模式给国家经济发展带来了强劲的动力，同时也有效地加快了城市化发展进程。然而，工业与城市的快速发展，也给人们的生存环境带来了巨大的负担，尤其是工业固体废弃物的排放量迅速增长，不仅需要消耗大量的人力物力来进行处理，还需要占用大量的土地资源进行堆放或掩埋，如此庞大的排放量远远超过国家现有固体废弃物的管理能力，对环境造成了严重的污染。为落实《中华人民共和国固体废物污染环境防治法》《中华人民共和国环境保护税法》《中华人民共和国循环经济促进法》《中华人民共和国清洁生产促进法》等法律法规，促进工业绿色发展，推动固体废弃物资源综合利用，建立科学规范的固体废弃物资源综合利用评价制度，引导企业积极主动开展工业固体废弃物资源综合利用，我国工业和信息化部节能与综合利用司于2018年4月研究起草了《工业固体废物资源综合利用评价管理暂行办法（征求意见稿）》和《国家工业固体废物资源综合利用产品目录（征求意见稿）》。各地区根据相关办法对城市、工业固体废弃物的管理与处置虽已取得初步成效，但仍存在较多问题，尤其是固体废弃物的排放增长速度远远大于相关管理执行力的增长，导致固体废弃物的存储量巨大，长此以往，必将对我国经济社会的可持续发展造成严重损害。

目前，我国建材工业是固体废弃物利用的主要应用行业。因此，必须采取有效措施把建筑材料领域的发展同节约能源和资源、保护生态环境、治理污染有机结合起来，实现固体废弃物的循环利用及绿色建筑材料领域发展的良性循环。

1.1　固体废弃物简介

固体废弃物（简称"固废"）是指在社会的生产、流通、消费等一系列活动中产生的一般不再具有原使用价值而被丢弃的以固态和泥状存在的物质，或者是提取目的组分废弃的不同的剩余物质。固废是现阶段污染的一个重要的细分领域，我国固废来源主要有四大类：工业固废、城市建筑垃圾、危险固废和医疗废弃物。本书所介绍的是工业固废和建筑垃圾。

1.1.1　工业固废的定义

工业固废，是指在工业生产、交通运输等生产活动中所产生的固体废弃物。它属于固废，简称工业废物，是工业生产过程中排入环境的各种废渣、粉尘及其他废物。工业固废可分为一般工业废物（如高炉渣、钢渣、赤泥、有色金属渣、粉煤灰、煤渣、硫酸渣、废石膏、脱硫灰、电石渣、盐泥等）和工业有害固废。由于工业生产的复杂性，工业固废存在产量巨大、成分复杂、危害大、污染严重、处理困难等特征，凡含有氟、汞、砷、铬、镉、铅、氰等及其化合物和酚、放射性物质的固废，均为有毒废物。目前，工业固废已成为世界公认的突出环境问题之一，也成为固废处理行业的重点关注领域。工业废渣不仅要占用土地、破坏土壤、危害生物、淤塞河床、污染水质，而且不少废渣（特别是含有机质的废渣）是恶臭的来源，有些重金属废渣的危害还具有潜在性。因此，必须将这些工业固废进行再加工，回收循环利用，使固废得到绿色资源化，以争取更大的经济效益，促进工业发展。

1.1.2　工业固废的分类

工业固废根据危害状况一般可以分为两类：一般工业固废和危险固废。危险固废主要是指易燃易爆，具有腐蚀性、放射性、传染性等有毒的有害废物，如医疗废弃物、化学废弃物、核废料等；而一般工业固废包含较广，是指未列入《国家危险废物名录》或者根据国家规定的危险废物鉴别标准认定其不具有危险特性的工业固废。一般工业固废又可以分为一类和二类。

一类：按照《固体废物　浸出毒性浸出方法　翻转法》（GB 5086.1—1997）和《固体废物　浸出毒性浸出方法　水平振荡法》（HJ 557—2010）规定方法进行浸出试验而获得的浸出液中，任何一种污染物的浓度均未超过《污水综合排放标准》（GB 8978—1996）中最高允许排放浓度，且 pH 为 6~9 的一般工业固废。

二类：按照《固体废物　浸出毒性浸出方法　翻转法》（GB 5086—1997）和《固体废物　浸出毒性浸出方法　水平振荡法》（HJ 557—2010）规定方法进行浸出试验而获得的浸出液中，有一种或一种以上的污染物浓度超过《污水综合排放标准》（GB 8978—1996）中最高允许排放浓度，或者 pH 为 6~9 之外的一般工业固废。

根据我国工业和信息化部节能与综合利用司于 2018 年 4 月研究起草的《国家工业固体废物资源综合利用产品目录（征求意见稿）》，2018 年国家工业固废的种类及其综合利用产品主要包括如下几种：煤矸石、尾矿、冶炼渣（不含危险废物）、粉煤灰、矿渣和其他工业固体废弃物［主要包括工业副产石膏、赤泥（不含危险废物）、废石、化工废渣、煤泥、废催化剂、废磁性材料、陶瓷工业废料、铸造废砂、玻璃纤维废丝、医药行业废渣等］。

同时，在《国家工业固体废物资源综合利用产品目录（征求意见稿）》里"综合利用技术条件和要求"中列出的为工业固废综合利用产品应符合的相应国家标准、行业标准；没有国家标准、行业标准的，应符合相应的地方标准、团体标准。

1.1.3　建筑垃圾的定义

建筑垃圾是指建设、施工单位或个人对各类建筑物、构筑物等进行建设、拆迁、修缮及居民装饰房屋过程中所产生的固废。住房城乡建设部颁布的《城市垃圾产生源分类及垃圾排放》（CJ/T 368—2011）将城市垃圾按其产生源分为九大类，这些产生源包括垃圾产生场所，清扫垃圾产生场所、商业单位、行政事业单位、医疗卫生单位、交通运输垃圾产生场所、建筑装修场所、工业企业单位和其他垃圾产生场所。建筑垃圾即在建筑装修场所产生的城市垃圾，建筑垃圾通常与工程渣土归为一类。建筑垃圾按照来源可分为土地开挖垃圾、道路开挖垃圾、旧建筑物拆除垃圾、建筑施工垃圾和建材生产垃圾五类。

随着大量的老建筑物逐渐达到使用寿命和城镇化进程的快速发展，我国建筑垃圾排放量逐年增长，建筑垃圾堆积如山，可再生组分比例也不断提高。我国对建筑垃圾再生利用技术的研究应用起步较晚，建筑垃圾利用率很低，大部分建筑垃圾未经任何处理，被运往郊外或城市周边进行填埋或露天堆存，既污染土壤和水域环境，又浪费了可再生利用资源，因此将建筑垃圾进行资源化利用的问题亟待解决。

1.1.4 建筑垃圾的分类

根据《城市建筑垃圾和工程渣土管理规定》，建筑垃圾按照来源分类，可分为土地开挖垃圾、道路开挖垃圾、旧建筑物拆除垃圾、建筑施工垃圾四大类，主要由渣土、碎石块、废砂浆、砖瓦碎块、混凝土块、沥青块、废塑料、废金属料、废竹木等组成。

（1）土地开挖垃圾。主要分为表层土和深层土。前者可用于种植；后者主要用于回填、造景等。

（2）道路开挖垃圾。主要分为混凝土道路开挖和沥青道路开挖，包括废混凝土块、沥青混凝土块。

（3）旧建筑物拆除垃圾。主要分为砖和石头、混凝土、木材、塑料、石膏和灰浆、屋面废料、钢铁和非铁金属等几类，数量巨大。

（4）建筑施工垃圾。主要分为剩余混凝土、建筑碎料以及房屋装饰装修产生的废料。其主要有废钢筋、废铁丝和各种废钢配件、金属管线废料，废竹木、木屑、刨花、各种装饰材料的包装箱、包装袋，散落的砂浆和混凝土、碎砖和碎混凝土块，搬运过程中散落的黄砂、石子和块石等，其中，主要成分为碎砖、混凝土、砂浆、桩头、包装材料等，约占建筑施工垃圾总量的80％。

1.2 固体废弃物的生产与处置

1.2.1 工业固体废弃物的生产与处理

工业固废数量庞大，种类繁多，成分复杂，处理相当困难。目前也只是有限的几种工业固废得到利用，其他工业固废仍以消极堆存为主，部分有害的工业固废采用填埋、焚烧、化学转化、微生物处理等方法处置。据前瞻产业研究院发布的数据报告显示，2008—2017年中国工业固废产生量如图1-1所示，在2008—2012年期间，随着工业化不断发展，工业固废生产量不断增加，从2012年开始，在国家加强对污染治理的影响下，工业固废的生产量有所下降。在"十三五"期间，随着国家宏观调控政策的严格落实，工业固废的年生产量下降明显。2016 年工业固废产生量为 30.9 亿 t，较上年同比下降 5.53％，2017 年我国工业固废产生量进一步下降至 29.41 亿 t，较上年同比下降 4.82％。

图 1-1　2008—2017 年中国工业固废产生量及增长情况

（资料来源：《中国环境统计年鉴》前瞻产业研究院统计）

　　我国在固废管理与污染治理方面起步较晚，环境治理以及废物综合利用水平还处于摸索阶段，各项管理体制也还有待完善。据前瞻产业研究院发布的分析报告数据显示，2008—2017 年中国工业固废处理量如图 1-2 所示。2008—2016 年，我国工业固废处置量整体呈先上升后下降的趋势，2008—2013 年处置量整体呈上升趋势，截至 2013 年，处置量最高值为 8.37 亿 t。从 2014 年开始，处置量逐年下滑，到 2016 年下滑至 6.55 亿 t，同比下降了 11.73％。随着我国工业固废产生量的减少，2017 年工业固废处置量进一步下降为 5.98 亿 t。目前，在工业固废的管理利用方面还远不能满足工业化发展的需要，我国的工业固废利用率不高，其堆存量仍然十分巨大，不仅侵占了土地资源，还给土壤、水体和大气带来不同程度的环境污染，提高工业固废循环利用效率的问题亟待解决。

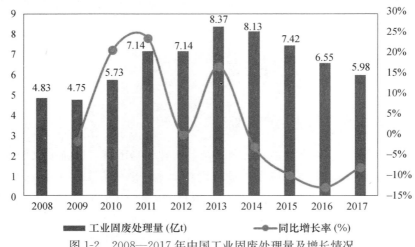

图 1-2　2008—2017 年中国工业固废处理量及增长情况

（资料来源：《中国环境统计年鉴》前瞻产业研究院统计）

目前对固废的处理方法有许多种，其中最常见的有三种，分别是卫生填埋、焚烧和堆肥。其中，卫生填埋的应用最广，所占收运量的比例也最高。根据环保部 2017 年 11 月发布的《全国大、中城市固体废物污染环境防治年报》发布的城市工业固废统计数据分析，如图 1-3 所示。2016 年，214 个大、中城市工业固体废弃物的生产量为 14.8 亿 t，占全国工业固废产生量的 50%，其中综合利用量 8.6 亿 t，处置量 3.8 亿 t，贮存量 5.5 亿 t，工业固废综合利用量占利用处理总量的 48%，处置、贮存分别占 21.2% 和 30.7%，因此综合利用仍然是处理一般工业固废的主要途径。

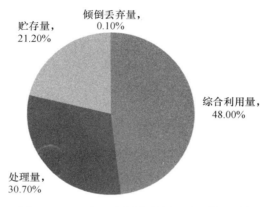

图 1-3　2016 年工业固废利用、处置情况分析

1.2.2　建筑垃圾的生产与处理

据前瞻产业研究院发布的数据报告显示，近几年，我国每年建筑垃圾的排放总量为 15.5 亿～24 亿 t，占城市垃圾的比例约为 40%，造成了严重的生态问题。长期以来，因缺乏统一完善的建筑垃圾管理办法，缺乏科学有效、经济可行的处置技术，建筑垃圾绝大部分未经任何处理，便被运往市郊露天堆放或简易填埋，存量建筑垃圾已有 200 多亿吨。

随着我国城镇化水平的不断提高，城市面积规模不断扩张，旧有城区的拆迁改造与新城区的土地一级开发等使得我国过去 10 年的建筑拆迁面积也保持着较快的增长速度。按照我国《民用建筑设计通则》（GB 50352—2005），重要建筑和高层建筑主体结构的耐久年限为 100 年，一般建筑为 50～100 年。"十一五"期间，中国共有 46 亿 m² 建筑被拆除，其中 20 亿 m² 建筑在拆除时寿命小于 40 年。2017 年我国建筑拆除面积已经达到 14.36 亿 m² 的规模，同比增长 8.34%。如图 1-4 所示。

我国建筑垃圾资源化回收再利用程度较低。2017 年我国产生建筑垃圾 23.79 亿 t，其中进行资源化利用的仅为 11893 万 t，利用率为 5% 左右，如图 1-5 所示。从 2017 年我国建筑垃圾的构成分布来看，旧建筑拆除所产生的建筑垃圾占建筑垃圾的 58%，新建筑施工产生的建筑垃圾占 36%。由此可见，建筑物的拆除阶段和新建筑的施工阶段是建筑垃圾的控制关键点。目前，随着大规模基础设施建设的持续投入、城市建筑垃圾处理的日渐成熟与规范，以及人们环保意识的增强，建筑垃圾再生利用设施已经在全国各地投入使用生产，为基础设施建设提供了大量原材料。

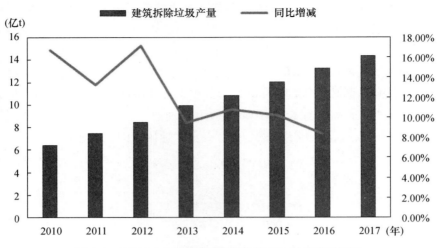

图 1-4　2010—2017 年我国建筑垃圾产生量及增长情况

（资料来源：《中国环境统计年鉴》前瞻产业研究院统计）

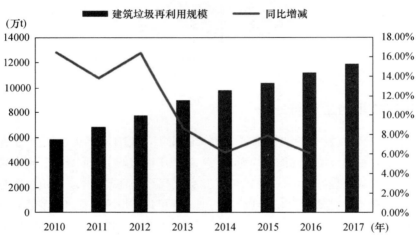

图 1-5　2010—2017 年我国建筑垃圾处理量及增长情况

（资料来源：《中国环境统计年鉴》前瞻产业研究院统计）

1.3　固体废弃物的利用

1.3.1　工业固废的利用现状

1. 粉煤灰

粉煤灰，是从煤燃烧后的烟气中收捕下来的细灰。粉煤灰是燃煤电厂排出的主要固废，也是我国当前排量较大的工业废渣之一。我国火电厂粉煤灰的主要氧化物组成为 SiO_2、Al_2O_3、FeO、Fe_2O_3、CaO、TiO_2 等。目前，粉煤灰综合利用的主要方式如

图 1-6 所示，主要用于生产水泥、混凝土、蒸压砖、保温墙体材料及其他建材产品，同时还用于改良土壤、回填、生产生物复合肥，提取物质实现高值化利用等，充分利用粉煤灰的特性开发和选择创新性的技术工艺，其在制备高性能混凝土等建筑、建材方面的应用也可以有更高的技术附加值。

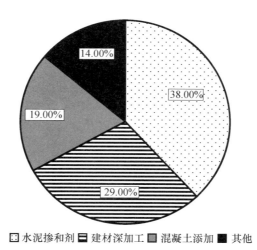

图 1-6 粉煤灰综合利用途径分布

2. 粒化高炉矿渣的利用现状

粒化高炉矿渣（简称矿渣）是冶炼生铁时从高炉以熔融状态排出的废渣，经水淬急冷处理而成。它的活性与化学组成、矿物组成、玻璃相含量、粉磨细度及外加剂对矿渣的激发程度有关。矿渣的化学成分可以用化学式 $CaO—SiO_2—Al_2O_3—MgO$ 来表示，其化学组成随炼铁方法和铁矿石种类的变化而不同。大部分矿渣的 SiO_2 和 CaO 含量相似，矿渣中所含氧化物的质量百分组成 CaO 为 38%～46%，SiO_2 为 26%～42%，Al_2O_3 为 7%～20%，MgO 为 4%～13%，还含有 MnO、FeO、金属和碱。矿渣的反应活性对硬化水泥浆体及混凝土的微观结构和性能都有很大的影响。其综合利用产品包括金属、金属合金、金属化合物、矿渣粉、矿物掺合料、建筑砂石骨料、水泥、砂浆、混凝土、陶瓷及陶瓷制品、保温耐火材料、砌块、烧结熔剂、烟气脱硫剂等。

3. 石油焦脱硫灰渣

石油焦是渣油经延迟焦化加工制得的一种焦炭，其本质是一种部分石墨化的碳元素形态，色黑多孔，呈堆积颗粒状，不能熔融。其含碳量为 90%～97%，含氢量为 1.5%～8%，还含有氮、氯、硫及重金属化合物。石油焦的产量为原料油的 25%～30%。其低位发热量为煤的 1.5～2 倍，品质接近于无烟煤。对石油焦性质影响较大的因素主要是灰分、硫分、挥发分和煅烧真密度。

经脱硫工艺处理之后的石油焦灰渣称为石油焦脱硫灰渣。国内外的石油焦脱硫灰渣应用成功的例子很少，目前主要用在如下几个方面：回收石灰、生产高质量的矿棉、生产水泥、生产烧结砖、生产陶粒等。国外的石油焦脱硫灰渣除了应用在以上几方面外，还在其他方面有应用，主要有筑路、人造砾石、土壤稳定以及改良、AMD（矿井污水）中和、混凝土掺合料、混凝土砌块、回收硫等。以上应用可见石油焦脱硫灰渣在建材中已经有所研究，但在普通工程中大量应用石油焦脱硫灰渣十分少见。国内随着循环硫化床锅炉在技术上和实践上的日趋成熟，循环硫化床（CFB）锅炉将是近期和稍后一个时期我国高硫石油焦利用处理的发展方向，处理后所得的大量灰渣取代部分水泥掺在混凝土中对混凝土性能影响的探究对今后石油焦脱硫灰渣的应用在建筑节能、废物再利用方面都有重要意义。

4. 炉渣的利用现状

炉渣又称为熔渣，是指火法冶金过程中生成的浮在金属等液态物质表面的熔体，其组成以 CaO、FeO、MgO、SiO_2、P_2O_5、Fe_2O_3 及 Al_2O_3 等氧化物为主，还常含有硫化物并夹带少量金属。在冶金炉渣中，存在较多硅酸盐与铝酸盐等成分的原材料，具有良好的活性特点。

炉渣本身略有或没有水硬胶凝性能，但它在磨细以后且有水分存在的情况下，与氢氧化钙或其他氢氧化物发生化学反应而生成具有水硬胶凝性能的化合物。所以，它可当作建筑材料，常用于生产混凝土大型样板、墙体材料、空心砌块以及利用炉渣制成轻骨料，配合水泥、河砂、水可以制成高性能混凝土。此外，含 P_2O_5 高的炼钢渣可以用作农业磷肥，铜冶炼水淬渣可作表面处理用的喷吵材料，还能用在废水处理系统中作为过滤材料，用于废水的除油、除固体杂质等预处理方面。

5. 其他工业固废的利用现状

尾矿是选矿中分选作业的产物之一，其中有用目标组分含量最低的部分称为尾矿。尾矿可用作建筑材料，可以煅烧水泥，作为烧结砖与免蒸砖的原材料。除了可以生产一般的建筑材料外，还可以作为主要原料生产高附加值的建筑装饰材料，如铸石、耐火材料、玻璃、陶粒、微晶玻璃、泡沫玻璃和泡沫材料。还可利用尾砂修筑公路、路面材料、防滑材料、海岸造田、种植农作物或植树造林。开展尾矿综合利用是提高生产效率最有前景的发展方向之一。

工业副产石膏是指工业生产中因化学反应生成的以硫酸钙为主要成分的副产品或废渣，也称为化学石膏或工业废石膏。此类废弃物与天然石膏较为相似，因此可以用其代替天然石膏用来生产水泥。还可以将其用作水泥工业缓凝剂。用作水泥工业缓凝剂的工业副产石膏用量约占工业副产石膏综合利用总量的 70%。同时，可将其用于生产石膏建材制品，包括生产普通 β 型建筑石膏粉、石膏砌块、板材、建筑石膏粉等石膏制品。此外，工业副产石膏可以直接作为土壤改良剂用于农业或者直接用于筑路的路基材料。

电石渣是电石水解获取乙炔气后的以氢氧化钙为主要成分的废渣。电石渣主要用于生产建筑材料，还可代替石灰激发炉渣的活性，制成的砖具有一定强度。将电石渣和泥浆均匀配成料浆，可以磨成水泥。此外，电石渣可以制作漂白液以节省石灰，与废硫酸制成石膏，也可用于筑路和生产化工原料。

赤泥是制铝工业提取氧化铝时排出的污染性废渣，一般平均每生产 1t 氧化铝，附带产生 1.0～2.0t 赤泥。目前，对于赤泥的利用情况，一是从赤泥中回收有价金属，即铝、钛、钒、锰等多种金属及稀有金属；二是在建材工业当中，用赤泥可生产多种型号的水泥，采用湿法工艺生产的普通硅酸盐水泥质量达标，具有早强、抗硫酸盐、水化热低、抗冻及耐磨等优越性能，还可以制造炼钢用保护渣。同时，用赤泥为主要原料可生产多种砖，如免蒸烧砖、粉煤灰转、装饰砖、陶瓷釉面砖等。

赤泥在建材工业中的其他用途还有制备自硬砂硬化剂、赤泥陶粒，生产玻璃、防渗材料、采空区充填剂和铺路等。赤泥中除含有较高的硅钙成分外，还含有农作物生长必需的多种元素，利用赤泥生产的碱性复合硅钙肥料促使农作物生长，处理废水中的重金属离子、治理废气和修复土壤污染等。

1.3.2 建筑垃圾的利用现状

1. 废混凝土的利用现状

对建筑废料中的废弃混凝土进行回收处理，作为循环再生骨料，一方面可以解决大量废弃混凝土的排放及其造成的生态环境日益恶化等问题；另一方面，可以减少天然骨料的消耗，从根本上解决资源的日益匮乏及对生态环境的破坏问题。因此，再生骨料是一种可持续发展的绿色建材。大量的工程实践表明，废旧混凝土经破碎、过筛等工序处理后可作为砂浆和混凝土的粗、细骨料（或称再生骨料），用于建筑工程基础和路（地）面垫层、非承重结构构件、砌筑砂浆等；但是由于再生骨料与天然骨料相比性能较差（内部存在大量的微裂纹，压碎指标值高，吸水率高），配制的混凝土工作性和耐久性难以满足工程要求。要推动废弃混凝土的广泛应用，必须对再生骨料进行强化处理。还可用废弃混凝土制备绿化混凝土，它属于生态混凝土的一种，被定义为能够适应植物生长、可进行植被作业，并具有保护环境、改善生态环境、基本保持原有防护作用功能的混凝土块。除此之外，可以用废弃混凝土制作景观工程和进行地基基础加固等。

2. 废砖的利用现状

目前，我国正在拆除的建筑大多是砖混结构，其中黏土砖在建筑垃圾中占有较大的比例，如果忽略了这部分垃圾的再生利用必然会造成较大的污染。建筑物拆除的废砖，如果块形比较完整，且黏附的砂浆比较容易剥离，通常可作为砖块回收并重新利用。如果块形已不完整，或与砂浆难以剥离，就要考虑其综合利用问题。废砂浆、碎砖石经破碎、过筛后与水泥按比例混合，再添加辅助材料，可制成轻质砌块、空（实）心砖、废渣混凝土多孔砖等，具有抗压强度高、耐磨、轻质、保温、隔声等优点，属环保产品。例如：

（1）将废砖适当破碎，制成轻骨料，用于制作轻骨料混凝土制品。朱锡华曾利用破碎的废砖制造多排孔轻质砌块，所用配合比为：水泥 10%～20%，废砖（含砂浆）60%～80%，辅助材料 10%～20%。采用机制成型，制品性能完全符合建筑墙体要求，市场供不应求。

（2）李秋义等人将粒径小于 5mm 的碎砖与石灰粉、粉煤灰、激发剂拌和，压力成型，蒸压养护，形成蒸压砖。此种蒸压砖具有较高的强度、耐久性和抗裂性。

（3）废砖瓦替代天然骨料配制再生轻骨料混凝土。将废砖瓦破碎、筛分、粉磨所得的废砖粉在石灰、石膏或硅酸盐水泥熟料激发条件下，具有一定的活性。小于 3cm 的青砖颗粒表观密度为 $752kg/m^3$，红砖颗粒表观密度为 $900kg/m^3$，基本具备作为轻骨料的条件，再辅以密度较小的细骨料或粉体，制成具有承重、保温功能的结构轻骨料混凝土构件（板、砌块）、透气性便道砖及花格等水泥制品。

3. 废陶瓷的利用现状

废建筑陶瓷和卫生陶瓷，一般属于炻质类陶瓷，吸水率较低、坚硬、耐磨、化学性质稳定。将废陶瓷破碎至 5～10mm，可得到一种人工彩砂原料。人工彩砂原本是用天然砂或碎石涂以耐候性有机涂料，或者在表面涂覆低温色釉料，然后焙烧成彩釉，主要用于建筑物的外墙装饰。用天然砂或碎石作原料存在两个缺点，一是吸油性较差，不易于与有机涂料牢固结合；二是在烧釉时发生相变或分解，成品质量欠佳。由于废陶瓷粒具有一定的孔隙率，且表面粗糙，易于同有机涂料结合，且陶瓷粒不存在相变问题，在烧釉温度下也不会分解。该原料在制造有机彩砂时，将其磨细至 0.08mm 以下，即成为优秀的填料。其在塑料、橡胶、涂料中使用，具有化学性质稳定、与高分子材料结合牢固、耐磨、耐热、绝缘等特点。因此，无论生产有机彩砂，还是无机彩砂，用废陶瓷粒作原料均具有一定的优势。

4. 废木材的利用现状

从建筑物拆卸下来的废旧木材，一部分可以直接当木材重新利用，如较粗的立柱、梁、托梁以及本质较硬的橡木、红杉木、雪松。在废旧木材重新利用前，应考虑以下两个因素：①腐坏、表面涂漆和粗糙程度；②尚需拔除的钉子以及其他需清除的物质。废旧木材的利用等级一般需适当降低。对于建筑施工产生的多余木料（木条），清除其表面污染物后可根据其尺寸直接利用，而不用降低其使用等级，如加工成楼梯、栏杆（或栅栏）、室内地板、护壁板（或地板）和饰条等。与普通混凝土相比，黏土-木料-水泥混凝土具有质轻、导热系数小等优点，因而可作特殊的绝热材料使用。将废木料与黏土、水泥混合生产黏土-木料-水泥复合材料，可使复合材料的密度和导热系数进一步减小和降低。

5. 废塑料的利用现状

废塑料的再生利用可分为直接再生利用和改性再生利用两大类。直接再生利用是指将回收的废旧塑料制品经过分类、清洗、破碎、造粒后直接加工成型。改性再生利用是指将再生料通过物理或化学方法改性（如复合、增强、接枝）后再加工成型。经过改性的再生塑料，机械性能得到改善，可用于制作档次较高的塑料制品。

废旧塑料的性能虽然有所降低，但存在塑料性能。可以将废旧塑料和其他材料复合，形成具有新性能的复合材料。方法是主要利用塑料和锯末、木材枝杈、糠壳、稻壳、农作物秸秆、花生壳等以一定的比例混合，添加特制的黏合剂，经高温高压处理后制成结构型材，属于基础工业原料，也可以直接挤出制品或将型材再装配成产品，如托盘或包装箱等。

1.4　本书的主要内容

1.4.1　概述

随着工业化、城市化进程的加速，我国工业固废和建筑垃圾的产生量不断增加。我国建筑垃圾年产生量已达 35 亿 t，其中每年仅拆除就产生 15 亿 t 建筑垃圾，预计这种趋势到 2020 年会达到峰值。目前，我国大部分地区现阶段存在的固废收集和利用方式仍然是以简单填埋为主，导致了固体填埋量持续迅猛增加，资源化效率极低，严重损害生态环境，产生大量的粉尘和有害气体，污染大气和环境，这给我国造成了巨大的环境威胁。我国在固废管理与污染治理方面起步较晚，环境治理以及废物综合利用水平还处于摸索阶段，各项管理体制也还有待完善，低回收利用率造成了资源浪费大，经济效益低下，因此提高工业固废资源的高效循环利用效率的问题亟待解决。

本书第 1 章详细介绍了工业固废和建筑垃圾的定义、分类、产生与处理以及目前的利用现状，根据工业固废和建筑垃圾的特点，如果把工业固废用于绿色建筑材料的生产，既能解决工业固废处理与堆放、占用土地、污染环境等问题，又可取得良好的经济效益和社会效益，具有较好的发展前景，应大力推广使用。

1.4.2　再生骨料性能与制备技术

我国建筑业正面临着两个主要方面的问题，一方面，为了满足建筑用天然砂石骨料的巨大需求，大量地开山采石对生态环境造成不可修复的破坏；另一方面，由于老旧建筑的改造或拆除项目，每年产生巨量的建筑垃圾被运送到城市周边进行简单填埋或露天堆置处理，从而带来严重的环境污染问题。将建筑垃圾回收利用生产高性能再生骨料，既可以解决天然优质资源短缺的问题，还可以减少环境污染和土地资源浪费的现象，一举多得。但是由于再生骨料自身存在多种缺陷，若在简单破碎后直接用于制备再生混凝土，将会导致生产的再生混凝土制品在力学性能方面和耐久性能方面出现较大劣势，与普通混凝土相比各项性能均为落后。因此，简单破碎后的骨料必须经过多次强化，满足一定的指标后，方能应用于实际生产。

本书第 2 章详细介绍了国内外再生粗骨料和再生细骨料的标准及技术指标，明确指出建筑垃圾本身存在的缺陷和城市建筑垃圾固废成分复杂性，在此基础上，归纳总结出目前国内外主流的建筑垃圾分选技术，详细介绍了目前国内外对于再生骨料强化改善的先进技术与设备，提出建筑垃圾高效资源化技术路线和强化装备。同时，通过使用颗粒整形设备对简单破碎再生骨料分别进行多次物理强化处理制得高品质再生骨料，评价物理强化技术对再生骨料品质的强化效果，并据此依次评定出再生粗骨料和再生细骨料的类别。

1.4.3　再生骨料混凝土的性能

随着城镇化进程的不断推进，建筑垃圾排放量以较高速度增长，而建筑垃圾中的无机材料组分比例也不断提高，已达到建筑垃圾的 $60\%\sim100\%$。绝大多数建筑垃圾未经任何处理，便被运往郊外或乡村，甚至城市周边，进行简单填埋或露天堆存，这样做不仅浪费土地和资源，还污染了环境。为了有效实现建筑垃圾应有的价值和经济效益，必须解决当前制约再生混凝土工程应用的技术难题——再生混凝土的质量问题。其中，再生骨料的品质是影响再生混凝土质量的最主要因素，在改善再生骨料品质的基础上，通过不同活性矿物掺合料复合取代水泥进一步提升再生混凝土的质量是一种有效途径，对实现建筑垃圾的循环再利用具有重大意义和使用价值。

本书第 3 章通过合理的配合比设计，利用简单破碎再生骨料、颗粒整形一次强化和多次强化的再生粗骨料和再生细骨料制备工作性良好、力学性能和各项耐久性能满足要求的高性能再生混凝土（坍落度在 180mm 以上，工作性、强度、收缩性、抗碳化、抗渗性、抗冻性等性能良好），探索了不同强化技术的再生粗骨料和再生细骨料对再生混凝土力学性能和各项耐久性能的影响因素。同时，采用多种不同的活性矿物掺合料取代水泥制备高性能再生混凝土，提高胶凝材料混合物颗粒体系的质量，加快混凝土体系的水化反应进程，改善水泥石中凝胶物质的组成，生成强度更高、稳定性更优的低碱度水化硅酸钙，完善混凝土的微观结构，进一步提升再生混凝土的性能。

1.4.4　建筑垃圾再生产品

近年来，随着我国经济的迅速发展，大规模的建设开展，建筑垃圾堆积如山，人们对建筑材料的需求量越来越大，建筑产业的巨大资源消耗引发的资源危机和环境污染带来的问题越来越严重，建筑垃圾再生产品作为一种节能、绿色、环保的新材料，如能全面应用于工程建设，将给整个人类带来巨大福音。除了利用建筑垃圾制备再生骨料和再生混凝土外，开发新型的利废、节地、节能、环保型绿色建筑材料是当前建筑垃圾产品改革的主题，不仅可以使工业固废和建筑垃圾减量化和资源化，而且还具有就地取材、就地消化、废物变宝、节约土地、保护环境的作用，是建筑业、国民经济、社会环境和资源协调发展的需要。

本书第 4 章重点介绍了不同的建筑垃圾再生产品的生产工艺及各项性能研究，通过使用不同品质的再生粗骨料和再生细骨料，分别制备出性能优良的建筑垃圾再生墙体材料（建筑垃圾再生蒸压砖、建筑垃圾再生砌块、再生骨料砖等）、建筑垃圾再生透水砖、建筑垃圾再生路缘石等再生产品，展示了建筑垃圾再生产品的工业化生产转化成果，为建筑垃圾再生产品在绿色建材行业的推广与应用提供了一定的科学理论依据，具有重要的理论意义。

1.4.5　碱激发再生骨料混凝土

伴随国家经济的快速发展，我国大力发展基础设施建设，对天然资源的过度开采及破坏，导致水土资源流失、环境恶化、地质灾害频发，由此引发的社会问题、环境问题日益突出。随着国家环保意识的逐渐增强，对建筑垃圾资源化再利用的迫切性也越来越强烈，由此兴起了一股绿色建筑材料研究的热潮。碱激发材料作为一种新兴的绿色建筑材料，逐渐为人们所重视和发展。比利时的 Purdon 教授于 1940 年研究发现，水泥水化过程可被适量氢氧化钠催化，提高铝硅酸盐溶解性而形成硅酸钠和偏铝酸钠，进一步与氢氧化钙反应形成水化硅酸钙和水化铝酸钙，使水泥硬化并重新生成氢氧化钠，为重新进行下次反应做准备，并由此最早提出"碱激发"理论。通过使用矿渣和水玻璃作为碱激发胶凝材料制备绿色再生混凝土，符合资源全面节约和循环利用发展战略可持续发展要求，应用前景非常广阔。

本书第 5 章详细介绍了利用矿渣固废和水玻璃组成的碱激发胶凝材料，并将其配合建筑垃圾分离、破碎、强化后的再生粗骨料和再生细骨料制备碱矿渣绿色再生混凝土，系统研究了不同胶凝材料用量、不同骨料品质、不同养护方式（标准养护和蒸汽养护）条件下对碱激发再生混凝土的抗压强度、抗折强度、劈裂抗拉强度和各项耐久性能的影响规律，为碱激发再生混凝土的研究提供一定的借鉴。

1.4.6 石油焦脱硫灰渣在绿色建筑材料中的应用

石油焦是石化炼油行业普遍存在的副产品，石油焦在燃烧时排放的二氧化硫污染大气，对人的健康、建筑物的使用寿命和农作物的生长都有着很大影响。随着循环硫化床锅炉（CFB）燃烧技术在我国的推广应用，石油焦脱硫灰渣产量将会成倍增长，年产量已经超过 1 亿 t。而且炼油厂规模较大，一座炼油厂的灰渣年排放量就会达到 20 万～50 万 t，石油焦脱硫灰渣循环利用的产业化前景广阔。通过循环硫化床技术脱硫后产出的石油焦脱硫灰渣，目前在我国及世界其他国家均没有好的处理技术，附加利用水平较低。研究分析得出石油焦脱硫灰渣含有大量的石膏和石灰成分，具有良好的胶凝性能，综合利用就可以变废为宝、变害为利。如能将其用于建材的生产，既可解决建材资源的紧缺，又可保护环境，具有显著的社会效益、经济效益和环境效益，因此，对石油焦脱硫灰渣的研究工作具有极大的现实意义。

本书第 6 章详细介绍了石油焦脱硫灰渣的产生、基本性质和水化机理，以此为基础，利用石油焦脱硫灰渣作为钙质材料制备不同的绿色再生产品，包括石油焦脱硫灰渣加气混凝土砌块、石油焦脱硫灰渣蒸压砖和石油焦脱硫灰渣混凝土，系统研究了各种石油焦脱硫灰渣再生产品的力学性能和耐久性能，对推动石油焦脱硫灰渣在绿色建材领域的应用具有重要意义。

1.4.7 固体废弃物在泡沫混凝土中的应用

随着工业化、城市化进程的加速，我国工业固废的产生量不断增加。固废与水泥、混凝土等建筑材料生产所需原材料具有组分类似、矿物相近的特性，是放错了地方的资源。然而，固废的资源化利用还不理想，工信部在《工业绿色发展规划（2016—2020 年）》中明确要求工业固废综合利用率在"十三五"末需达到 73%。《工业绿色发展规划（2016—2020年）》也提出："为应对气候变化，实现2030年碳排放达峰目标，开展水泥生产原料替代，利用工业固体废弃物等非碳酸盐原料生产水泥，引导使用新型低碳水泥替代传统水泥。"

本书第7章主要介绍了通过合理的水泥矿物组成配比设计，利用多种工业固废（包括石油焦脱硫灰渣、粉煤灰、电石渣以及铝矾土等）协同处理烧制低能耗、低排放的绿色高贝利特硫铝酸盐水泥熟料，并采用高效发泡技术，利用高贝利特硫铝酸盐水泥制备高性能泡沫混凝土保温墙材，解决其防火、耐水性差、密度大的难题，不仅实现固废的大宗、高附加值利用，而且解决了传统有机保温材料寿命短、耐久性差等技术难题。

参考文献

［1］刘松龄，徐郭亮. 绿色生态混凝土技术及研究现状探析［J］. 四川水泥，2017（10）：117.

［2］刘峰. 浅谈生态混凝土方面最新研究进展［J］. 中国建筑金属结构，2013（11）：53.

［3］白媛丽. 生态混凝土的发展及前景展望［J］. 广州化工，2015（43）：42-43.

［4］黄俊. 生态混凝土研究及工程应用［J］. Value engineering，2013（35）：105-106.

［5］李虎. 生态混凝土研究及工程启用现状［J］. 分析研究与探讨，2016（10）：249.

［6］高婷，尹健，桑正辉，胡雄伟，等. 绿色生态混凝土研究进展［J］. 商丘师范学院学报，2017（03）：46-50.

［7］李萌，陈宏书，王结良. 生态混凝土的研究进展［J］. 材料开发与应用，2010（05）：89-94.

［8］蒋彬，吕锡武，吴今明，等. 生态混凝土护坡在水源保护区生态修复工程中的应用［J］. 净水技术，2005（04）：47-49.

［9］奚新国. 高孔隙率低碱度胶凝材料的研究［D］. 南京：南京工业大学，2003.

［10］刘菊新，赵宇光，任子明. 多孔混凝土的研究开发［J］. 中国建材科技，1999（4）：1-5.

［11］V. M. Malhotra. Advances in concrete technology［J］. Construction and Building Materials，1993，7（09）：187.

［12］杨善顺. 环境友好型混凝土透水性混凝土. 广东建材，2004（10）：36-39.

［13］Reehard C. Meininge. rPvaementshtatleka［J］. RoekPorduets，2004（11）：32-33.

［14］Stephen J. Coupe，Humphrey G Smith，Alan P. Newman et al. and microbial diversity within permeable pavements［J］. Protstology，2003：495-498.

［15］彭运朝. 多孔混凝土研究综述［J］. 农业科技与装备，2012（07）：64-65.

［16］张金昌. 波特兰水泥透水混凝土路面施工方法［J］. 公路：1994（4）：19-22.

［17］中华人民共和国住房和城乡建设部. CJJ/T 135—2009 透水水泥混凝土路面技术规程［S］. 2009.

［18］C. J. Pratt，A. P. Newan，P. C. Bond. Mineral oil biodegradetion within permeable pavement：log team observations.［J］. Water Science Technology，1999：103-109.

［19］王武祥，谢尧生. 透水性混凝土的性能与应用［J］. 中国建材科技，1994，3（4）：1-5.

［20］吴中伟. 绿色高性能混凝土与科技创新［J］. 建筑材料学报，1999（1）：1-7.

［21］葛兆明. 混凝土外加剂［M］. 北京：化学工业出版社，2005.

［22］徐仁崇，桂苗苗，龚明子，等. 不同成型方法对透水混凝土性能的影响研究［J］. 混凝土，

2011（11）：129-131.

［23］玉井元治．コニヮリクートの高性能．高机能化（透水性コニヮリクート）コニヮリクート工学，2009：133-139.

［24］江信登．透水混凝土的应用与发展［J］．福建建筑，2009（12）：43-45.

［25］单海燕等．多孔混凝土路面特性及应用研究［J］．交通标准化，2009：12-14.

［26］张贤超．高性能透水混凝土配合比设计及其生命周期环境评价体系研究［D］．长沙：中南大学，2012.

［27］李伟．透水性混凝土力学性能及其在护坡板上的应用研究［D］．长沙：湖南科技大学，2011.

［28］GB/T 50082—2009普通混凝土长期性能和耐久性试验方法标准.

［29］徐飞，肖党旗．无砂多孔混凝土配合比的研究［J］．水利与建筑工程学报，2005（04）：26-29.

［30］李红彦．无砂大孔生态混凝土配合比及力学性能研究［J］．广东水利水电，2008（01）：54-55.

［31］曾培玲．无砂大孔生态混凝土试验研究［J］．混凝土，2012（10）：103-105.

［32］邢振贤，柴琰琰，张艳鸽．无砂大孔生态混凝土关键指标评述［J］．人民长江，2011（07）：74-76.

［33］丁威，冷发光，韦庆东，等．《普通混凝土配合比设计规程》（JGJ 55—2011）简介［J］．混凝土世界，2011（12）：76-79.

［34］程娟．透水混凝土配合比设计及其性能的试验研究［D］．杭州：浙江工业大学，2006.

［35］程娟，杨杨，陈卫忠，透水混凝土配合比设计的研究［J］．混凝土，2006（10）.

［36］盛燕萍．免振捣多孔混凝土性能及其配合比设计方法研究［D］．西安：长安大学，2006.

［37］曾伟．水混凝土配合比设计及性能研究集［D］．重庆：重庆大学，2007.

［38］王强．基于ICT切片图像的三维重构研究与应用［D］．成都：西南交通大学，2007.

［39］Ghafoori. Nader，Dutta. Shivaji. Development of no-fines concrete pavement applications［J］. Journal of Transportation Engineering，1995，121（3）：283-289.

［40］陆建飞．大掺量粉煤灰混凝土冻融循环作用下的力学性能研究［D］．杨凌：西北农林科技大学，2011.

［41］艾红梅．大掺量粉煤灰混凝土配合比设计与性能研究［D］．大连：大连理工大学，2005.

［42］徐路军．大掺量粉煤灰混凝土抗冻及冻后自愈合性能的试验研究［D］．杨凌：西北农林科技大学，2010.

［43］肖前慧．冻融环境多因素耦合作用混凝土结构耐久性研究［D］．西安：西安建筑科技大学，2010.

［44］李迁，刘冬霞．矿粉对水泥及混凝土性能的影响与应用［J］．辽宁建材，2008（12）：50-51.

［45］杨荣俊，隗功辉，张春林，等．掺矿粉混凝土配制技术研究［J］．混凝土，2004（10）：46-50.

［46］李恒勇．超细矿粉替代技术的应用［J］．价值工程，2010（19）：107-109.

［47］孟宏睿，徐建国，陈丽红，等．无砂透水混凝土的试验研究［J］．混凝土与水泥制品，2004：9-12.

［48］张巨松，张添华，宋东升，等．影响透水混凝土强度的因素探讨［J］．沈阳建筑大学学报（自然科学版），2006（05）：759-763.

［49］付培江，石云兴，屈铁军，等．透水混凝土强度若干影响因素及收缩性能的试验研究［J］．混凝土，2009（08）：19-21.

［50］陈瑜．公路隧道高性能透水混凝土路面研究［D］．长沙：中南大学，2007.

[51] 徐飞，肖党旗．无砂多孔混凝土配合比的研究［J］．水利与建筑工程学报：2005（04）：24-26.

[52] P. Chindaprasirt，S. Hatanaka，T. Chareerat，et，al. Cement paste characteristics and porous concrete properties［J］．Construction and Building Materials，2008（22）：894-901.

[53] 程娟，郭向阳．粉煤灰和矿粉对透水混凝土性能的影响［J］．建筑砌块与砌块建筑，2007（05）：27-30.

[54] 卓义金，李志刚，陈志勇，等．新型改性剂对多孔混凝土疲劳性能影响研究［J］．国防交通工程与技术，2009（04）：19-22.

[55] 董雨明，韩森，郝培文．路用多孔水泥混凝土配合比设计方法研究［J］．中外公路，2004（01）：86-89.

[56] Seungb P，Dae S S，Junl. Studies on the sound absorption characteristics of porous concrete based on the content of recycled aggregate and target void ratio［J］．Cement and Concrete Research，2005（35）：1846-1854.

[57] 吴中伟，廉慧珍．高性能混凝土［M］．北京：中国铁道出版社，1999.

[58] 赵霄龙，巴恒静，吕宝玉．高性能混凝土耐久性试验方法的研究——高性能混凝土耐久性研究之一［J］．混凝土，2000（08）：16-20.

[59] 陈改新．混凝土耐久性的研究、应用和发展趋势［J］．中国水利水电科学研究院学报，2009（02）：280-285.

[60] 董宜森．硫酸盐侵蚀环境下混凝土耐久性能试验研究［D］．杭州：浙江大学，2011.

[61] 林伦，王世伟．掺合料对混凝土耐久性的影响［J］．天津城市建设学院学报，2004（03）：204-207.

[62] 李成河．大掺量粉煤灰高性能混凝土的应用分析［J］．黑龙江工程学院学报（自然科学版），2005，19（1）：19-33.

[63] 刘星雨．透水混凝土抗冻性的影响因素研究［D］．哈尔滨：哈尔滨工业大学．

[64] 谢新生，汤巍，王锦叶．多孔生态混凝土强度与孔隙率的试验研究［J］．四川大学学报：工程科学版，2008，40（6）：19-23.

[65] 薛丽皎，陈丽红，林友军．骨料对透水混凝土性能的影响［J］．陕西理工学院学报，2010（03）：29-31.

[66] 杨善顺．环境友好型混凝土透水性混凝土．广东建材，2004（10）：36-39.

[67] 金伟良，赵羽习．混凝土结构耐久性［M］．北京：科学出版社，2002.

[68] 李金玉，曹建国，徐文雨．混凝土冻融破坏机制的研究．水利学报，1999（1）：41-49.

[69] 许文年，叶建军，周明涛，等．植被混凝土护坡绿化技术若干问题探讨．水利水电技术，2004，35（10）：50-52.

[70] 闫宏生．混凝土硫酸盐腐蚀试验研究［J］．沈阳建筑大学学报（自然科学版），2012（06）：1083-1089.

[71] 左晓宝，孙伟．硫酸盐侵蚀下的混凝土损伤破坏全过程［J］．硅酸盐学报，2009，37（7）：1065.

[72] 霍亮．透水性混凝土路面材料的制备及性能研究［D］．南京：东南大学，2004：1-20.

[73] Migue Angel Pindado，Antonio Aguado，Alejandro Josa. Fatigue behavior of polymer-modified porous concretes［J］．Cement and Concrete Research，1999（29）：1077-1083.

[74] 谷章昭，等．大掺量粉煤灰混凝土．粉煤灰，2003，10（2）：25-29.

［75］李小雷．掺和料对混凝土抗硫酸盐侵蚀性能的影响［J］．新型建筑材料，2002（04）：9-10.

［76］向小龙，彭超，曾敏，等．粉煤灰和矿粉对混凝土抗硫酸盐侵蚀性能的影响研究［J］．商品混凝土，2012（12）：39-41.

［77］刘俊．掺合料混凝土抗硫酸盐侵蚀试验研究［D］．西安：西安建筑科技大学，2010.

［78］李真真，公丕海，关长涛．不同水泥类型混凝土人工鱼礁的生物附着效果［J］．渔业科学进展，2017（38）：57-63.

［79］李琳琳，苏兴文，李晓阳，倪文．鞍钢钢渣矿渣制备人工鱼礁混凝土复合胶凝材料［J］．硅酸盐通报，2012（31）：118-122.

［80］李颖，倪文，陈德平．大掺量冶金渣制备高强度人工鱼礁混凝土的试验研究［J］．北京科技大学学报，2016（7）：1308-1313.

［81］李霞，赵敏，陈海燕，等．多种废弃材料在混凝土人工鱼礁中的研究［J］．混凝土，2012（31）：149-156.

第2章 再生骨料性能与制备技术

废混凝土的再生利用问题一直是国内外建筑废弃物回收利用的研究焦点。国内对建筑废混凝土的研究起步较晚，生产出的再生骨料性能较差，大多用于制备低强度的混凝土及其制品，研究工作也主要集中在低品质再生骨料及再生混凝土性能方面。再生混凝土的性能与再生骨料的品质密切相关，提高再生骨料的品质对于推广再生混凝土具有重要意义。

本章所述的再生骨料主要是指由废混凝土破碎得到的粗、细骨料，重点介绍了再生骨料的相关标准、建筑垃圾分选利用和再生骨料性能及制备技术。

2.1 再生粗骨料技术要求

2.1.1 国外再生粗骨料标准简介

废混凝土的资源化回收处理，是当今世界众多国家，特别是发达国家的环境保护和可持续发展战略追求的目标之一。目前，日本、美国、欧盟国家（德国、丹麦、荷兰等）以及韩国等均制定了再生骨料及再生混凝土相关技术标准。

1. 日本

早在1977年，日本建筑业协会（BCS）就制定了《再生骨料和再生混凝土使用规范（案）·同解说》，其中规定再生粗骨料的吸水率为7%以下。2003年，日本开始了对再生骨料以及再生混凝土国家标准的制定工作，并分别于2005年、2007年制定了《混凝土用再生骨料H》（高品质）的国家标准（JIS A 5021），《混凝土用再生骨料L》（低品质）的国家标准（JIS A 5023），《混凝土用再生骨料M》（中品质）的国家标准（JIS A 5022），为再生骨料的推广应用提供了必要的技术支持和保障。日本再生粗骨料的具体技术标准见表2-1。

表2-1 日本再生粗骨料技术标准

再生骨料技术标准	再生粗骨料 H（JIS A 5201）	再生粗骨料 M（JIS A 5022 付属 A）	再生粗骨料 L（JIS A 5023 付属 A）
干表观密度（kg/m³）（JIS A 1109）	2500 以上	2300 以上	—
吸水率（%）（JIS A 1110）	3.0 以下	5.0 以下	7.0 以下
填充率（%）（JIS A 5005）	55 以上	55 以上	—

再生骨料技术标准	再生粗骨料 H (JIS A 5201)	再生粗骨料 M (JIS A 5022 付属 A)	再生粗骨料 L (JIS A 5023 付属 A)
颗粒级配（JIS A 5005）	标准粒度	标准粒度（5～20mm）	标准粒度
微粒含量（%）(JIS A 1103)	1.0 以下	1.5 以下	2.0 以下
磨耗损失率（%）(JIS A 1121)	35 以下	—	—
杂质含量①（%）(JIS A 5021)	合计 3.0 以下	合计 3.0 以下	—
碱-骨料反应 (JIS A 1145) (JIS A 1146) (JIS A 1804)	无害 无害 无害	无害 无害 无害	无害 无害 无害
氯化物含量（%）(JIS A 5002)	0.04 以下	0.04 以下	0.04 以下

①　杂质含量是废砖、废玻璃、废木片、废塑料片等各类杂质总和。

2. 荷兰

在参考国际材料与结构研究试验联合会（RILEM）关于再生骨料的相关技术标准的基础上，荷兰制定了本国的再生骨料国家标准，具体见表 2-2～表 2-4。

表 2-2　荷兰再生骨料混凝土的适用范围

再生骨料混凝土的适用范围	RCAC Type I 废砌筑材料	RCAC Type II 废混凝土	RCAC Type III③ 混合材料
容许最大强度级别	C16/20②	C50/60	无限制
暴露环境级别①	1，2a	1，2a，2b，3，4a，4b	

①　级别 1：干燥环境（一般住宅和办公楼等建筑物内部）。
　　级别 2：湿润环境（2a 指无结冻的湿润环境，2b 指结冻的湿润环境）。
　　级别 3：结冻以及使用防冻剂的湿润环境。
　　级别 4：海洋环境（4a 指无结冻的湿润环境，4b 指结冻的湿润环境）。
②　再生骨料密度超过 2000kg/m³ 时也可使用 C30/37。
③　Type III 是天然骨料与再生骨料的混合材。混合比率为天然骨料 80% 以上，再生骨料 Type I 最大 10%，Type II 最大 20%。

表 2-3　荷兰再生骨料混凝土的力学特性

降低系数①	RCAC Type I 废砌筑材料	RCAC Type II 废混凝土	RCAC Type III 混合材料
抗拉强度（MPa）	0.85	1	1
弹性模量（MPa）	0.65	0.8	1
徐变系数	1	1	1
收缩量（mm）	2	1.5	1

①　再生骨料密度超过 2000kg/m³ 时亦可使用 C30/37。

表 2-4　荷兰再生骨料混凝土的耐久性试验

再生骨料混凝土的耐久性试验		RCAC Type I 废砌筑材料	RCAC Type II 废混凝土	RCAC Type III 混合材料
容许最大强度级别		C16/20①	C50/60	无限制
暴露环境级别	1	无		
	2a，4a	水泥砂浆试验②（4a 不适用）	水泥砂浆试验②	
	2b，4b	不适用	水泥砂浆试验②，冻融试验③	
	3	不适用	水泥砂浆试验②，冻融试验③，防冻剂试验④	

① 再生骨料密度超过 2000kg/m³ 时也可使用 C30/37。
② 水泥砂浆试验判断标准是最大膨胀率<0.1%。
③ 冻融试验判断标准是耐久性系数>80%。
④ 防冻剂试验判断标准是最大质量损失<500g/m³。

3. 英国

英国再生骨料标准参考国际材料与结构研究试验联合会（RILEM）关于再生骨料的相关技术标准，将再生粗骨料分为三个等级，并指出再生粗骨料中掺加天然骨料会改善再生骨料的性能。

4. 丹麦

丹麦混凝土协会于 1989 年 10 月制定了再生骨料技术标准，将再生粗骨料分为两个等级，并对再生粗骨料的饱和面干表观密度、轻骨料含量、杂质含量以及粒度分布等做了详细规定，具体见表 2-5。

表 2-5　丹麦再生粗骨料技术标准

再生骨料技术标准	GP1	GP2	试验方法
饱和面干表观密度（kg/m³）	2200 以上	1800 以上	DS 405.2
密度<2200kg/m³ 含量（%）	10 以下	—	DS 405.4
密度<1800kg/m³ 含量（%）	1 以下	5 以下	DS 405.4
密度<1000kg/m³ 含量（%）	0.5 以下	2 以下	DS 405.4
氯化物含量（%）	＊1	＊1	DS 423.19
全材料吸水率（%）	＊1	＊1	DS 405.2
粒度分布	＊1	＊1	DS 405.9

＊1 没有限定具体数值，但该项目必须测定。

5. 德国

1997 年德国实施再生利用法，1998 年 8 月制定了《混凝土再生骨料应用指南》，在再生混凝土开发应用方面稳步发展，取得了一系列的成果。德国再生骨料技术标准，将再生粗骨料分为四个等级，并对再生骨料的最小密度、矿物成分、沥青含量、最大吸水率等做了详细规定。

6. 欧洲其他国家

法国再生骨料标准参考国际材料与结构研究试验联合会（RILEM）关于再生骨料的相

关技术标准（表 2-6），并与西班牙、比利时共同制定了《混凝土再生骨料的应用指南》。

瑞典再生骨料标准参考了国际材料与结构研究试验联合会（RILEM）关于再生粗骨料的相关技术标准。

表 2-6　国际材料与结构研究试验联合会（RILEM）再生骨料技术标准

再生骨料技术标准	Type I 废砌筑材料	Type II 废混凝土	Type III 混合材料	试验方法
干表观密度（kg/m³）	1500 以上	2000 以上	2400 以上	prEN1097-6
密度<2200kg/m³ 含量（%）	—	10 以下	10 以下	prEN1744-1
密度<1800kg/m³ 含量（%）	10 以下	1 以下	1 以下	Modified ASTM C123
密度<1000kg/m³ 含量（%）	1 以下	0.5 以下	0.5 以下	—
杂质含量① （%）	5 以下	1 以下	1 以下	prEN933-7
吸水率（%）	20 以下	10 以下	3 以下	prEN1097-6

① 杂质包括废金属、废玻璃、废木片、废塑料片等各类杂质。

7. 韩国

韩国国家标准（KS）针对废混凝土再生骨料、道路铺装用再生骨料以及废沥青混凝土再生骨料制定了相关技术标准。韩国环境部制定了《再生骨料最大值数以及杂质含量限定》，对废混凝土用在回填土等场合时的粒径、杂质含量做了限定，再生粗骨料标准见表 2-7。

表 2-7　韩国再生粗骨料技术标准

再生骨料技术标准	粗骨料		
	1 级	2 级	3 级
干表观密度（kg/m³）	2200 以上	2200 以上	2200 以上
吸水率（%）	3.0 以下	5.0 以下	7.0 以下
微粒含量① （%）	1.5 以下	1.5 以下	1.5 以下
安定性（%）	12 以下②	12 以下②	—
填充率（%）	55 以上	55 以上	55 以上
磨耗损失（%）	40 以下	40 以下	40 以下

① 0.08mm 筛通过量。
② 韩国建设交通部《建筑废弃物处理及再利用要领》中的质量标准。

8. 美国

1982 年，美国在混凝土骨料标准 ASTM C-33-82 中规定废混凝土块经破碎后可作为粗骨料、细骨料来使用，但没有制定再生骨料技术标准。美国陆军工程协会（SAME）在有关规范和指南中鼓励使用再生混凝土骨料。美国明尼苏达州运输局标准（MDOT）和俄亥俄州运输局标准（MDOT）规定了再生混凝土作为道路铺装材料时的使用条件和试验方法。

2.1.2 我国再生粗骨料标准简介

我国《混凝土用再生粗骨料标准》（GB/T 25177—2010）由中国建筑科学研究院、青岛理工大学、同济大学等单位负责编制，在总结国内外对再生粗骨料研究和应用的基础上，《混凝土用再生粗骨料标准》（GB/T 25177—2010）基于混凝土用粗骨料的技术性能要求，并参考了国家标准《建筑用卵石、碎石》（GB/T 14685—2011）相关内容而制定。该标准适用于配制混凝土的再生粗骨料。

在《混凝土用再生粗骨料标准》（GB/T 25177—2010）中，为了合理使用再生骨料，确保工程质量，该标准把再生粗骨料划分为Ⅰ类、Ⅱ类、Ⅲ类。针对再生粗骨料的颗粒级配，根据骨料粒径尺寸的不同分为单粒级和连续粒级，具体要求见表 2-8；针对再生粗骨料的微粉含量、泥块含量、表观密度、空隙率、针片状颗粒含量、坚固性、压碎指标、吸水率、有害物质含量（主要为有机物、硫化物及硫酸盐和氯化物）和杂物含量等主要性能指标的具体要求见表 2-9；针对再生粗骨料的碱-骨料反应（主要为碱-硅酸反应、快速碱-硅酸反应和碱-碳酸盐反应），要求制备的试件无酥裂、裂缝或胶体外溢等现象发生，且膨胀率应$<0.10\%$。

表 2-8 再生粗骨料的颗粒级配

公称粒径（mm）		累计筛余（%）							
		方孔筛筛孔边长（mm）							
		2.36	4.75	9.50	16.0	19.0	26.5	31.5	37.5
单粒级	5～10	95～100	80～100	0～15	0	—	—	—	—
	10～20	—	95～100	85～100	—	0～15	0	—	—
	16～31.5	—	95～100	—	85～100	—	—	0～10	0
连续粒级	5～16	95～100	85～100	30～60	0～10	0	—	—	—
	5～20	95～100	90～100	40～80	—	0～10	0	—	—
	5～25	95～100	90～100	—	30～70	—	0～5	0	—
	5～31.5	95～100	90～100	70～90	—	15～45	—	0～5	0

表 2-9 再生粗骨料分类与技术要求

项 目	指 标		
	Ⅰ类	Ⅱ类	Ⅲ类
颗粒级配（最大粒级不大于 31.5mm）	合格	合格	合格
有机物含量（比色法）	合格	合格	合格
碱-骨料反应	合格	合格	合格
表观密度（kg/m³），>	2450	2350	2250
空隙率（%），<	47	50	53
坚固性（质量损失）（%），<	5.0	10.0	15.0
硫化物及硫酸盐含量（按 SO_3 质量计）（%），<	2.0	2.0	2.0

项　目	指　标		
	Ⅰ类	Ⅱ类	Ⅲ类
氯化物（以氯离子质量计）（%），<	0.06	0.06	0.06
其他物质含量（%），<	1.0	1.0	1.0
压碎指标（%），<	12	20	30
微粉含量（按质量计）（%），<	1.0	2.0	3.0
泥块含量（按质量计）（%），<	0.5	0.7	1.0
吸水率（按质量计）（%），<	3.0	5.0	8.0
针片状颗粒含量（按质量计）（%），<	10	10	10

从表 2-9 中可以看出，影响再生粗骨料等级划分的核心技术指标为吸水率、表观密度、压碎指标、坚固性和空隙率，这些指标均与再生粗骨料表面附着的硬化水泥砂浆的量与质（原混凝土的强度）有关。

2.2　再生细骨料技术要求

2.2.1　国外再生细骨料标准简介

目前，日本和韩国均制定了再生细骨料的相关技术标准，而欧美国家关于再生细骨料相关技术标准文献较少。

1. 日本

日本分别于 2005 年、2007 年制定了《混凝土用再生骨料 H》（高品质）的国家标准（JIS A 5021），《混凝土用再生骨料 L》（低品质）的国家标准（JIS A 5023），《混凝土用再生骨料 M》（中品质）的国家标准（JIS A 5022），介绍了再生细骨料的技术标准，具体见表 2-10。

表 2-10　日本再生骨料技术标准

再生骨料技术标准	再生细骨料 H（JIS A 5201）	再生细骨料 M（JIS A 5022 付属 A）	再生细骨料 L（JIS A 5023 付属 A）
干表观密度（kg/m³）	2500 以上	2200 以上	—
吸水率（%）	3.5 以下	7.0 以下	13.0 以下
填充率（%）	53 以上	53 以上	—
颗粒级配	标准粒度	标准粒度	JIS A 5023 付属 A
微粒含量（%）	7.0 以下	7.0 以下	—
磨耗损失率（%）	—	—	—
杂质含量[①]（%）	—	—	—
碱-骨料反应（JIS A 1145）（JIS A 1146）（JIS A 1804）	无害 无害 无害	无害 无害 无害	无害 无害 无害
氯化物含量（%）	0.04 以下	0.04 以下	0.04 以下

① 表中的杂质含量是废砖、废玻璃、废木片、废塑料片等各类杂质总和。

2. 韩国

韩国国家标准（KS）针对废混凝土再生细骨料、道路铺装用再生骨料以及废沥青混凝土再生细骨料制定了相关技术标准，具体见表 2-11。

表 2-11 韩国再生细骨料技术标准

再生骨料技术标准	细骨料	
	1 级	2 级
干表观密度（kg/m³）	2200 以上	2200 以上
吸水率（%）	5.0 以下	10 以下
微粒含量①（%）	5 以下	5 以下
安定性（%）	10 以下②	6 以下②
填充率（%）	53 以上	53 以上
磨耗损失（%）	—	—

① 0.08mm 筛通过量。
② 韩国建设交通部《建筑废弃物处理及再利用要领》中的质量标准。

2.2.2 我国再生细骨料标准简介

在总结国内外对再生细骨料研究和应用的基础上，《混凝土和砂浆用再生细骨料》（GB/T 25176—2010）基于混凝土和砂浆对所用细骨料的技术性能要求，并参考了国家标准《建筑用砂》（GB/T 14684—2011）相关内容而制定。在《混凝土和砂浆用再生细骨料》（GB/T 25176—2010）中，再生细骨料标准把再生细骨料划分为 I 类、II 类、III 类。再生细骨料按细度模数分为粗、中、细三种规格，其分类方法同国家标准 GB/T 14684—2011。

《混凝土和砂浆用再生细骨料》（GB/T 25176—2010）对再生细骨料各项技术指标的要求见表 2-12。其中，出厂检验项目包括颗粒级配、细度模数、微粉含量、泥块含量、胶砂需水量比、表观密度、堆积密度和空隙率；型式检验包括除碱-骨料反应外的所有项目；碱-骨料反应根据需要进行。为了对再生骨料品质进行划分，对表观密度、堆积密度、空隙率、坚固性、压碎指标、微粉含量、泥块含量、胶砂需水量比和胶砂强度比九项指标按相关要求进行分类。

表 2-12 再生细骨料的分类与质量要求

项 目	指 标		
	I 类	II 类	III 类
颗粒级配	合格		
有机物含量（比色法）	合格		
碱-骨料反应	合格		
表观密度（kg/m³），＞	2450	2350	2250
堆积密度（kg/m³），＞	1350	1300	1200
空隙率（%），＜	46	48	52

项　目		指　标		
		Ⅰ类	Ⅱ类	Ⅲ类
最大压碎指标值（%），<		20	25	30
饱和硫酸钠溶液中质量损失（%），<		7.0	9.0	12.0
硫化物及硫酸盐含量（按 SO_3 质量计）（%），<		2.0	2.0	2.0
氯化物（以氯离子质量计）（%），<		0.06	0.06	0.06
云母含量（按质量计）（%），<		2.0	2.0	2.0
轻物质含量（按质量计）（%），<		1.0	1.0	1.0
微粉含量（按质量计）（%），<	亚甲蓝 MB 值<1.40 或合格	5.0	6.0	9.0
	亚甲蓝 MB 值≥1.40 或不合格	1.0	3.0	5.0
泥块含量（按质量计）（%），<		1.0	2.0	3.0
再生胶砂需水量比，≤	细	1.35	1.55	1.80
	中	1.30	1.45	1.70
	粗	1.20	1.35	1.50
再生胶砂强度比，≤	细	0.80	0.70	0.60
	中	0.90	0.85	0.75
	粗	1.00	0.95	0.90

从表 2-12 中可以看出，再生细骨料品质划分的主要技术指标为表观密度、压碎指标、胶砂需水量比、胶砂强度比、空隙率、微粉含量和含泥量等。其中，胶砂需水量比、胶砂强度比是我国标准中的特色指标。

2.3　建筑垃圾分离与分选

2.3.1　建筑垃圾成分复杂性

根据《城市建筑垃圾和工程渣土管理规定》，建筑垃圾按照来源分类，可分为土地开挖、道路开挖、旧建筑物拆除、建筑施工和建材生产垃圾五类，主要由渣土、碎石块、废砂浆、泥浆、砖瓦碎块、混凝土块、沥青块、废塑料、废金属料、废竹木等成分组成。

按照回收方式、是否金属和能否燃烧，分类如下：

（1）回收利用方式：①可直接利用的材料，如旧建筑材料中可直接利用的窗、梁、尺寸较大的木料等；②可再生利用的材料，如废弃混凝土、废砖、未处理过的木材和金属，经过再生后其形态和功能都和原材料有所不同；③没有利用价值的废料，如难以回收的或回收代价过高的材料可用于回填或焚烧。

（2）是否金属：①金属类（钢铁、铜、铝等）；②非金属类（混凝土、砖、竹木材、装饰装修材料等）。

（3）能否燃烧：①可燃物；②不可燃物。

按照不同时期、不同结构类型的建筑，其所产生的垃圾成分和含量也有所不同，基本组成分类如下：

（1）拆除旧建筑物产生的建筑垃圾，如废砖、废旧混凝土、废旧钢筋混凝土、砂浆渣土、碎木料、碎玻璃、碎瓷砖等；

（2）新建建筑施工产生的建筑垃圾，如碎混凝土、碎砖、碎瓷砖、碎砌块、碎玻璃、砂浆渣土、工程渣土、钢筋混凝土桩头、金属、竹木材废料、各种包装材料和其他废弃物等；

（3）市政管网翻修过程产生的废沥青、渣块等。

旧建筑物拆除垃圾的组成与建筑物的种类有关。废弃的旧民居建筑中，砖块、瓦砾约占80%，其余为木料、碎玻璃、石灰、黏土渣等；废弃的旧工业、楼宇建筑中，混凝土块占50%~60%，其余为金属、砖块、砌块、塑料制品等。

不同结构形式的建筑工地中建筑施工垃圾的组成比例和单位建筑面积产生垃圾量也不同。砖混结构的建筑，建筑垃圾处理设备施工时形成的建筑垃圾主要由落地灰、碎砖头、混凝土块、废钢筋、铁丝、木材及其他少量杂物等构成，而落地灰、碎砖头、混凝土块在废渣中占90%以上。框架结构的建筑，建筑垃圾处理设备施工时形成的建筑垃圾基本组成一致，而钢筋混凝土桩头、各种包装材料、散落砂浆和混凝土以及其他废弃物则占据较大比重，具体如图2-1所示。

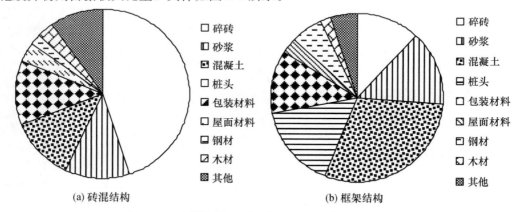

图2-1　不同结构类型建筑物所产生的建筑施工垃圾

建筑垃圾中土地开挖垃圾、道路开挖垃圾和建材生产垃圾，一般成分比较单一，其再生利用或处置比较容易。相比而言，建筑施工垃圾和旧建筑物拆除垃圾一般是在建设过程中或旧建筑物维修、拆除过程中大量产生，大多为废混凝土、废砖、砂浆渣土、碎木料等固废，其成分复杂、种类不一，回收利用非常困难，因此如何高效地对成分复杂的建筑垃圾进行分离与分选是研究的重点。

2.3.2 砖含量对再生骨料性能的影响

由于建筑垃圾料源成分复杂，众多砖混类建筑垃圾的品质较低，无法直接生产再生粗骨料，导致研究的众多成果无法转化到实际的生产生活中，大量建筑垃圾只能作为回填材料或低等级填充材料。我国目前拆除的建筑物基本都是砖混类结构，砖混类建筑垃圾中砂浆类杂质含量较少，主要成分是砖与废混凝土。这两者物理性能相近，当前的再生骨料处理工艺很难将其分离。

本节以再生骨料中的废砖含量为例，选用混凝土块（简单破碎的再生粗骨料，简称 RCA）和红砖碎块（简称 RBA）为主要研究对象，研究了砖含量对再生粗骨料物理性能的变化情况，主要包括压碎指标、坚固性、表观密度和吸水率等。

1. 压碎指标

压碎指标试验主要依据《混凝土用再生粗骨料》（GB/T 25177—2010）的要求进行。取风干无针状、片状的 9.50～19.0mm 颗粒，共 3000g。装入圆模后，在压力试验机上按 1kN/s 的速度加载至 200kN 并稳荷 5s。结束后筛除小于 2.36mm 的颗粒，计算出压碎指标。具体试验结果如图 2-2 所示。

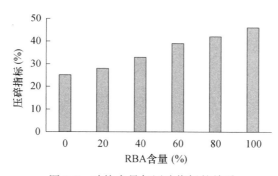

图 2-2　砖块含量与压碎指标的关系

由图 2-2 可以看出，砖块含量（RBA）对再生粗骨料（RCA）的压碎指标影响十分显著。随着再生粗骨料中砖块含量的增加，再生粗骨料的压碎指标提高。基本上砖块含量每增加 20％，再生粗骨料的压碎指标增大约 4％。

2. 坚固性

坚固性试验依据《混凝土用再生粗骨料》（GB/T 25177—2010）的要求进行。取洗净并烘干的试样按要求筛分为 4.75～9.50mm、9.50～19.0mm、19.0～37.5mm。筛分后依次浸入盛有硫酸钠溶液的容器中，并循环两次。结束后将试样清洗干净（清洗试样后的水加入少量氯化钡溶液不再出现白色浑浊）并烘干，最后进行质量计算。试验结果如图 2-3 所示。

由图 2-3 可以看出，砖块含量（RBA）对再生粗骨料（RCA）的坚固性指标影响十分明显，与压碎指标的影响趋势基本一致。随着再生粗骨料中砖块含量的增加，再生粗骨料的坚固性指标提高。砖块含量每增加 20％，再生粗骨料的坚固性指标增大约 0.6％。

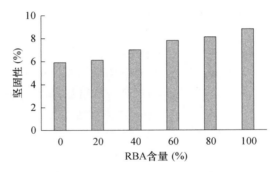

图 2-3　砖块含量与坚固性的关系

3. 表观密度

表观密度试验采用广口瓶法，主要依据《混凝土用再生粗骨料》（GB/T 25177—2010）的要求进行。取大于 4.75mm 的风干颗粒，洗净后装入广口瓶。注水排尽气泡并覆玻璃片，称取总质量后烘干。分别称量广口瓶注满水的质量及颗粒烘干后的质量。最后依据公式计算表观密度。具体试验结果如图 2-4 所示。

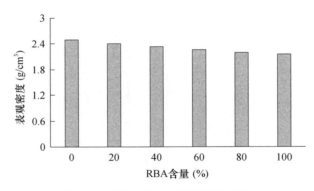

图 2-4　砖块含量与表观密度的关系

随着砖块含量逐渐升高，再生粗骨料的表观密度逐渐减小。砖块含量为 0% 时，表观密度约为 2.49g/cm³，砖块含量为 100% 时，表观密度约为 2.15g/cm³。砖块含量每增加 20%，表观密度减小约 0.07g/cm³。

4. 吸水率

吸水率试验依据《混凝土用再生粗骨料》（GB/T 25177—2010）要求进行。取试样在水中浸泡 24h，从水中取出后用湿布擦干表面水分，并称出饱和面干试样的质量。随后将饱和面干试样置于温度控制为（105±5）℃的烘干箱中烘干，并称出质量。最后按公式计算吸水率。

由图 2-5 可知，随着砖块含量逐渐升高，再生粗骨料吸水率逐渐增大，砖块含量每增加 20%，吸水率增加约 2.6%。这主要是由于砖块的孔隙较大且多，内部结构较为松散，可以吸附大量的水。

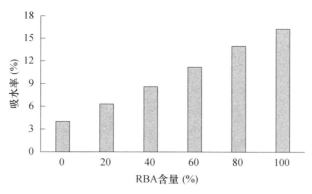

图 2-5　砖块含量与吸水率的关系

综上所述，砖含量对再生粗骨料物理性能的影响显著，随着砖含量的增多，再生粗骨料的压碎指标、坚固性和吸水率提高，表观密度降低，严重降低了再生粗骨料的品质。因此，如何高效地分选与降低再生骨料中的其他成分是研究的重点。

2.3.3　建筑垃圾分选技术简介

虽然我国使用建筑垃圾中的废弃混凝土块制作再生砂浆及混凝土、再生墙体材料、再生保温砌块等技术已经比较成熟，但由于分选技术环节瓶颈导致基本还处于粗放型处理阶段，处理成本高，处理的产品附加值低。目前主要的建筑垃圾分选技术有如下几种：

1. 体积法

陕西龙凤石业有限责任公司余金全等人，通过研发体积法建筑垃圾分选机，按照体积的不同，将建筑垃圾分为砂土、废黏土砖和废混凝土三大类。体积法分选依据滚轴筛原理，其滚轴上的分拣叶片为椭圆形，相邻两个分拣叶片为 90°相互垂直，两个分拣叶片利用速度差完成废砖的旋转、侧翻、直立和落下，进而完成废砖的分选。如图 2-6 所示。

2. 光电色选法

光电色选机是利用光学系统检测到的异色粒分选剔除，由电控系统控制。物料从被检测到差值信号到分选点的运动时间，要与分选信号发出到分选机构动作这一延时时间相匹配。物料进入分选系统后，合格品沿正常的轨道落入接料口内，而不合格品或杂质则被喷嘴发射出的脉冲式压缩空气吹离正常的运动轨道，落入废料通道而被剔

图 2-6　体积法建筑垃圾分选技术

除。它综合应用了电子学、生物学等新技术，是典型的光、机、电一体化的高新技术设备。由于光电色选机是通过颜色进行分选，可以很大程度地提高物料品质。

光电色选机主要由喂料系统、光学系统、电控系统和分选系统构成，其中光学系统为色选机的核心部分，直接影响后续信号的处理，其光路结构、观察方式等直接影响整机的性能特点、成本寿命等，具体原理如图 2-7 所示。

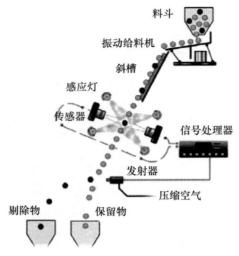

图 2-7　光电色选机原理图

3. 风选分类法

一般来说，我们把建筑垃圾中的废纸、废塑料、废木材等杂质称为轻物质。风选分类法的目的是把这些杂质去除。风选分类法是以空气为分选介质，在气流作用下使固废颗粒按密度和粒度差异进行分选的一种方法。在采用风选法之前，需要先对建筑垃圾进行破碎筛分预处理，最后进入轻物质分选机内进行分选。通过调整轻物质分选机的风速和截面尺寸，就可以将建筑垃圾中的这些轻物质去除。

4. 磁选分类法

磁选机用于去除再利用粉状粒体中的铁粉等。磁选机广泛用于木材业、矿业、窑业、化学、食品等其他工场，适用于粒度 3mm 以下的磁铁矿、焙烧矿、钛铁矿等物料的湿式磁选，也用于煤、非金属矿、建材等物料的除铁作业，是产业界使用最广泛的、通用性最高的机种之一，非常适用于具有磁性差异物质的分离。建筑垃圾中含有大量的钢筋，为去除这些钢筋，可采用磁选法。建筑垃圾中磁选法一般采用两种除铁设备，即自卸式除铁器和电磁滚筒。

5. 涡电流分类法

由于建筑垃圾中存在一些无磁性的非铁金属，无法用磁选法去除，因此可以选用涡电流分类法进行处理。涡电流分选（Eddy current separation，ECS）是利用物质电导率不同的一种分选技术，永久磁石镶成的磁石转筒高速旋转，产生一个交变磁场，当具有导电性能的金属通过磁场时，将在金属内产生涡电流。涡电流本身产生交变磁场，并与磁石转筒产生的磁场方向相反，即对金属产生排斥力（洛仑兹力），使金属从料流中分离出来，达到分选的目的。

国内涡电流分选机基本是通用型的，如图 2-8 所示，其结构可分为分选机主体和控制柜两部分；主体部分主要由磁辊、喂料系统、分料系统、罩体和机架等机构组成。

6. 离心分类法

离心分离机是利用离心作用，分离固体颗粒混合物中各组分的机械，又称为离心机。将混凝土和轻质砌块破碎筛分，粒径相近的物料离心分离效果比较好。由于离心力的作用，混凝土物料向上运动，轻质砌块向下运动，从而实现混凝土和轻质砌块的有效分离。

7. 跳汰分选法

巴西的研究人员通过跳汰分选法，采用专门的设备实现了建筑拆除垃圾再生骨料中混凝土、砖块、砂浆的初步分层，如图 2-9

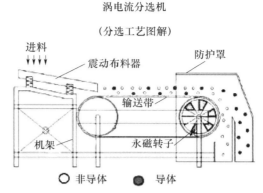

图 2-8　涡电流分选机结构示意图

所示，但目前的技术仅限于实验室研究的初级阶段。跳汰机一般用来选矿或者选煤，属于深槽分选作业，它用水作为选矿介质，利用所选矿物与脉石的密度差，进行分选，跳汰机多属于隔膜式，其工作结构跳汰室、鼓动水流运动的动作机构和产品排出机构。跳汰室内筛板由冲孔钢板、编织铁筛网或算条做成，水流通过筛板进入跳汰室应使床层升起不大的高度并略呈松散状态，密度大的颗粒因局部压强及沉降速度较大而进入底层，密度小的颗粒则转移到上层，从而实现材料分选。

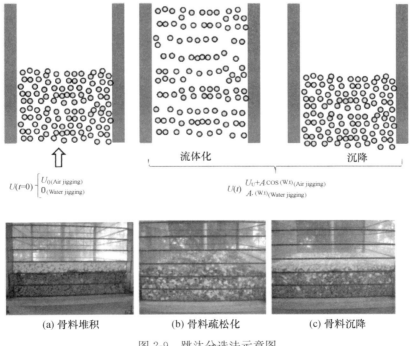

图 2-9　跳汰分选法示意图

2.3.4　建筑垃圾高效资源化利用方案

1. 技术路线

在调研考察的基础上，首先对拆除建筑垃圾的特点种类、成分品质、堆场分布、扬尘排放等基本信息进行量大面广而又有代表性的数据搜集与统计工作；其次针对不同来源、不同地域、不同体量、不同成分、不同品质的拆除建筑垃圾进行科学决策，由于渣土、轻物质不适合资源化利用，因此采用不同的垃圾处理方式，如传统的人工分拣、移动式现场破碎分拣、固定式垃圾场专业集中分拣等分类筛选工艺，有效避免难用组分（轻物质、渣土等）进入资源化工厂，实现高效率的破碎、筛分和收尘等源头综合分类，以期达到垃圾处理成本最低。

针对各类拆除建筑垃圾因材施策，分选出应用于不同领域的废混凝土、废混凝土与废砖混合物及废砖块等再生原料，对比分析不同破/粉碎手段制备符合应国家规范所规定要求、不同品质的再生粗（细）骨料、再生微粉、再生掺合料等再生产品的处理效率及能耗成本，选择出适合本市不同地区、不同体量需求的拆除建筑垃圾源头分类控制技术。技术路线如图 2-10 所示。

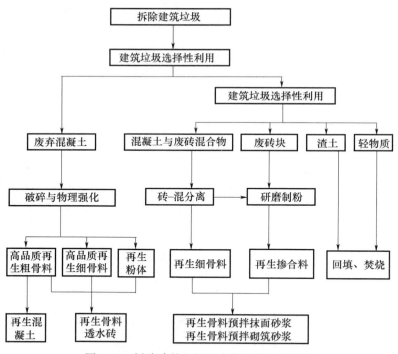

图 2-10　拆除建筑垃圾源头控制技术示意图

为了提高建筑垃圾的处理效率并生产出高品质的再生骨料，从建筑垃圾源头控制出发，重点研究了再生骨料制备过程中的砖混凝土分离技术，探究了挤压法、振磨法、颗粒整形法三种方法对砖混凝土分离的效果，由此制定出较为合理的砖混凝土分离程序。

2. 高效环保强化装备

基于物理强化方法，研究再生骨料表面净化技术与工艺，解决再生骨料品质提升和减少再生骨料质量波动。通过新型强化装备的研发、气相介质流程优化、再生粉体品质控制、气固分离后以及含尘气体的再利用等多项技术的创新与集成，开发再生骨料高效环保强化技术、工艺与装备（图 2-11），实现再生骨料清洁生产与质量提升。相应工艺具有以下优点：

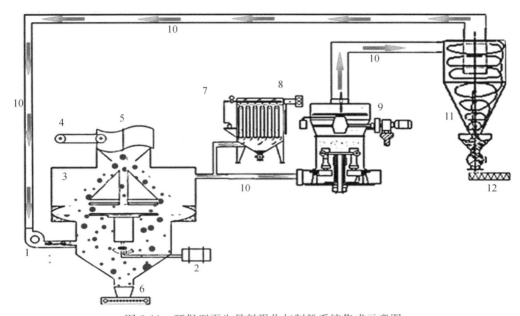

图 2-11　环保型再生骨料强化与制粉系统集成示意图

1—电机（含减速机）；2—风机；3—改装颗粒整形强化设备；4—带式输送机；

5—锁风扣袋；6—锁风配重阀及刮板式输送机；7—滤袋式收尘器；8—分压阀；

9—改装雷蒙磨；10—配套风管；11—旋风筒；12—锁风配重阀及螺旋式输送机

（1）采用该种工艺，可以提高机械自动化程度，降低体系能量损耗。

（2）采用该种工艺，可以通过控制单位时间的风量与风速，可一次性得到经颗粒整形、强化的级配合理的高品质再生骨料及再生微粉。

（3）采用该工艺，一方面通过将气流回接颗粒整形强化设备，是对可能漏风的有益补充，有效地实现闭路流程以及含尘气流内部循环，极大地减少了粉尘的外溢扩散；另一方面，采用分立出口将颗粒整形强化设备出风口同时连接到滤袋式收尘器进风口，并在分立口增设调节阀门，以进行有效调节分立口的风压与风量，实现风压调节。

（4）采用该工艺，可形成规模化流水线生产，高效回收城市废弃建筑垃圾，而且经上述流水线生产出来的整形强化过的高品质粗骨料、细骨料，所筛选出的不同粒径再生微粉可直接配制性能良好的再生混凝土，应用于道路工程、市政工程及房屋建筑工程，具有显著的社会、经济与环境综合效益。

2.4　再生骨料制备技术

2.4.1　再生骨料强化的必要性

1. 再生骨料的特点

再生混凝土骨料（Recycled Concrete Aggregate，RCA），由建（构）筑废物中的混凝土、砂浆、石、砖瓦等加工而成，用于配制混凝土的颗粒，简称再生骨料。其中，粒径不大于 4.75mm 的骨料为再生细骨料，粒径大于 4.75mm 的骨料为再生粗骨料。由再生骨料部分或全部代替天然骨料配制而成的混凝土，简称再生混凝土。

目前国内外再生骨料的简单破碎工艺大同小异，主要是将不同的切割破碎设备、传送机械、筛分设备和清除杂质的设备有机地组合在一起，共同完成破碎、筛分和去除杂质等工序。然而，仅仅通过简单破碎和筛分工艺制备的再生骨料棱角多、表面粗糙、组分中还含有硬化水泥砂浆，再加上混凝土块在破碎过程中因损伤累积在内部造成大量微裂纹，导致再生骨料自身具有孔隙率大、吸水率大、堆积密度小、堆积空隙率大、压碎指标值高等特点，性能明显比天然骨料差。

同时，利用简单破碎再生骨料制备的再生混凝土用水量较大、强度低、弹性模量低，而且抗渗性、抗冻性、抗碳化能力、收缩、徐变和抗氯离子渗透性等耐久性能均低于普通混凝土，因此只能用于制备低等级混凝土及其制品。

2. 再生骨料强化的必要性

由于不同强度等级的废弃混凝土通过简单破碎与筛分制备出的再生骨料性能差异很大，通常混凝土强度越高制得的再生骨料性能越好；反之，再生骨料性能越差。不同建筑物或同一建筑物的不同部位所用混凝土的强度等级不尽相同，因此将废弃混凝土块直接通过简单破碎、筛分制备的再生骨料不仅性能差，而且质量离散性也较大，不利于再生骨料的推广应用。同时，再生骨料及再生混凝土的性能与再生骨料的品质密切相关，简单破碎再生骨料品质低，严重影响所配制再生混凝土的性能。

为了充分利用废混凝土资源，使建筑业走上绿色可持续发展道路，必须对简单破碎获得的低品质再生骨料进行强化处理，提高再生骨料的品质，这对于改善再生混凝土性能，推广再生混凝土的应用具有重要意义。再生骨料的强化方法可以分为化学强化法和物理强化法。由于化学强化法成本较高，效果也不显著，因此不建议使用。

2.4.2　再生骨料强化方法

2.4.2.1　物理强化法

所谓物理强化法，是指使用机械设备对简单破碎获得的再生骨料进一步处理，通过骨料之间的相互撞击、磨削等机械作用除去表面黏附的水泥砂浆和颗粒棱角的方法。

物理强化方法主要包括机械研磨强化法（立式偏心装置研磨法、卧式回转研磨法）、加热研磨法和颗粒整形强化法等。

1. 机械研磨强化法

（1）立式偏心装置研磨法。由日本竹中工务店研制开发的立式偏心装置研磨法的工作原理如图 2-12 所示。该设备主要由外部筒壁、内部高速旋转的偏心轮和驱动装置所组成。设备构造有点类似锥式破碎机，不同点是转动部分为柱状结构，而且转速高。立式偏心研磨装置的外筒内直径为 72cm，内部高速旋转的偏心轮的直径为 66cm。预破碎好的物料进入内外装置间的空腔后，受到高速旋转的偏心轮的研磨作用，使得黏附在骨料表面的水泥浆体被磨掉。由于颗粒间的相互作用，骨料上较为凸出的棱角也会被磨掉，从而使再生骨料的性能得以提高。

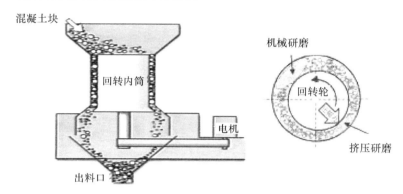

图 2-12　立式偏心装置研磨设备示意图

（2）卧式回转研磨法。由日本太平洋水泥株式会社研制开发的卧式强制研磨设备外形如图 2-13 所示，其内部构造如图 2-14 所示。该设备十分类似倾斜布置的螺旋输送机，只是将螺旋叶片改造成带有研磨块的螺旋带，在机壳内壁上也布置着大量的耐磨衬板，并且在螺旋带的顶端装有与螺旋带相反转向的锥形体，以增加对物料的研磨作用。进入设备内部的预破碎物料，由于受到研磨块、衬板以及物料之间的相互作用而被强化。

图 2-13　卧式强制研磨设备外形图

图 2-14　卧式强制研磨设备内部构造

2. 加热研磨法

日本三菱公司研制开发的加热研磨法的工作原理如图 2-15 所示。初步破碎后的混凝土块经过 300℃左右高温加热处理，使水泥石脱水、脆化，而后在磨机内对其进行冲击和研磨处理，以有效除去再生骨料中的水泥石残余物。加热研磨处理工艺，不但可以回收高品质的再生粗骨料，还可以回收高品质再生细骨料和微骨料（粉料）。加热温度越高，研磨处理越容易；但是当加热温度超过 500℃时，不仅使骨料性能产生劣化，而且加热与研磨的总能量消耗会显著提高 6～7 倍。

加热研磨法工艺流程如图 2-16 所示。经过初步破碎成 50mm 以下的混凝土块，投入充填型加热装置，经 300℃的热风加热使水泥石进行脱水、脆化，物料在双重圆筒型磨机内，受到钢球研磨体的冲击与研磨作用后，粗骨料由内筒排出，水泥砂浆部分将从外筒排出。一次研磨处理后的物料（粗骨料和水泥砂浆）一同进入二次研磨装置。二次研磨装置是以回收的粗骨料作研磨体对水泥砂浆部分进行再次研磨。最后，通过振动筛和风选工艺，对粗骨料、细骨料以及副产品（微粉）进行分级处理。

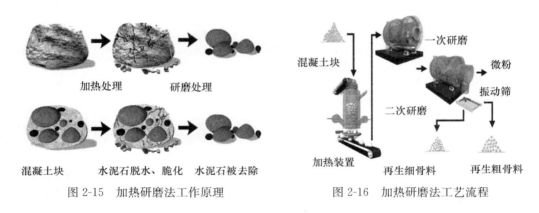

图 2-15　加热研磨法工作原理　　　　图 2-16　加热研磨法工艺流程

3. 颗粒整形强化法

所谓颗粒整形强化法，就是通过"再生骨料高速自击与摩擦"来去掉骨料表面附着的硬化砂浆或水泥石，并除掉骨料颗粒上较为凸出的棱角，使粒形趋于球形，从而实现对再生骨料的强化。该系统由主机系统、除尘系统、电控系统、润滑系统和压力密封系统组成，如图 2-17 所示。

颗粒整形设备的工作原理如图 2-18 所示，物料由上端进料口加入机器，分成两股料流。其中，一部分物料经叶轮顶部进入叶轮内腔，由于受离心作用而加速，并被高速抛射出（最大时速可达 100m/s）；另一部分物料由主机内分料系统沿叶轮四周落下，并与叶轮抛射出的物料相碰撞。高速旋转飞盘抛出的物料在离心力的作用下填充死角，形成永久性物料曲面。该曲面不仅保护腔体免受磨损，而且会增加物料间的高速摩擦和碰撞。碰撞后的物料沿曲面下返，与飞盘抛出的物料形成再次碰撞，直至最后沿下腔体流出。物料经过多次碰撞摩擦而得到粉碎和整形。在工作过程中，高速物料很少与机体接触，从而提高了设备的使用寿命。

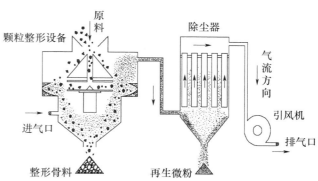

| 图 2-17　颗粒整形设备外形 | 图 2-18　颗粒整形结构和工作原理 |

通过上述几种强化处理工艺可以看出，国外强化工艺设备磨损大、动力与能量消耗大。与之相比，颗粒整形设备易损件少，动力消耗低，设备体积小、操作简便，安装和维修方便，是一种经济实用的加工处理方法。

2.4.2.2　化学强化法

国内外专家学者曾经利用化学方法对再生骨料进行强化研究，采用不同性质的材料（如聚合物、有机硅防水剂、纯水泥浆、水泥外掺 Kim 粉、水泥外掺 I 级粉煤灰等）对再生骨料进行浸渍、淋洗、干燥等处理，使再生骨料得到强化。

1. 用聚合物（PVA）和有机硅防水剂处理

将 1%PVA 溶液用水稀释 2～3 倍，并搅拌均匀，然后把再生骨料倒入上述溶液，浸泡 48h。在此期间，用铁棒加以搅拌或用力来回颠簸，尽量赶走骨料表面的气泡，使其充分地浸渍强化，最后用带筛孔的器皿将再生骨料捞出，淋洗后在 50～60℃ 的温度下进行烘干处理。

将有机硅防水剂用水稀释 5～6 倍，搅拌均匀后，把再生骨料倒入稀释的有机硅溶液，浸泡 24h，操作方法同用聚合物处理，有机硅防水剂和处理后的再生骨料如图 2-19 和图 2-20 所示。

| 图 2-19　有机硅防水剂 | 图 2-20　有机硅溶液浸泡后的再生骨料 |

用 PVA 溶液和有机硅防水剂均能改善骨料表面状况，降低再生骨料的吸水率，见表 2-13。

表 2-13　表面化学处理后的再生粗骨料吸水率

项目	未经处理		聚合物处理		有机硅防水剂处理	
浸泡时间	1h	24h	1h	24h	1h	24h
吸水率（%）	2.5	4.85	0.98	2.05	0.76	1.28

经聚合物和有机硅防水剂处理过的再生骨料的吸水率有较大程度的降低。经有机硅防水剂处理的再生骨料，24h 吸水率很小，表明有机硅防水剂对再生骨料的强化效果较好。

2. 用水泥浆液处理

该方法是用事先调制好的高强度水泥浆对再生骨料进行浸泡、干燥等强化处理，以改善再生骨料的孔结构来提高再生骨料的性能。为了改善水泥浆的性能，可以掺入适量的其他物质，如粉煤灰、硅粉、Kim 粉等。

杜婷等通过试验研究了 4 种不同性质的高活性超细矿物质掺合料的水泥浆液对再生骨料进行强化试验，经过处理后的再生骨料的表观密度和压碎指标得到了改善，但吸水率没有得到明显改善，见表 2-14。

表 2-14　再生骨料化学强化后的性能

骨料品种	吸水率（%）	表观密度（kg/m³）	压碎指标（%）
未强化	6.68	2424	20.6
纯水泥浆强化	9.65	2530	17.6
水泥外掺 Kim 粉浆液强化	8.18	2511	12.4
水泥外掺硅粉浆液强化	10.06	2453	11.6
水泥外掺粉煤灰浆液强化	7.94	2509	12.8

3. 聚合物（PVA）外裹水泥浆液处理

该方法是在水泥浆裹骨料工艺的基础上，通过在再生骨料表面喷洒聚乙烯醇溶液形成聚乙烯醇粘结层，然后在聚乙烯醇粘结层表面再包裹一层水泥浆液形成水泥外壳，从而增加了再生骨料对水泥的黏附力，达到进一步提高再生混凝土强度的目的。

杨宁等通过试验对聚乙烯醇溶液外裹水泥法和纯水泥浆、水泥浆外掺矿粉、水泥浆外掺硅藻土、水泥浆外掺硅粉 4 种不同化学浆液强化后的再生骨料性能进行了对比分析，结果表明，经聚乙烯醇溶液外裹水泥法强化处理后的再生骨料的压碎指标降低了 29.5%，吸水率降低了 6.3%，均优于其他强化方法，见表 2-15。

表 2-15　再生骨料化学强化后的性能对比

骨料品种	含水率（%）	吸水率（%）	表观密度（kg/m³）	压碎指标（%）
未强化	2.58	6.77	2470	16.73
纯水泥浆强化	3.37	6.93	2580	13.24

续表

骨料品种	含水率（%）	吸水率（%）	表观密度（kg/m³）	压碎指标（%）
水泥浆外掺矿粉强化	3.78	7.51	2570	13.12
水泥浆外掺硅藻土强化	2.71	7.13	2523	12.11
水泥浆外掺硅粉强化	2.79	7.43	2534	12.80
聚乙烯醇溶液外裹水泥强化	2.63	6.34	2500	11.80

研究结果表明，化学强化法对再生骨料本身的吸水率、密度、压碎指标和强度等性能均有一定程度的提高，但是代价过高，没有推广应用价值。

2.4.3　再生骨料物理强化效果

在本节中再生骨料所采用的物理强化技术，首先使用小型颚式破碎机对废弃混凝土原料（碎块长度为 100～300mm）进行简单破碎处理，制得简单破碎再生骨料，然后使用颗粒整形设备对其分别进行一次和二次强化处理，进而制得一次物理强化再生骨料和二次物理强化再生骨料。依次将制得的三类再生骨料进行筛分，分别得到三类再生粗骨料（简单破碎再生粗骨料、一次物理强化再生粗骨料和二次物理强化再生粗骨料，分别以 SC-RCA、OP-RCA 和 DP-RCA 来表示）和三类再生细骨料（简单破碎再生细骨料、一次物理强化再生细骨料和二次物理强化再生细骨料，分别以 SC-RFA、OP-RFA 和 DP-RFA 来表示）。

参照《混凝土用再生粗骨料》（GB/T 25177—2010）和《混凝土和砂浆用再生细骨料》（GB/T 25176—2010），按照相应试验方法测试其性能指标，分析物理强化技术对再生粗骨料和再生细骨料品质的强化效果，并依次评定出各种再生粗骨料和再生细骨料的类别。本项目再生粗骨料、细骨料的物理强化技术具体流程如图 2-21 所示。

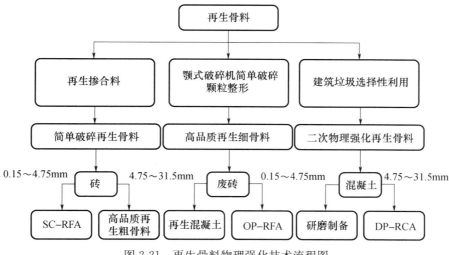

图 2-21　再生骨料物理强化技术流程图

2.4.3.1 物理强化对再生粗骨料的强化效果

1. 再生粗骨料的粒形形貌

SC-RCA、OP-RCA 和 DP-RCA 的粒形形貌分别如图 2-22（a）、图 2-22（b）和图 2-22（c）所示。可以看出，经过物理强化处理后，OP-RCA 和 DP-RCA 的棱角变少，表面的硬化水泥砂浆附着量明显降低，骨料粒形变得较圆滑，且 DP-RCA 的物理强化改善效果优于 OP-RCA。

(a) SC–RCA（简单破碎）　　　(b) OP–RCA（一次物理强化）　　　(c) DP–RCA（二次物理强化）

图 2-22　再生粗骨料粒形形貌图

2. 再生粗骨料的颗粒级配

粗骨料的颗粒级配是影响混凝土拌合物工作性，以及硬化混凝土力学性能的重要因素之一。试验测得的三类再生粗骨料的级配曲线如图 2-23 所示。可知，SC-RCA、OP-RCA 和 DP-RCA 的颗粒级配均符合再生粗骨料品质评价标准 GB/T 25177—2010 的要求。在物理强化处理后，OP-RCA 和 DP-RCA 中大粒径骨料所占比例逐渐减少，且 DP-RCA 的大粒径骨料减少量大于 OP-RCA。这是因为 SC-RCA 物理强化后，其表面附着的硬化水泥砂浆被不同程度地剥离，表面的尖锐棱角有所减少，物理强化处理后再生粗骨料颗粒级配得到显著改善。

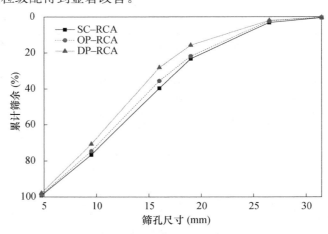

图 2-23　再生粗骨料的级配曲线

3. 再生粗骨料的基本性能指标

试验测得的三类再生粗骨料的微粉含量、泥块含量、表观密度、堆积密度（松散堆积密度和紧密堆积密度）、空隙率、针片状颗粒含量、坚固性、压碎指标、吸水率（1h 吸水率和 24h 吸水率）、有害物质含量（主要为有机物、硫化物及硫酸盐和氯化物）、杂物含量和碱-骨料反应（主要为碱-硅酸反应、快速碱-硅酸反应和碱-碳酸盐反应），见表 2-16。

表 2-16　再生粗骨料的基本性能指标

项　目		SC-RCA	OP-RCA	DP-RCA
微粉含量（%）		1.9	1.1	0.8
泥块含量（%）		0.6	0.2	0.1
表观密度（kg/m³）		2430	2470	2480
堆积密度（kg/m³）	松散堆积密度	1360	1390	1410
	紧密堆积密度	1380	1530	1590
空隙率（%）		44	44	43
针片状颗粒含量（%）		6	4	1
坚固性（以质量损失计）（%）		8.9	5.7	3.1
压碎指标（%）		18	15	9
吸水率（%）	1h	2.3	1.7	1.0
	24h	3.7	2.3	1.7
有害物质含量	有机物含量	合格	合格	合格
	硫化物及硫酸盐含量（%）	1.4	0.9	0.4
	氯化物含量（%）	0.05	0.03	0.02
杂物含量（%）		0.8	0.5	0.1
碱-骨料反应膨胀率（%）	碱-硅酸反应	0.036	0.029	0.022
	快速碱-硅酸反应	0.044	0.039	0.031
	碱-碳酸盐反应	0.067	0.051	0.038

由表 2-16 分析可得到以下结论：通过不同方式的物理强化处理，再生粗骨料的品质均得到不同程度的改善，且优劣顺序为 DP-RCA＞OP-RCA＞SC-RCA。这是因为废弃混凝土原料来源广泛，仅利用颚式破碎机简单破碎制备的 SC-RCA 成分复杂、表面粗糙，且在外力挤压和相互撞击作用下再生粗骨料也容易产生内部裂纹，这些缺陷都是导致 SC-RCA 品质低下的主要原因；但在颗粒整形设备的高速飞转下，可以有效去除 SC-RCA 表面附着的硬化水泥砂浆、水泥石颗粒、泥土、泥块和骨料内部的损伤，并且可以随着颗粒整形强化次数的增加而进一步改善再生粗骨料的性能指标。

4. 再生粗骨料在物理强化处理后的类别变化

在不同方式的物理强化处理后，三类再生粗骨料的基本性能指标均发生变化，相对应的类别变化情况见表 2-17。可知，SC-RCA 和 OP-RCA 达到Ⅱ类再生粗骨料标准，

DP-RCA 达到Ⅰ类再生粗骨料标准，但 OP-RCA 的各项基本性能指标中仅有坚固性和压碎指标未达到Ⅰ类再生粗骨料标准，其骨料品质优于 SC-RCA。

表 2-17　再生粗骨料各项基本性能指标的类别汇总

项目	SC-RCA	OP-RCA	DP-RCA
颗粒级配	符合要求	符合要求	符合要求
微粉含量（%）	Ⅱ类	Ⅰ类	Ⅰ类
泥块含量（%）	Ⅱ类	Ⅰ类	Ⅰ类
表观密度（kg/m³）	Ⅱ类	Ⅰ类	Ⅰ类
空隙率（%）	Ⅰ类	Ⅰ类	Ⅰ类
针片状颗粒含量（%）	合格	合格	合格
坚固性（%）	Ⅱ类	Ⅱ类	Ⅰ类
压碎指标（%）	Ⅱ类	Ⅱ类	Ⅰ类
吸水率（%）	Ⅱ类	Ⅰ类	Ⅰ类
有害物质含量（%）	合格	合格	合格
杂物含量（%）	合格	合格	合格
碱-骨料反应（%）	合格	合格	合格

2.4.3.2　物理强化对再生细骨料的强化效果

1. 再生细骨料的粒形形貌

SC-RFA、OP-RFA 和 DP-RFA 的粒形形貌分别如图 2-24（a）、图 2-24（b）和图 2-24（c）所示。可以看出，SC-RFA 粒径分布不均匀，表面粗糙，骨料内部存在着大量的微细裂纹，并且用手抓、捧时有明显的刺痛感；通过一次物理强化处理后的 OP-RFA 粒形较均匀，由于颗粒表面棱角减少而使得表面较圆滑；而在二次物理强化作用下，DP-RFA 表面更为干净圆滑，颗粒棱角也基本去除，用手抓、捧时会出现滑落现象，但骨料粒径偏小，即再生细骨料中小粒径含量较高。

(a) SC–RFA（简单破碎）　　(b) OP–RFA（一次物理强化）　　(c) DP–RFA（二次物理强化）

图 2-24　再生细骨料的粒形形貌图

2. 再生细骨料的颗粒级配

在不同方式的物理强化处理后，三种再生细骨料的级配曲线如图 2-25 所示。

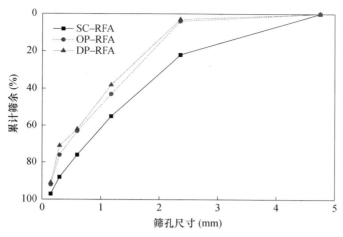

图 2-25　再生细骨料的级配曲线

由图 2-25 可以看出，物理强化后的 OP-RFA 和 DP-RFA 在各孔径筛的筛余量均有所减少，并且 DP-RCA 的各孔径筛累计筛余百分率均小于 OP-RCA。另外，由试验结果计算后得到 SC-RFA、OP-RFA 和 DP-RFA 的细度模数分别为 3.4、2.8 和 2.7，参照《混凝土和砂浆用再生细骨料》（GB/T 25176—2010），3 类再生细骨料的规格依次为粗砂、中砂和细砂。

3. 再生细骨料的基本性能指标

再生细骨料的基本性能指标是影响其品质优劣的主要因素，试验测得的三种再生细骨料的微粉含量、泥块含量、表观密度、堆积密度（松散堆积密度和紧密堆积密度）、空隙率、坚固性、压碎指标、再生胶砂需水量比、再生胶砂强度比、有害物质含量和碱-骨料反应（主要为碱-硅酸反应和快速碱-硅酸反应），见表 2-18。

表 2-18　再生细骨料的基本性能指标

项　目		SC-RFA	OP-RFA	DP-RFA
微粉含量（%）		1.8	3.2	3.6
泥块含量（%）		1.4	0.8	0.2
表观密度（kg/m³）		2360	2440	2540
堆积密度（kg/m³）	松散堆积密度	1310	1380	1480
	紧密堆积密度	1470	1580	1640
空隙率（%）		44	43	42
坚固性（以质量损失计）（%）		9.4	8.9	5.9
压碎指标（%）		24	22	17
再生胶砂需水量比		1.31	1.27	1.25
再生胶砂强度比		0.96	0.87	0.93

项 目		SC-RFA	OP-RFA	DP-RFA
有害物质含量	云母含量（%）	1.6	1.0	0.5
	轻物质含量（%）	0.6	0.4	0.1
	有机物含量	合格	合格	合格
	硫化物及硫酸盐含量（%）	1.6	1.1	0.4
	氯化物含量（%）	0.04	0.03	0.01
碱-骨料反应膨胀率（%）	碱-硅酸反应	0.047	0.032	0.015
	快速碱-硅酸反应	0.064	0.041	0.027

由表 2-18 分析可得到以下结论：

（1）物理强化后，OP-RFA 和 DP-RFA 的微粉含量均增多，但泥块含量显著减小；表观密度和堆积密度均逐渐增大，空隙率逐渐减小。OP-RFA 和 DP-RFA 的再生胶砂需水量比均逐渐降低，骨料性能得到改善，OP-RFA 和 DP-RFA 均已达到Ⅰ类再生细骨料标准。

（2）相比较颚式破碎机简单破碎后所制备的 SC-RFA，物理强化处理后的再生细骨料在坚固性和压碎指标试验中的质量损失均显著降低，并且在二次物理强化处理后再生细骨料类别由Ⅱ类提升为Ⅰ类，其品质提升效果优于一次物理强化。

4. 再生细骨料在物理强化处理后的类别变化

由表 2-19 可知，SC-RFA 和 OP-RFA 达到Ⅱ类再生细骨料标准，DP-RFA 达到Ⅰ类再生细骨料标准，但 OP-RFA 的各项基本性能指标中仅有坚固性、压碎指标和再生胶砂强度比未达到Ⅰ类再生粗骨料标准，其骨料品质优于 SC-RFA。

表 2-19　再生细骨料各项基本性能指标的类别汇总

项 目	SC-RFA	OP-RFA	DP-RFA
颗粒级配	符合要求	符合要求	符合要求
微粉含量（%）	Ⅱ类	Ⅰ类	Ⅰ类
泥块含量（%）	Ⅱ类	Ⅰ类	Ⅰ类
表观密度（kg/m³）	Ⅱ类	Ⅰ类	Ⅰ类
堆积密度（kg/m³）	Ⅱ类	Ⅰ类	Ⅰ类
空隙率（%）	Ⅰ类	Ⅰ类	Ⅰ类
坚固性（%）	Ⅱ类	Ⅱ类	Ⅰ类
压碎指标（%）	Ⅱ类	Ⅱ类	Ⅰ类
再生胶砂需水量比	Ⅱ类	Ⅰ类	Ⅰ类
再生胶砂强度比	Ⅱ类	Ⅱ类	Ⅰ类
有害物质含量（%）	合格	合格	合格
碱-骨料反应（%）	合格	合格	合格

参考文献

［1］全洪珠. 国外再生混凝土的应用概述及技术标准［J］. 青岛理工大学学报，2009（4）：87-92.

［2］（社）建築業協会. 再生骨材及び再生コンクリートの使用基準（案）・同解説［S］. 日本，1977.

［3］建設省総合技術開発プロジェクト. 建設副産物の発生抑制・再生利用技術の開発報告書［N］. 日本，1992.

［4］建設省技調発第 88 号、建設大臣官房技術調査室通達. コンクリート副産物の用途別暫定品質基準（案）［S］. 日本，1994.

［5］（財）日本規格協会. JIS A 5021 コンクリート用再生骨材 H［S］. 2005.

［6］（財）日本規格協会. JIS A 5023 再生骨材 L をもちいたコンクリート［S］. 2006.

［7］（財）日本規格協会. IS A 5022 再生骨材 M をもちいたコンクリート［S］. 2007.

［8］Hendriks Ch F. Certification system for aggregates produced from building waste and demolished building［C］. Environmental Aspects of Construction with Waste Materials，1994.

［9］Recommendation for the use of recycled aggregates for concrete in passive enviran mental class，Danish Concrete Association，1989.

［10］DIN 4226-100，Gesteinskornungen fur Beton und Mortel［S］. 2002.

［11］Hendrils C F，Pieterson H S. Sustainable raw materials construction and demolition waste［R］，RILEM report 22. RILEM Pubication Series，F-94235，1998.

［12］Hans S. Pietersen and Charles F. Hendriks. Towards large scale application of recycled aggregates in the construction industry［C］. European research and developments.［S. l.］：Proceedings of the Fouth International Conference on Ecomaterials，1999：217-220.

［13］KS F 2573［S］.

［14］DIN 4226-100，Gesteinskornungen fur Beton und Mortel［S］. 2002.

［15］柯国军，张育霖，贺涛，等. 再生混凝土的实用性研究［J］. 混凝土，2002（4）：47-48.

［16］王智威. 不同来源再生骨料的基本性能及其对混凝土抗压强度的影响［J］. 新型建筑材料 2007（7）：57-60.

［17］邓寿昌，张学兵，罗迎社. 废弃混凝土再生利用的现状分析与研究展望［J］. 混凝土，2006（11）：20-24.

［18］沈宏波，胡春健，等. 高性能混凝土中再生骨料的应用［J］. 住宅科技，2003（3）：33-35.

［19］卫国祥，雷颖占. 混凝土再生骨料的研究分析［J］. 四川建筑科学研究［J］. 2006（8）：115-117.

［20］王智威. 高品质再生骨料的生产及基本性能试验研究［J］. 混凝土，2007（3）：74-77.

［21］尚建丽，李占印，杨晓东. 再生粗集料特征性能试验研究［J］. 建筑技术. 2003（1）：52-53.

［22］Vivian W. Y. Tam et al. Assessing relationships among properties of demolished concrete，recycled aggtrgate and recycled aggregate concrete using regression analysis［J］. Journal of Hazardous Materials，2008（152）：703-714.

［23］陈莹，严捍东，林建华，等. 再生骨料基本性质及对混凝土性能影响的研究［J］. 再生资源研究，2003（6）：34-37.

[24] 阿部道彦. 建筑副产品的有效利用. 土木施工（日）. 1995（36）.

[25] 李秋义，李云霞，朱崇绩. 基于需水量比和强度比的再生粗骨料分类方法 [J]. 材料科学与工艺，2007（4）：480-483.

[26] T. C. Hansen. Recycling of Demolished Concrete and Masonry. E& FN Spon，UK，1992.

[27] 李秋义，李云霞，姜玉丹. 再生细骨料质量标准及检验方法的研究 [J]. 青岛理工大学学报，2005（6）：6-9.

[28] 李秋义，李云霞，朱崇绩. 颗粒整形对再生粗骨料性能的影响 [J]. 材料科学与工艺，2005（6）：579-581.

[29] 李云霞，李秋义，赵铁军. 再生骨料与再生混凝土的研究进展 [J]. 青岛理工大学学报，2005，26（5）：16-19.

[30] 姜丽伟，杨晓轮. 高强度再生骨料和再生高性能混凝土试验研究 [J]. 森林工程，2005（5）：55-57.

[31] 李秋义，李云霞，朱崇绩，等. 再生混凝土骨料强化技术研究 [J]. 混凝土，2006（1）：74-77.

[32] 屈志中. 钢筋混凝土破化及其利用技术的新动向 [J]. 混凝土，2004（6）：102-104.

[33] 肖建庄. 再生混凝土 [M]. 北京：中国建筑工业出版社，2008.

[34] 屈志中. 钢筋混凝土破坏及其利用技术的新动向 [J]. 建筑技术，2001，32（2）：101-104.

[35] 辻幸和. リサイクルコンクリート製品 [M]. 日本规格协会，2007.

[36] 侯景鹏，史巍. 再生混凝土技术研究开发与应用推广 [J]. 建筑技术，2002（1）：10-12.

[37] 王武祥. 拆除混凝土的再生试验研究 [J]. 房材与应用，2001，29（5）：19-22.

[38] 祝海燕，鞠凤森，曹宝贵. 废弃混凝土在道路工程中的应用 [J]. 吉林建筑工程学院学报，2006（9）：72-74.

[39] 周新宇，蔡建明. 再生集料生产新型墙体材料大有可为 [J]. 混凝土与水泥制品，2005（4）：50-53.

[40] 刘立新，谢丽丽，郝彤. 再生混凝土多孔砖配合比和基本性能的试验研究 [C]. 全国砌体结构基本理论与工程应用学术会议论文集，上海：同济大学出版社，2005：236-240.

[41] 谢丽丽，杨薇薇，刘立新，等. 工业废渣再生混凝土多孔砖配合比的试验研究 [J]. 郑州大学学报（工学版），2007（6）：27-30.

[42] 徐亦冬，沈建生. 再生混凝土高性能化的试验研究 [J]. 混凝土，2007（9）：37-41.

[43] 屈志中. 钢筋混凝土破坏及其利用技术的新动向 [J]. 建筑技术，2001（2）：102-104.

[44] 王子明，裴学东，王志元. 用聚合物乳液改善废弃混凝土作集料的砂浆强度 [J]. 混凝土，1999（2）：44-47.

[45] 程海丽，王彩彦. 水玻璃对混凝土再生骨料的强化试验研究 [J]. 建筑石膏与胶凝材料，2004（12）：12-14.

[46] 范小平，徐银芳. 再生骨料的强化试验 [J]. 上海建材，2005（4）：22-23.

[47] 杜婷，李惠强. 再生骨料回收的技术工艺探讨 [A]. 云南大学学报绿色建材专辑，2002.

[48] 柳橋ほか. 高品質再生骨材の研究 [J]. コンクリート工学年次論文报告集. 日本，1999（1）：205-210.

[49] 畑中. 再生骨材の高品質化技術について [J]. 骨材资源. 日本，2007：177-183.

[50] 柳橋ほか. 原子力施設の廃止措置により発生する解体コンクリートの再利用法の確立（その1）[J]. 日本建築学会学術講演集，日本，2000，8：347-348.

[51] Shima H, Tateyashiki H, Nakato, T, Okamoto M. New Technology for Recoving High Quaiity Aggregate from Demolished Concrete. Proceedings of 5th International Symposiu Ⅲ on East Asia Recycling Technology, 1999: 106-109.

[52] Shima H, Tateyashiki H, Nakato, T, Okamoto M. New Technology for Recoveing High Quaiity Aggregate from Demolished Concrete. Proceedings ofInternational Symposium on Recycled Concrete, Niigata, Japan, 2000.

[53] 李秋义, 朱亚光, 高嵩. 我国高品质再生骨料制备技术及质量评定方法 [J]. 青岛理工大学学报, 2009, 30 (4): 1-4.

[54] Shima H, Tateyashiki H, Matsuhashi R, Yoshida Y. An Advanced Concrete Recycling Technology and its Applicability Assessment through Input-Output Analysis. Journal of Advanced Concrete Technology, 2005, 3 (1): 53-67.

[55] 立屋敷ほか. 加熱すりもみ方式で製造した構造用再生骨材 [J]. セメント・コンクリート. 日本, 2000 (9): 34-39.

第3章　再生骨料混凝土的性能

3.1　再生粗骨料混凝土

再生粗骨料混凝土（Recycled Coarse Aggregate Concrete，以下缩写为 RCAC）是利用建筑垃圾所制备的再生粗骨料（粒径范围为 4.75～31.5mm）部分或全部取代天然粗骨料，且全部使用天然细骨料配制而成的一种绿色混凝土。与天然粗骨料混凝土相比，再生粗骨料混凝土的质量影响因素多，质量波动大，再生粗骨料存在吸水率高、表观密度小、压碎指标大等缺陷，由其制备的 RCAC 的性能也低于普通混凝土。

为了全面探究再生粗骨料混凝土性能的变化规律，本章将经过物理强化技术处理后（简单破碎和颗粒整形处理）的再生粗骨料作为主要研究对象，将再生粗骨料的品质和取代率作为重点影响因素，系统研究不同影响因素对再生粗骨料混凝土性能的影响。

3.1.1　原材料及配合比设计

1. 试验原材料

（1）水泥：P·O 42.5 水泥，其物理力学性能指标与 XRF 分析结果见表 3-1 和表 3-2。

（2）天然细骨料：河砂，Ⅱ级砂，级配良好，其性能指标见表 3-3。

（3）天然粗骨料：5～31.5mm 连续级配的天然花岗岩碎石，其性能指标见表 3-4。

（4）再生粗骨料：根据不同物理强化工艺对再生粗骨料品质进行提升，所采用的骨料强化技术分别为简单破碎强化处理和颗粒整形强化处理，用于对比天然粗骨料，其主要性能指标见表 3-5。

（5）外加剂：青岛某建材公司生产的聚羧酸系高性能减水剂，掺量为水泥质量的 1.2%（减水率约为 32%）。

（6）水：普通自来水。

表 3-1　水泥物理力学性能指标

水泥品种	细度（%）	初凝时间（min）	终凝时间（min）	抗压强度（MPa）		抗折强度（MPa）		安定性（沸煮法）
				3d	28d	3d	28d	
P·O 42.5	2.3	165	260	18.5	46.8	4.6	7.0	合格

表 3-2　水泥 XRF 分析结果

化学组成	CaO	SiO$_2$	Al$_2$O$_3$	Fe$_2$O$_3$	SO$_3$	MgO	Na$_2$O	K$_2$O	TiO$_2$	烧失量（Loss）
质量分数（%）	62.73	17.80	6.38	5.83	2.98	1.94	0.86	0.58	0.52	0.38

表 3-3　天然细骨料性能指标

细度模数	规格	堆积密度（kg/m^3）	表观密度（kg/m^3）	空隙率（%）	微粉含量（%）	泥块含量（%）	压碎指标（%）
2.4	中砂	1450	2590	40	1.0	0.7	13

表 3-4　天然粗骨料性能指标

吸水率（%）	含水率（%）	针片状颗粒含量（%）	压碎指标（%）	堆积密度（kg/m^3）	表观密度（kg/m^3）
1.7	0.42	4.05	11.2	1460	2510

表 3-5　再生粗骨料性能指标

项　目		简单破碎再生粗骨料	颗粒整形再生粗骨料
微粉含量（%）		1.3	1.0
泥块含量（%）		0.3	0.5
表观密度（kg/m^3）		2433	2565
堆积密度（kg/m^3）	松散堆积密度	1358	1392
	紧密堆积密度	1410	1517
空隙率（%）		52	47
针片状颗粒含量（%）		5.2	1.6
坚固性（以质量损失计）（%）		9.5	4.3
压碎指标（%）		15.6	9.2
吸水率（%）	24h	4.0	2.6
有害物质含量	有机物含量	合格	合格
	硫化物及硫酸盐含量（%）	1.3	0.7
	氯化物含量（%）	0.05	0.03
碱-骨料反应膨胀率（%）	碱-硅酸反应	0.035	0.027
	快速碱-硅酸反应	0.044	0.039
	碱-碳酸盐反应	0.065	0.053

2. 试验配合比设计

在 RCAC 的配合比设计中，外加剂的用量为水泥用量的 1.2%，砂率统一确定为 35%，通过控制 RCAC 拌合物坍落度为 160～200mm 来确定用水量。再生粗骨料使用简单破碎再生粗骨料和颗粒整形再生粗骨料。再生粗骨料分别取代天然粗骨料的 0、40%、70% 和 100%，以质量计；水泥用量分别取 300kg/m^3、400kg/m^3 和 500kg/m^3。

试验共设计 18 组 RCAC 配合比，具体设计情况见表 3-6。

表 3-6　RCAC 与天然骨料混凝土试验配合比

| 编号 | 水泥（kg/m³） | 细骨料（kg/m³） | 粗骨料（kg/m³） | 再生粗骨料 | | 减水剂（kg/m³） |
				取代率（%）	种类	
A0	300	658	1222	0	—	3.6
A11	300	658	1222	40	简破	3.6
A12	300	658	1222	70	简破	3.6
A13	300	658	1222	100	简破	3.6
A21	300	658	1222	40	整形	3.6
A22	300	658	1222	70	整形	3.6
A23	300	658	1222	100	整形	3.6
B0	400	640	1190	0	—	4.8
B11	400	640	1190	40	简破	4.8
B12	400	640	1190	70	简破	4.8
B13	400	640	1190	100	简破	4.8
B21	400	640	1190	40	整形	4.8
B22	400	640	1190	70	整形	4.8
B23	400	640	1190	100	整形	4.8
C0	500	623	1157	0	—	6.0
C11	500	623	1157	40	简破	6.0
C12	500	623	1157	70	简破	6.0
C13	500	623	1157	100	简破	6.0
C21	500	623	1157	40	整形	6.0
C22	500	623	1157	70	整形	6.0
C23	500	623	1157	100	整形	6.0

注：简破即简单破碎制备的再生粗骨料；整形即颗粒整形制备的再生粗骨料。

3.1.2　再生粗骨料混凝土的工作性能

1. 再生粗骨料品质对 RCAC 用水量的影响

不同胶凝材料用量体系下，RCAC 拌合物用水量的变化情况如图 3-1 所示。在由图 3-1 可知，再生粗骨料取代率一定的条件下，相较于简单破碎 RCAC 拌合物，颗粒整形 RCAC 拌合物的用水量均有所减少。当再生粗骨料取代率为 40% 时，颗粒整形 RCAC 的用水量接近天然骨料混凝土；当再生粗骨料取代率达到 100% 时，三种品质骨料制备的混凝土的用水量差异较大，由大到小依次为简单破碎 > 颗粒整形 > 天然骨料。虽然颗粒整形 RCAC 比相应的天然骨料混凝土用水量仍增多将近 10%，但其坍落度、保水性、黏聚性等已经与天然骨料混凝土相差不大，明显优于简单破碎 RCAC。这是因为再生粗骨料在颗粒整形处理后，骨料粒形趋于球形、表面整洁平整，内部微细裂纹也有所减少，达到同样坍落度的用水量减小。

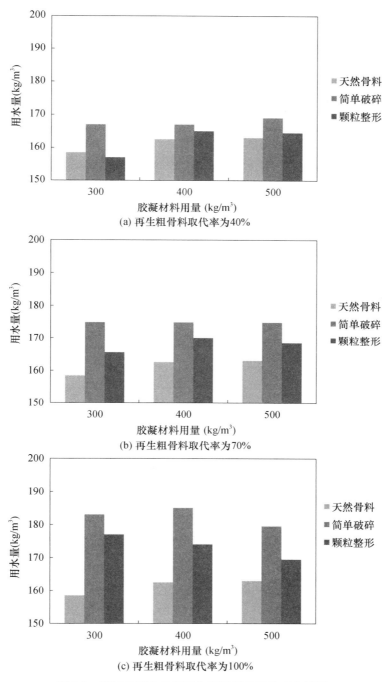

图 3-1　RCAC 用水量随再生粗骨料品质的变化情况

2. 再生粗骨料取代率对 RCAC 用水量的影响

当使用不同品质的再生粗骨料制备 RCAC 时，RCAC 用水量随再生粗骨料取代率的变化情况如图 3-2 所示。

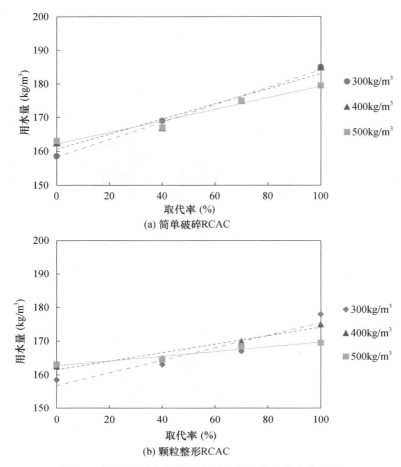

图 3-2　RCAC 用水量随再生粗骨料取代率的变化情况

由图 3-2 可知，在不同水泥用量体系下，两种品质的再生粗骨料所制备的 RCAC 拌合物的用水量与再生粗骨料取代率之间均存在着较好的线性关系，用水量均随着取代率的增大而增多。但是，相较于简单破碎 RCAC 拌合物，随着再生粗骨料取代率的增加，颗粒整形 RCAC 拌合物的用水量增加幅度明显减小。主要是因为再生粗骨料在颗粒整形处理后，其性能逐渐趋近天然粗骨料，再生粗骨料的取代率对 RCAC 拌合物用水量所产生的影响有所减弱。

3.1.3　再生粗骨料混凝土的力学性能

1. 再生粗骨料混凝土的抗压强度

RCAC 力学性能测试方法参照《普通混凝土力学性能试验方法标准》（GB/T 50081—2016）。试件尺寸统一采用 100mm×100mm×100mm，在标准养护室养护至规定龄期后分别测试 3d、28d、56d 的抗压强度与 28d、56d 的劈裂抗拉强度。

（1）RCAC 试件界面破坏形式分析

由图 3-3 可以看出，普通混凝土试件的破坏形态绝大多数为天然粗骨料被压碎而发生的破坏，骨料与水泥浆体之间的界面破坏现象较少；由 SC-RCA 制备的 RCAC 试件的破坏断面较多发生在新旧砂浆界面处，其力学性能较差；由 OP-RCA 制备的 RCAC 试件的界面破坏相对减少，但再生粗骨料被压碎而发生破坏所占的比例加大，骨料被剥离和界面破坏现象明显减少，大多数破坏为再生粗骨料被压碎，其力学性能得到显著提升。

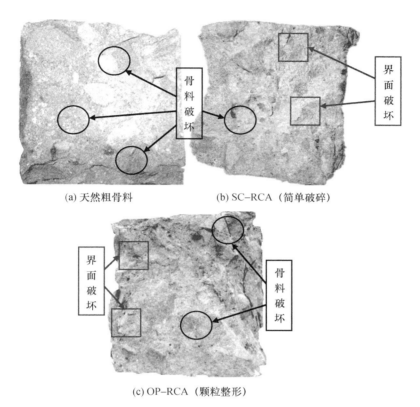

(a) 天然粗骨料　　　　(b) SC–RCA（简单破碎）

(c) OP–RCA（颗粒整形）

图 3-3　RCAC 试件受压后的界面破坏形态

（2）再生粗骨料品质对 RCAC 抗压强度的影响

在不同胶凝材料用量体系，再生粗骨料取代率一定的条件下，再生粗骨料品质对 RCAC 的抗压强度的变化情况，如图 3-4～图 3-6 所示。

由图 3-4～图 3-6 可知，在不同胶凝材料用量体系下，颗粒整形所制备的 RCAC 试件的抗压强度与天然骨料混凝土强度相差无几，而简单破碎所制备的 RCAC 试件受再生粗骨料品质差异影响较大，抗压强度明显低于天然骨料混凝土和颗粒整形 RCAC。以水泥用量为 $500kg/m^3$ 为例，当再生粗骨料取代率为 40％、70％和 100％时，颗粒整形 RCAC 的 56d 抗压强度分别较普通混凝土增加 1.7％、增加 1.3％和降低 5.5％左右；简单破碎 RCAC 的 56d 抗压强度分别较普通混凝土降低 6.6％、12.7％和 15.6％左右。因此，再生粗骨料品质对混凝土强度的改善效果由大到小依次为天然骨料＞颗粒整形＞简单破碎。

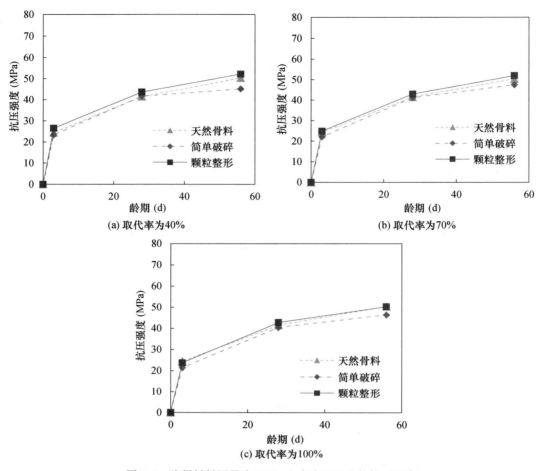

图 3-4　胶凝材料用量为 300kg/m³ 时 RCAC 的抗压强度

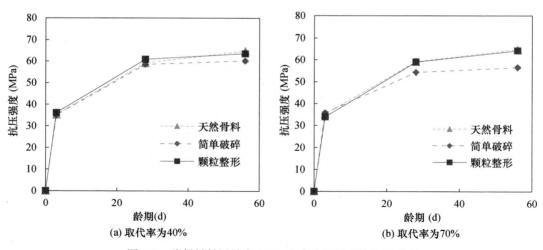

图 3-5　胶凝材料用量为 400kg/m³ 时 RCAC 的抗压强度

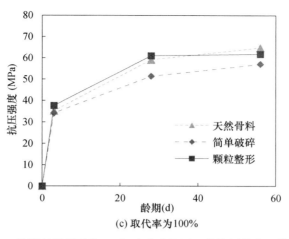

(c) 取代率为100%

图 3-5　胶凝材料用量为 400kg/m³ 时 RCAC 的抗压强度（续）

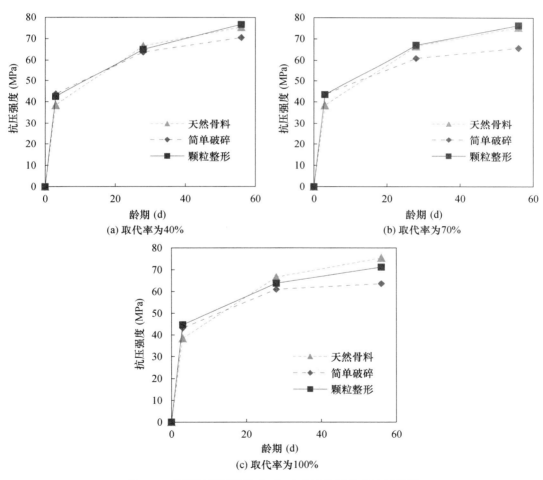

(a) 取代率为40%

(b) 取代率为70%

(c) 取代率为100%

图 3-6　胶凝材料用量为 500kg/m³ 时 RCAC 的抗压强度

（3）再生粗骨料取代率对 RCAC 抗压强度的影响

再生粗骨料取代率对简单破碎 RCAC 和颗粒整形 RCAC 的 28d 和 56d 强度的影响如图 3-7 和图 3-8 所示。由图可知，在胶凝材料用量一定的条件下，简单破碎 RCAC 的抗压强度受取代率的影响较大，随着取代率的增加，简单破碎 RCAC 的抗压强度明显降低，胶凝材料用量的增加对下降趋势有所减缓；相比之下，颗粒整形 RCAC 的抗压强度受再生粗骨料取代率的影响较小，在胶凝材料用量为 300kg/m³ 和 400kg/m³ 时，随着取代率的增加，颗粒整形 RCAC 的抗压强度略有降低。在胶凝材料用量为 500kg/m³ 时，随着取代率的增加，颗粒整形再生混凝土的抗压强度略有增加，呈现出上升趋势。这是因为颗粒整形优化了简单破碎再生粗骨料的颗粒级配，改善了再生骨料的粒形，有效地去除了再生骨料表面残余的硬化水泥砂浆、黏附物，再生骨料性能与天然骨料性能相差不大，甚至高于天然骨料的性能。

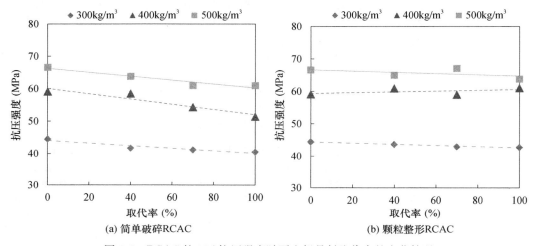

图 3-7　RCAC 的 28d 抗压强度随再生粗骨料取代率的变化情况

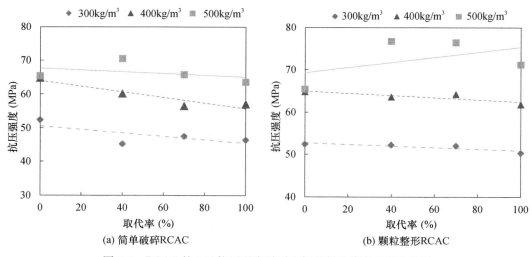

图 3-8　RCAC 的 56d 抗压强度随再生粗骨料取代率的变化情况

（4）胶凝材料用量对 RCAC 抗压强度的影响

由图 3-9 可知，在再生粗骨料取代率一定的条件下，胶凝材料用量与不同品质的 RCAC 的抗压强度呈现出较好的线性相关度，三种品质的混凝土的抗压强度均随着胶凝材料用量的增加而增加。当取代率为 40% 时，再生骨料的取代率相对较低，随着胶凝材料用量的增加，不同 RCAC 抗压强度的上升幅度相差不大；当取代率较高时，由于简单破碎再生粗骨料的性能明显劣于天然骨料和颗粒整形粗骨料，简单破碎 RCAC 抗压强度随胶凝材料用量的增加，上升幅度明显降低。

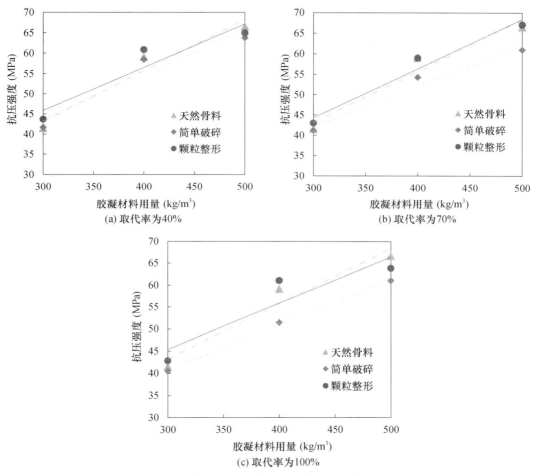

图 3-9　RCAC 的 28d 抗压强度随胶凝材料用量的变化情况

2. 再生粗骨料混凝土的劈裂抗拉强度

（1）再生粗骨料品质对 RCAC 劈裂抗拉强度的影响

在不同胶凝材料用量体系，再生粗骨料取代率一定的条件下，再生粗骨料品质对 RCAC 的劈裂抗拉强度的变化情况，如图 3-10～图 3-12 所示。

由图 3-10～图 3-12 可知，简单破碎 RCAC 的劈裂抗拉强度比天然骨料混凝土有较大幅度的降低，相比之下，颗粒整形 RCAC 的劈裂抗拉强度接近于天然骨料混凝土。同时，随着单位胶凝材料用量的增加，相同取代率的简单破碎和颗粒整形 RCAC 的劈裂抗拉强度有所提高，再生骨料品质对 RCAC 的劈裂抗拉强度影响减小。当水泥用量为 300kg/m³，再生粗骨料取代率为 40％、70％和 100％时，简单破碎 RCAC 的 28d 劈裂抗拉强度比天然骨料混凝土分别降低 8％、13％和 17％，颗粒整形 RCAC 的劈裂抗拉强度分别降低 5.9％、8.4％和 11.8％；当水泥用量为 500kg/m³，再生粗骨料取代率为 40％、70％和 100％时，简单破碎 RCAC 的 28d 劈裂抗拉强度比天然骨料混凝土分别降低 7％、9.5％和 12％，颗粒整形 RCAC 的劈裂抗拉强度分别降低 3.7％、5.7％和 6.6％。这说明颗粒整形效果十分明显，改善骨料品质能显著地提高再生混凝土的劈裂抗拉强度。

（2）再生粗骨料取代率对 RCAC 劈裂抗拉强度的影响

由图 3-13 和图 3-14 可知，在不同胶凝材料用量体系条件下，简单破碎 RCAC 和颗粒整形 RCAC 的 28d 和 56d 的劈裂抗拉强度规律基本一致，均是随着再生粗骨料取代率的增加，RCAC 的劈裂抗拉强度下降幅度越来越大，但是在相同的胶凝材料用量、相同的再生粗骨料取代率的情况下，颗粒整形再生粗骨料混凝土的劈裂抗拉强度下降幅度要比简单破碎再生粗骨料混凝土下降幅度小得多，例如胶凝材料用量为 300kg/m³ 时，40％、70％和 100％取代的颗粒整形 RCAC 的 56d 劈裂抗拉强度比天然骨料混凝土仅降低 6％、11.7％和 16％，而简单破碎 RCAC 的 56d 劈裂抗拉强度则分别降低 8％、8.5％和 12％。

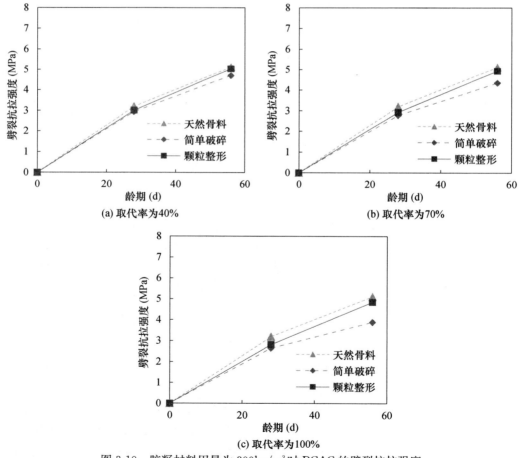

图 3-10　胶凝材料用量为 300kg/m³ 时 RCAC 的劈裂抗拉强度

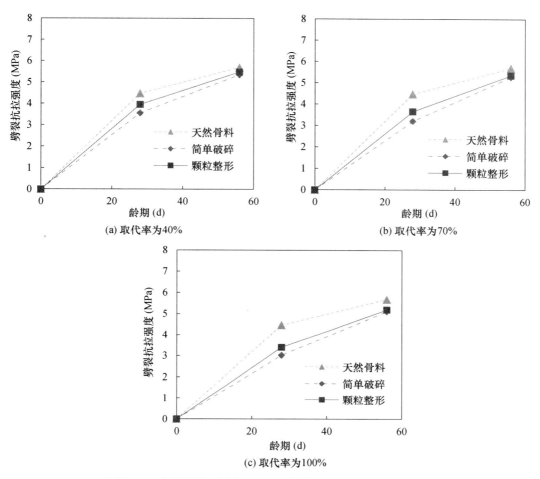

(a) 取代率为40%　　　　　　　　(b) 取代率为70%

(c) 取代率为100%

图 3-11　胶凝材料用量为 400kg/m³ 时 RCAC 的劈裂抗拉强度

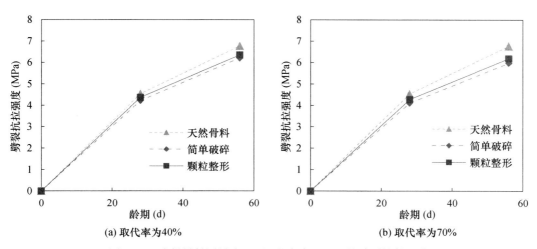

(a) 取代率为40%　　　　　　　　(b) 取代率为70%

图 3-12　胶凝材料用量为 500kg/m³ 时 RCAC 的劈裂抗拉强度

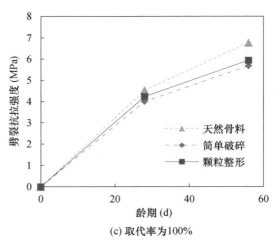

(c) 取代率为100%

图 3-12　胶凝材料用量为 500kg/m³ 时 RCAC 的劈裂抗拉强度（续）

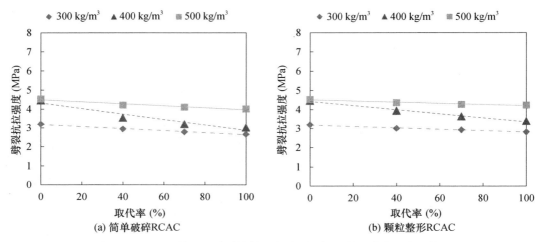

(a) 简单破碎RCAC　　　　　　　　　　　(b) 颗粒整形RCAC

图 3-13　RCAC 的 28d 劈裂抗拉强度随再生粗骨料取代率的变化情况

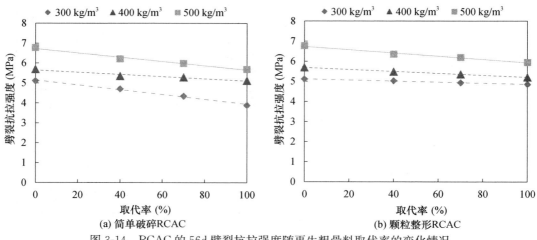

(a) 简单破碎RCAC　　　　　　　　　　　(b) 颗粒整形RCAC

图 3-14　RCAC 的 56d 劈裂抗拉强度随再生粗骨料取代率的变化情况

（3）胶凝材料用量对 RCAC 劈裂抗拉强度的影响

由图 3-15 可知，在再生粗骨料取代率一定的条件下，胶凝材料用量与不同品质的 RCAC 的劈裂抗拉强度呈现出较好的线性相关度，这点与抗压强度的变化规律基本一致，三种品质的混凝土的劈裂抗拉强度均随着胶凝材料用量的增加而增加。当取代率为 40％时，再生骨料的取代率相对较低，随着胶凝材料用量的增加，不同 RCAC 劈裂抗拉强度的上升幅度差异较小；当取代率为 100％时，由于简单破碎再生粗骨料和颗粒整形再生粗骨料的性能劣于天然粗骨料，因此随着胶凝材料用量的增加，简单破碎和颗粒整形 RCAC 的劈裂抗拉强度上升幅度明显降低。

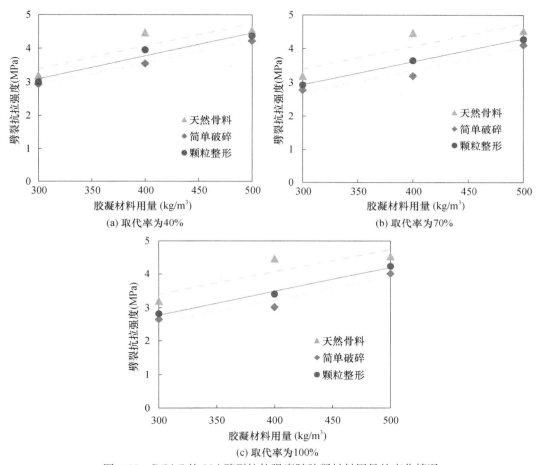

图 3-15　RCAC 的 28d 劈裂抗拉强度随胶凝材料用量的变化情况

3.1.4　再生粗骨料混凝土的耐久性能

参照《混凝土长期性能和耐久性能试验方法标准》（GB/T 50082—2009），重点研究再生粗骨料的品质和取代率对 RCAC 的抗氯离子渗透、碳化、抗冻和收缩等耐久性能的影响。

再生粗骨料混凝土耐久性能试验选用四种粗骨料制备 RCAC，分别为天然粗骨料、

SC-RCA（简单破碎再生粗骨料）、OP-RCA（一次颗粒整形再生粗骨料）和 DP-RCA（二次颗粒整形再生粗骨料），三种再生粗骨料的基本性能指标见表 2-16。在 RCAC 的配合比设计中，外加剂的用量为水泥用量的 1.2%，砂率统一确定为 35%，通过控制 RCAC 拌合物坍落度为 160～200mm 来确定其用水量，再生粗骨料的取代率分别为天然粗骨料的 0、50% 和 100%，以质量计；胶凝材料用量分别取 300kg/m³、350kg/m³ 和 400kg/m³。

1. RCAC 的抗氯离子渗透性能

RCAC 的抗氯离子渗透性能选用快速氯离子迁移系数法（RCM 法）来进行测定，试件尺寸为 ϕ100mm×50mm。试验时 RCAC 的试件两端外加 30V 电压，其正负极分别浸入 0.2mol/L 的 KOH 溶液和含 5%NaCl 的 0.2mol/L 的 KOH 溶液，根据初始电流确定试件的通电时间。RCM 试验结束后在劈开的试件表面喷涂 0.1mol/L 的 $AgNO_3$ 溶液，测量试件的氯离子渗透深度。对 RCAC 试件的氯离子渗透深度数据处理后可以计算出氯离子在 RCAC 内部的非稳态迁移系数（D_{RCM}），在不同水泥用量体系条件下，RCAC 试件的 D_{RCM} 随再生粗骨料品质和取代率的变化情况如图 3-16 所示。

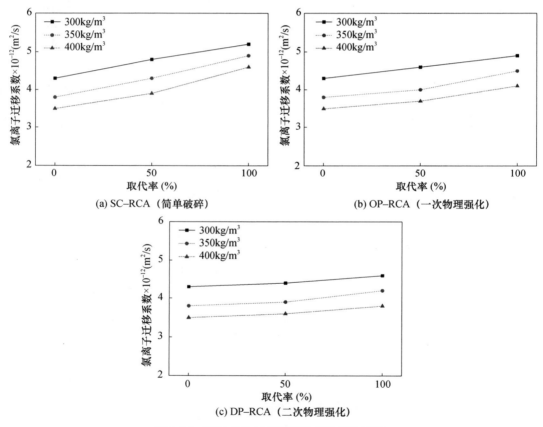

图 3-16　RCAC 的氯离子迁移系数变化情况

由图 3-16 可知，随着再生粗骨料品质提升，RCAC 的 D_{RCM} 逐渐减小，其抗氯离子渗透性能提高，不同品质再生粗骨料制备的 RCAC 的抗氯离子渗透性能，其优劣顺序为 DP-RCA＞OP-RCA＞SC-RCA；随着再生粗骨料取代率增大，不同品质的再生粗骨料制备的 RCAC 的抗氯离子渗透性能均有不同程度地降低。RCAC 中胶凝材料用量增加可显著改善骨料-浆体间薄弱的界面结构，显著减小 RCAC 的 D_{RCM}，从而提高其抗氯离子渗透性能。

2. RCAC 的碳化性能

试件的尺寸为 100mm×100mm×400mm，碳化试验箱中 CO_2 的浓度控制为 18％～22％、湿度控制为 65％～75％、温度控制为 15～25℃，试件达到规定龄期后，将试件于中部劈开，并使用浓度为 1％的酚酞酒精溶液（酒精溶液含 20％的蒸馏水）进行喷洒处理。RCAC 的碳化性能如图 3-17～图 3-19 所示。

由图 3-17～图 3-19 分析可知，与普通混凝土相比，RCAC 的早期（3d 和 7d）碳化深度增幅较大，其各龄期的碳化性能均低于普通混凝土。随着再生粗骨料品质的提升，RCAC 的碳化性能逐渐增强，相比较三种不同品质的再生粗骨料所制备的 RCAC 的碳化性能，其优劣顺序为 DP-RCA＞OP-RCA＞SC-RCA。同时，随着再生粗骨料取代率的增大，由不同品质的再生粗骨料所制备的 RCAC 的碳化性能均有不同程度地降低。此外，随着胶凝材料用量的增加，RCAC 的 28d 碳化深度显著减小，其碳化性能得到提升，在一定程度上改善了 RCAC 中再生粗骨料掺加所带来的弱化作用。

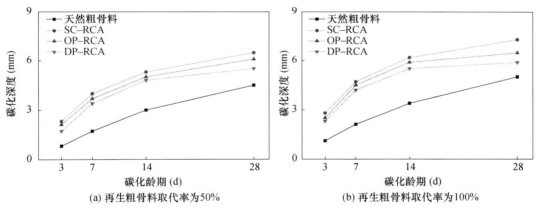

图 3-17　胶凝材料用量为 300kg/m³ 时 RCAC 的碳化深度

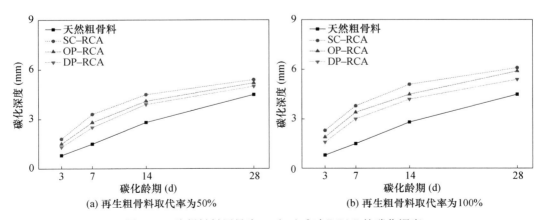

图 3-18　胶凝材料用量为 350kg/m³ 时 RCAC 的碳化深度

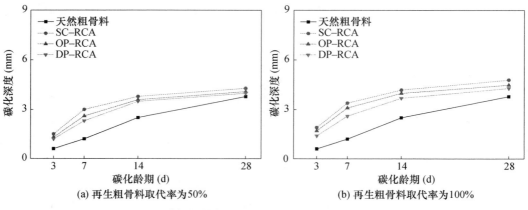

图 3-19　胶凝材料用量为 400kg/m³ 时 RCAC 的碳化深度

3. RCAC 的抗冻性能

RCAC 的抗冻性能选用快速冻融法来进行测定，其试件尺寸为 100mm×100mm×400mm，测定 RCAC 试件的质量损失率和相对动弹性模量，RCAC 所有试件中的最大冻融循环次数为 150 次，此时其相对动弹性模量低于 60%。这里仅研究再生粗骨料的品质和取代率对 RCAC 相对动弹性模量的影响规律，具体变化情况分别如图 3-20～图 3-22 所示。

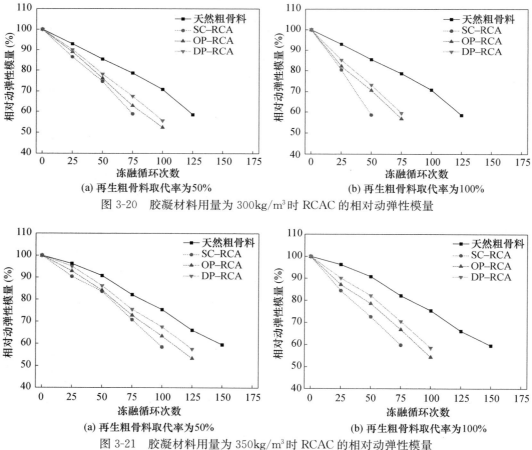

图 3-20　胶凝材料用量为 300kg/m³ 时 RCAC 的相对动弹性模量

图 3-21　胶凝材料用量为 350kg/m³ 时 RCAC 的相对动弹性模量

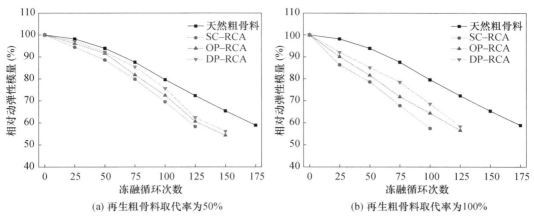

(a) 再生粗骨料取代率为50%　　　(b) 再生粗骨料取代率为100%

图 3-22　胶凝材料用量为 400kg/m³ 时 RCAC 的相对动弹性模量

由图 3-20～图 3-22 分析可知，RCAC 的抗冻性能低于普通混凝土，再生粗骨料的品质和取代率，以及胶凝材料用量均是影响 RCAC 抗冻性能的关键因素。随着再生粗骨料品质的提升，RCAC 的抗冻性能逐渐增强，不同品质再生粗骨料所制备的 RCAC 的抗冻性能，其优劣顺序为 DP-RCA＞OP-RCA＞SC-RCA。不同品质的再生粗骨料制备的 RCAC 的抗冻性能均随着再生粗骨料取代率的增大而减小。此外，胶凝材料用量增加可以弥补再生粗骨料与水泥浆体之间的界面缺陷问题，故而随着胶凝材料用量增加，RCAC 的抗冻性能增强。

4. RCAC 的收缩性能

RCAC 的收缩性能选用接触法来进行测定，其试件的尺寸为 100mm×100mm×515mm，且试件两端预埋测头，在标准养护室养护 3d 后取出移入恒温恒湿室，并测定其初始长度，然后在达到相应龄期后依次测定 1d、3d、7d、14d 和 28d 的收缩变化量。在不同胶凝材料用量条件下，重点研究了再生粗骨料品质和取代率对 RCAC 试件收缩率的影响关系。如图 3-23～图 3-25 所示。

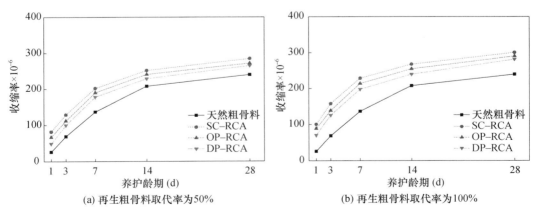

(a) 再生粗骨料取代率为50%　　　(b) 再生粗骨料取代率为100%

图 3-23　胶凝材料用量为 300kg/m³ 时 RCAC 的收缩率

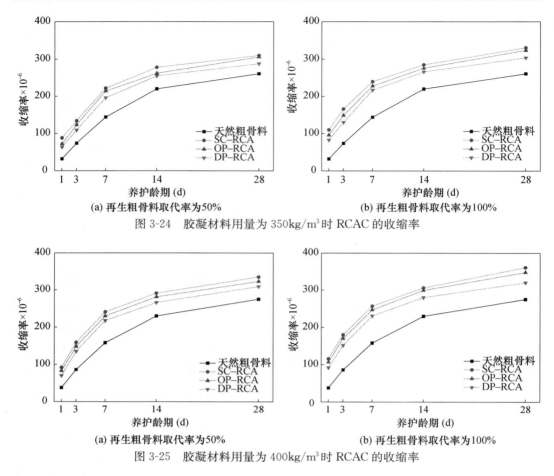

(a) 再生粗骨料取代率为50%　　　　(b) 再生粗骨料取代率为100%

图 3-24　胶凝材料用量为 350kg/m³ 时 RCAC 的收缩率

(a) 再生粗骨料取代率为50%　　　　(b) 再生粗骨料取代率为100%

图 3-25　胶凝材料用量为 400kg/m³ 时 RCAC 的收缩率

由图 3-23～图 3-25 分析可知：

（1）随着再生粗骨料品质的提升，RCAC 的 28d 收缩率逐渐减小，收缩性能得到增强，且由二次物理强化后的 DP-RCA 所制备的 RCAC 的收缩性能最优。另外，RCAC 的收缩率显著大于普通混凝土，这与再生粗骨料较低的弹性模量有关。

（2）不同品质的再生粗骨料制备的 RCAC 的收缩性能均随着再生粗骨料取代率的增大而呈现出减小的趋势。

（3）随着胶凝材料用量的增加，RCAC 的 28d 收缩率显著增大，这是因为 RCAC 中水泥浆体数量增多会加大对再生粗骨料的约束，但再生粗骨料的基本性能指标比天然粗骨料差，故而 RCAC 的收缩性能逐渐变差。

综上，与普通混凝土相比，RCAC 的早期（1d、3d 和 7d）收缩变化量增长较快，其各龄期的收缩性能均低于普通混凝土。三种不同品质的再生粗骨料所制备的 RCAC 的收缩性能，其优劣顺序为 DP-RCA＞OP-RCA＞SC-RCA。

3.2　再生细骨料混凝土

再生细骨料混凝土（Recycled Fine Aggregate Concrete，以下缩写为 RFAC）是利

用建筑垃圾所制备的再生细骨料（粒径范围为 0.15～4.75mm）部分或全部取代天然细骨料，且全部使用天然粗骨料配制而成的一种绿色混凝土。与天然细骨料相比，再生细骨料因颗粒级配较差、表观密度小、需水量大，且骨料内部存在一定数量的微细裂纹，由其制备的 RFAC 的性能低于普通混凝土。

为了全面探究 RFAC 性能的变化规律，本项目将经过不同物理强化工艺处理后的再生细骨料作为主要研究对象，将再生细骨料的种类和取代率作为重点影响因素，系统研究不同影响因素对 RFAC 性能的影响。

3.2.1　原材料及配合比设计

1. 试验原材料

（1）水泥：P·O 42.5 水泥，其物理力学性能指标与 XRF 分析结果见表 3-1 和表 3-2。

（2）天然细骨料：河砂，Ⅱ级砂，级配良好，其性能指标见表 3-3。

（3）天然粗骨料：5～31.5mm 连续级配的天然花岗岩碎石，其性能指标见表 3-4。

（4）再生细骨料：根据不同物理强化工艺对再生细骨料品质进行提升，所采用的骨料强化技术分别为简单破碎强化处理和颗粒整形强化处理，其主要性能指标见表 3-7。

（5）外加剂：青岛某建材公司生产的聚羧酸系高性能减水剂，掺量为水泥用量的 1.2%。

表 3-7　再生细骨料的基本性能指标

项　　目		简单破碎再生细骨料	颗粒整形再生细骨料
微粉含量（%）		1.9	3.3
泥块含量（%）		3.8	1.2
表观密度（kg/m³）		2331	2459
堆积密度（kg/m³）	松散堆积密度	1304	1380
	紧密堆积密度	1482	1569
空隙率（%）		44	43
坚固性（以质量损失计）（%）		12.5	8.9
压碎指标（%）		23	21
再生胶砂需水量比		1.33	1.26
再生胶砂强度比		0.95	0.85
有害物质含量	云母含量（%）	1.6	1.0
	轻物质含量（%）	0.6	0.4
	有机物含量	合格	合格
	硫化物及硫酸盐含量（%）	1.6	1.1
	氯化物含量（%）	0.05	0.03
碱-骨料反应膨胀率（%）	碱-硅酸反应	0.046	0.030
	快速碱-硅酸反应	0.062	0.040

2. 试验配合比设计

外加剂掺量为水泥用量的 1.2%，砂率统一确定为 35%，通过控制 RFAC 拌合物坍落度为 160～200mm 确定用水量，再生细骨料使用简单破碎强再生细骨料和颗粒整形再生细骨料；再生细骨料的取代率分别为 0、40%、70% 和 100%，以质量计；水泥用量分别取 300kg/m³、400kg/m³ 和 500kg/m³。试验共设计 18 组 RFAC 配合比，具体设计情况见表 3-8。

表 3-8　RFAC 与天然骨料混凝土试验配合比

编号	水泥（kg/m³）	碎石（kg/m³）	细骨料（kg/m³）	减水剂（kg/m³）	再生细骨料	
					种类	取代率（%）
A0	300	1222	658	3.6	—	0
A11	300	1222	658	3.6	简单破碎	40
A12	300	1222	658	3.6	简单破碎	70
A13	300	1222	658	3.6	简单破碎	100
A21	300	1222	658	3.6	颗粒整形	40
A22	300	1222	658	3.6	颗粒整形	70
A23	300	1222	658	3.6	颗粒整形	100
B0	400	1190	640	4.8	—	0
B11	400	1190	640	4.8	简单破碎	40
B12	400	1190	640	4.8	简单破碎	70
B13	400	1190	640	4.8	简单破碎	100
B21	400	1190	640	4.8	颗粒整形	40
B22	400	1190	640	4.8	颗粒整形	70
B23	400	1190	640	4.8	颗粒整形	100
C0	500	1157	623	6.0	—	0
C11	500	1157	623	6.0	简单破碎	40
C12	500	1157	623	6.0	简单破碎	70
C13	500	1157	623	6.0	简单破碎	100
C21	500	1157	623	6.0	颗粒整形	40
C22	500	1157	623	6.0	颗粒整形	70
C23	500	1157	623	6.0	颗粒整形	100

3.2.2　再生细骨料混凝土的工作性能

1. 再生细骨料品质对 RFAC 用水量的影响

不同胶凝材料用量体系下，RFAC 拌合物用水量的变化情况如图 3-26 所示。由图 3-26 可知，在再生细骨料取代率一定的条件下，相较于简单破碎 RFAC 拌合物，颗粒整形 RFAC 拌合物的用水量均显著减少。当再生细骨料取代率较低时，三种品质再生细骨料制备的混凝土的用水量差异较小，由大到小依次为简单破碎＞颗粒整形＞天然骨料。当再生细骨料取代率较高时，简单破碎 RFAC 拌合物用水量显著增加，与天然骨料混凝土和颗粒整形 RFAC 拌合物的用水量差异明显。相比之下，颗粒整形

RFAC 拌合物的用水量、坍落度、保水性、黏聚性等已经与天然骨料混凝土相差不大，明显优于简单破碎 RFAC。

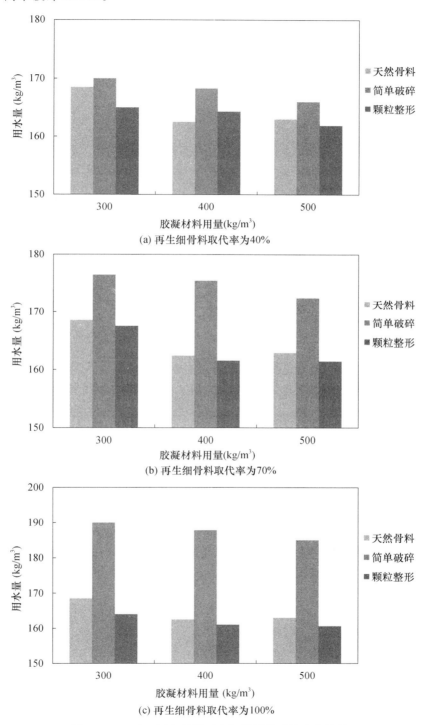

图 3-26　RFAC 用水量随再生细骨料品质的变化情况

2. 再生细骨料取代率对 RFAC 用水量的影响

不同品质的再生细骨料制备 RFAC 的用水量随再生细骨料取代率的变化如图 3-27 所示。

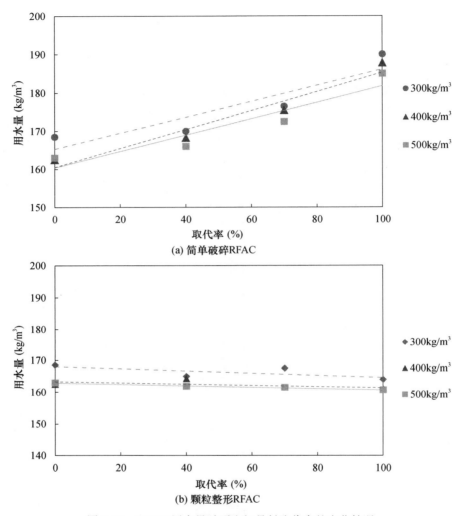

图 3-27　RFAC 用水量随再生细骨料取代率的变化情况

由图 3-27 可知，在不同水泥用量体系下，两种品质的再生细骨料所制备的 RFAC 拌合物的用水量与再生细骨料取代率之间均存在着较好的线性关系。简单破碎 RFAC 的用水量随再生细骨料取代率的增加而增加，这是因为简单破碎再生细骨料颗粒棱角多，内部有大量微裂纹，粉体含量高，吸水率大。颗粒整形 RFAC 的用水量随再生细骨料取代率的增加而略微降低。这是因为颗粒整形再生细骨料在制备过程中打磨掉了部分水泥石，吸水率小，而且其棱角较少、粒形较好、级配较为合理，使得颗粒整形 RFAC 拌合物的用水量小、工作性良好。

3.2.3　再生细骨料混凝土的力学性能

1. 再生细骨料混凝土的抗压强度

（1）再生细骨料品质对 RFAC 抗压强度的影响

由图 3-28～图 3-30 可知，在不同胶凝材料用量体系下，颗粒整形所制备的 RFAC 试件的抗压强度与天然骨料混凝土强度相差无几，甚至在胶凝材料用量较高时其抗压强度高于天然骨料混凝土；而简单破碎所制备的 RFAC 试件受再生细骨料品质差异影响较大，抗压强度明显低于天然骨料混凝土和颗粒整形 RFAC。以水泥用量为 $500kg/m^3$ 为例，当再生细骨料取代率为 40%、70% 和 100% 时，颗粒整形 RFAC 的 56d 抗压强度分别较普通混凝土增加 1.7%、4.6% 和 6.4%；简单破碎 RFAC 的 56d 抗压强度分别较普通混凝土降低 2.5%、9.7% 和 10.8%。这是因为经过颗粒整形处理后，再生细骨料表面的棱角或附着的硬化水泥石被打磨去除，同时消除了骨料内部的部分微细裂纹，显著改善再生细骨料的性能。

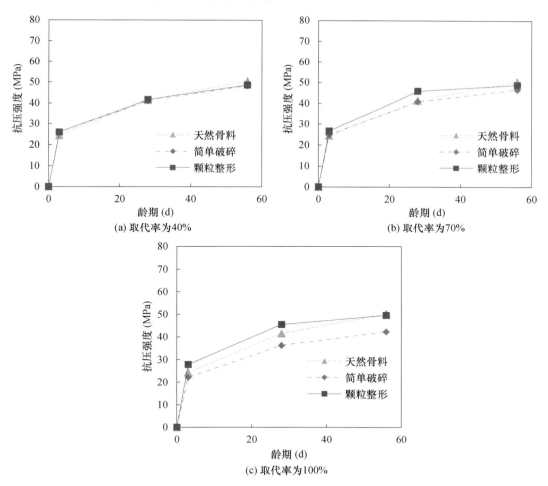

图 3-28　胶凝材料用量为 $300kg/m^3$ 时 RFAC 的抗压强度

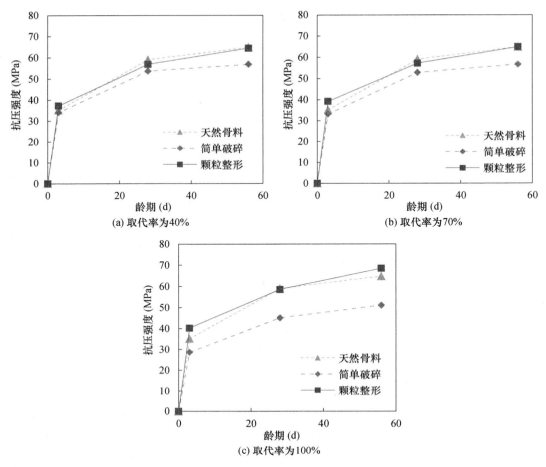

图 3-29　胶凝材料用量为 400kg/m³ 时 RFAC 的抗压强度

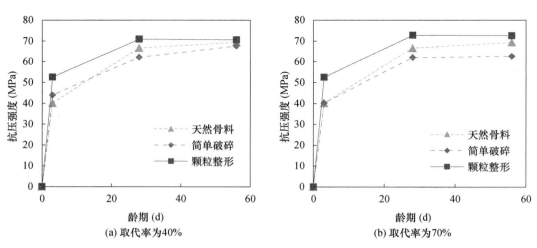

图 3-30　胶凝材料用量为 500kg/m³ 时 RFAC 的抗压强度

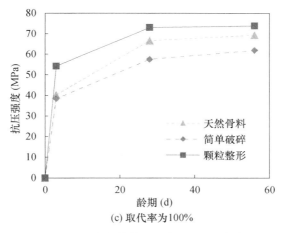

图 3-30　胶凝材料用量为 500kg/m³ 时
RFAC 的抗压强度（续）

（2）再生细骨料取代率对 RFAC 抗压强度的影响

由图 3-31 和图 3-32 可知，简单破碎 RFAC 的抗压强度随着再生细骨料取代率的增加而降低。这是因为简单破碎再生细骨料颗粒棱角多，表面粗糙，组分中含有大量的硬化水泥石，破碎过程中在骨料内部形成了大量微裂纹，导致强度较低。

相比之下，颗粒整形 RFAC 的抗压强度随着细骨料取代率的增加而增加。主要是因为：①颗粒整形再生细骨料中粉体具有一定的水化活性，有利于混凝土强度的发展，特别是早期强度；②颗粒整形再生细骨料中粉体的吸水率高于天然细骨料，使高品质再生细骨料混凝土的有效水胶比有所降低，也会提高混凝土强度；③细骨料粒形的改善使得再生细骨料混凝土的用水量与天然骨料混凝土的用水量差异明显减小。

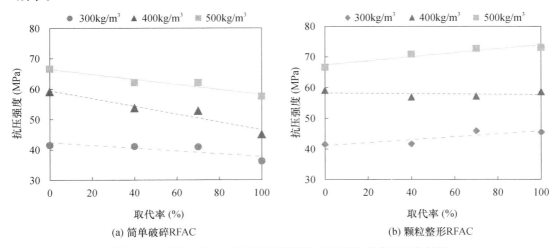

图 3-31　RFAC 的 28d 抗压强度随再生细骨料取代率的变化情况

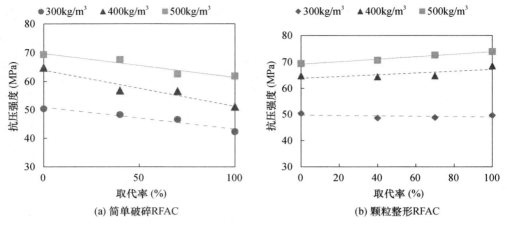

(a) 简单破碎RFAC　　　　　　　　(b) 颗粒整形RFAC

图 3-32　RFAC 的 56d 抗压强度随再生细骨料取代率的变化情况

（3）胶凝材料用量对 RFAC 抗压强度的影响

由图 3-33 可知，在再生细骨料取代率一定的条件下，胶凝材料用量与不同品质的 RFAC 的抗压强度呈现出较好的线性相关度，三种品质的混凝土的抗压强度均随着胶

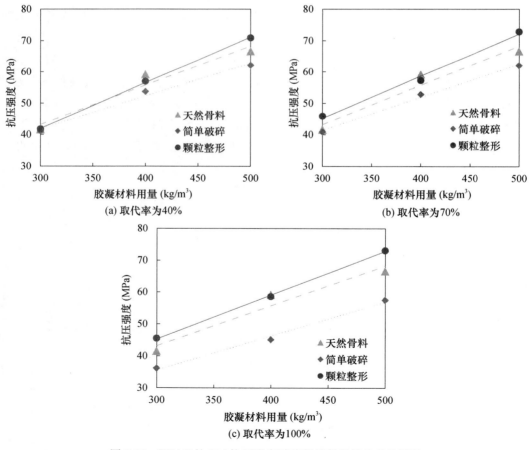

(a) 取代率为40%　　　　　　　　(b) 取代率为70%

(c) 取代率100%

图 3-33　RFAC 的 28d 抗压强度随胶凝材料用量的变化情况

凝材料用量的增加而增加。当取代率为 40% 时，再生骨料的取代率相对较低，随着胶凝材料用量的增加，不同 RFAC 抗压强度的上升幅度相差不大；当取代率较高时，由于简单破碎再生细骨料的性能明显比天然骨料和颗粒整形细骨料差，简单破碎 RFAC 抗压强度随胶凝材料用量的增加，上升幅度明显降低，强度曲线与其他两种骨料品质混凝土的强度曲线差距增大。

2. 再生细骨料混凝土的劈裂抗拉强度

（1）再生骨料品质对再生细骨料混凝土劈裂抗拉强度的影响

由图 3-34 可知，再生骨料品质对再生细骨料混凝土劈裂抗拉强度的影响较为显著。当再生细骨料取代率一定时，颗粒整形 RFAC 的劈裂抗拉强度与天然细骨料混凝土相差无几，而简单破碎 RFAC 的劈裂抗拉强度明显低于天然骨料混凝土和颗粒整形 RFAC。

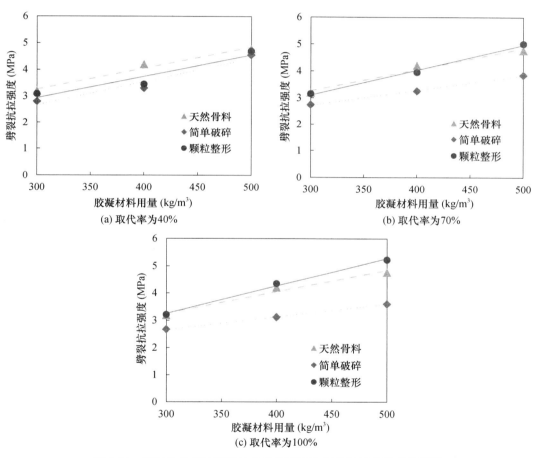

图 3-34　RFAC 的 28d 劈裂抗拉强度随再生细骨料品质的变化情况

（2）再生骨料取代率对再生细骨料混凝土劈裂抗拉强度的影响

由图 3-35 可知，简单破碎 RFAC 的劈裂抗拉强度随着再生细骨料取代率的增加而降低。当简单破碎再生细骨料取代率为 40%、70% 和 100% 时，RFAC 的劈裂抗拉强度分别约为天然骨料混凝土的 87%、81% 和 78%。相比之下，颗粒整形再生细骨料混凝土的劈裂抗拉强度随着细骨料取代率的增加而略有增加。当颗粒整形再生细骨料取代率为40%、70%和100%时，RFAC混凝土的劈裂抗拉强度分别约为天然骨料混凝土的93%、99%和105%。

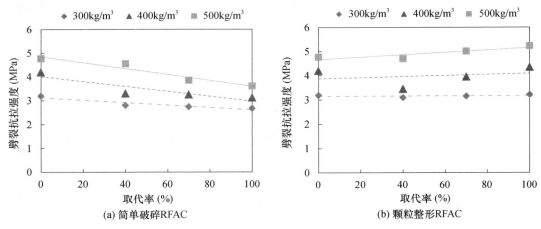

图 3-35　RFAC 的 28d 劈裂抗拉强度随再生细骨料取代率的变化情况

3.2.4　再生细骨料混凝土的耐久性能

本节针对 RFAC 的耐久性能试验配合比进行缩减调整，参照《普通混凝土长期性能和耐久性能试验方法标准》（GB/T 50082—2009），重点研究物理强化技术处理后再生细骨料的品质和取代率变化对 RFAC 的抗氯离子渗透、碳化、抗冻和收缩等耐久性能的影响规律。调整后的 RFAC 的配合比所考虑的变量因素如下：

（1）再生细骨料的品质：天然细骨料、SC-RFA（简单破碎再生细骨料）、OP-RFA（一次颗粒整形再生细骨料）和 DP-RFA（二次颗粒整形再生细骨料），其性能指标见表 2-18。

（2）再生细骨料的取代率：分别取代天然细骨料的 0、50% 和 100%，以质量计。

（3）胶凝材料体系：选用Ⅱ级粉煤灰和 S95 级矿粉 1∶1 复掺，总掺量为胶凝材料用量的 30%，水泥用量为胶凝材料用量的 70%；胶凝材料用量分别取 300kg/m³ 和 400kg/m³。

1. RFAC 的抗氯离子渗透性能

RFAC 的抗氯离子渗透性能选用快速氯离子迁移系数法（RCM 法）来进行测定，其试件的尺寸为 $\phi100\text{mm}\times50\text{mm}$。通过测量 RFAC 试件的氯离子渗透深度，对数据处理后可以计算出氯离子在 RFAC 内部的非稳态迁移系数（D_{RCM}）。

由图 3-36 可知，RFAC 的 D_{RCM} 随着再生细骨料品质的提升和胶凝材料用量的增加而逐渐降低，随着再生细骨料取代率的增大而逐渐升高。当胶凝材料用量一定时，SC-RFA 制备的 RFAC 的 D_{RCM} 最大，在 SC-RFA 的取代率为 100%，相比普通混凝土分别增加了 19.0%、23.5%，而 DP-RFA 的 D_{RCM} 增幅仅为 7.1%、5.9%，二次物理强化后的再生细骨料所制备的 RFAC 抗氯离子渗透性能显著增强。

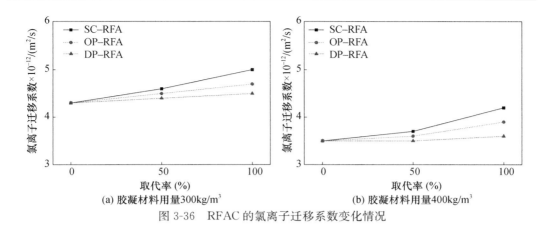

(a) 胶凝材料用量300kg/m³　　　　(b) 胶凝材料用量400kg/m³

图 3-36　RFAC 的氯离子迁移系数变化情况

2. RFAC 的碳化性能

由图 3-37 和图 3-38 可知，相比普通混凝土，RFAC 的早期（3d 和 7d）碳化深度较大，其碳化性能较低。随着再生细骨料品质的提升、再生细骨料取代率的减小和胶凝材料用量的增多，RFAC 的碳化深度均逐渐减小，其碳化性能显著增强。相较于普通混凝土，再生细骨料的取代率为 50% 时，由 DP-RFA 和 OP-RFA 制备的 RFAC 的 28d 碳化深度分别增加了 0.2%、2.9%，对 RFAC 的碳化性能影响较小。

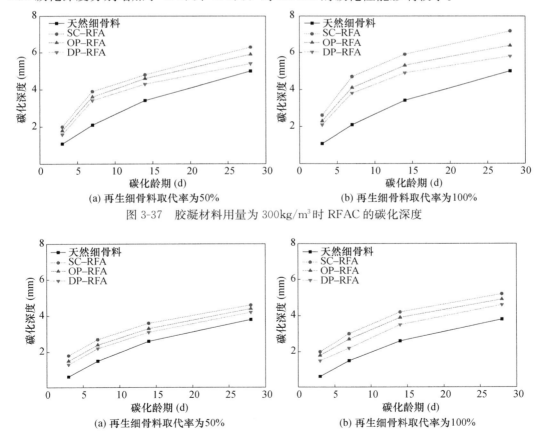

(a) 再生细骨料取代率为50%　　　　(b) 再生细骨料取代率为100%

图 3-37　胶凝材料用量为 300kg/m³ 时 RFAC 的碳化深度

(a) 再生细骨料取代率为50%　　　　(b) 再生细骨料取代率为100%

图 3-38　胶凝材料用量为 400kg/m³ 时 RFAC 的碳化深度

3. RFAC 的抗冻性能

RFAC 的抗冻性能选用快速冻融法来进行测定，试件尺寸为 100mm×100mm× 400mm，测定 RFAC 试件的质量损失率和相对动弹性模量。RFAC 所有试件中的最大冻融循环次数为 175 次，此时其相对动弹性模量低于 60%。在此仅研究再生细骨料的品质和取代率对 RFAC 相对动弹性模量的影响规律，具体变化情况分别如图 3-39 和图 3-40 所示。

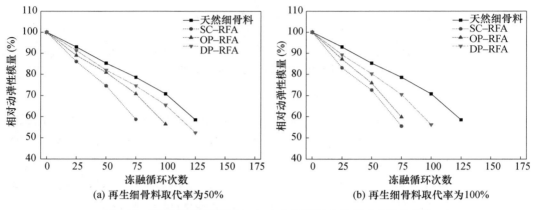

图 3-39　胶凝材料用量为 300kg/m³ 时 RFAC 的相对动弹性模量

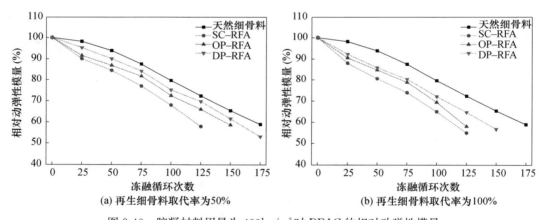

图 3-40　胶凝材料用量为 400kg/m³ 时 RFAC 的相对动弹性模量

由图 3-39 和图 3-40 可知，RFAC 的抗冻性能低于普通混凝土，随着再生细骨料品质的提升，RFAC 的冻融循环次数逐渐增多，且相对动弹性模量也逐渐增大，再生细骨料的物理强化技术处理显著改善了 RFAC 的抗冻性能；当再生细骨料的取代率由 50% 增大到 100% 时，RFAC 的抗冻性能显著降低，其冻融循环次数最多减少了 25 次；当 RFAC 的胶凝材料用量由 300kg/m³ 增加到 400kg/m³ 时，其冻融循环次数最多增加了 50 次，相对动弹性模量也显著增大，水泥浆体数量增多显著提升了 RFAC 的抗冻性能。相比较 3 种不同品质的再生细骨料所制备的 RFAC 的抗冻性能，其优劣顺序为 DP-RFA＞OP-RFA＞SC-RFA。

4. RFAC 的收缩性能

RFAC 的收缩性能选用接触法来进行测定，其试件的尺寸为 100mm×100mm×515mm，在达到相应龄期后依次测定 1d、3d、7d、14d 和 28d 的收缩变化量。再生细骨料品质和取代率对 RFAC 试件收缩率的影响情况如图 3-41 和图 3-42 所示。

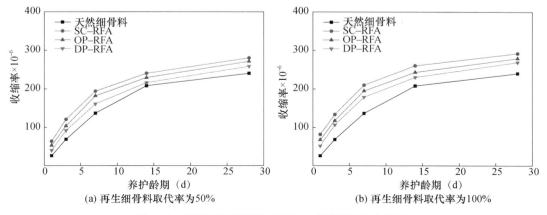

图 3-41　胶凝材料用量为 300kg/m³ 时 RFAC 收缩率

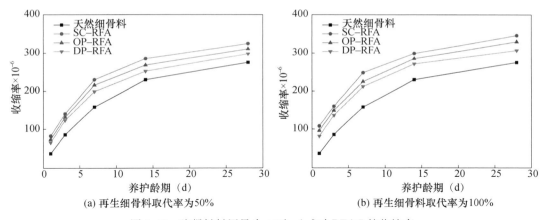

图 3-42　胶凝材料用量为 400kg/m³ 时 RFAC 的收缩率

由图 3-41 和图 3-42 可知，相比较普通混凝土，RFAC 的早期（1d、3d 和 7d）收缩率较大，其收缩性能较低。在不同胶凝材料用量条件下，RFAC 的 28d 收缩率随着再生细骨料品质的降低和取代率的增大而逐渐升高，其收缩性能逐渐变差。另外，RFAC 中胶凝材料用量的增多加剧了其收缩变化。相比较普通混凝土，由 SC-RFA 制备的 RFAC 的 28d 收缩量最大，由 OP-RFA 制备的 RFAC 的 28d 收缩量最小。这是因为 RFAC 的收缩变化主要是由干燥收缩引起的，SC-RFA 表面粗糙降低了 RFAC 的密实度，从而间接增加了其内部的输水通道，加大了毛细孔失水的速率，故而其 28d 收缩率大于普通混凝土。

总之，再生细骨料的品质和取代率，以及胶凝材料用量均是影响 RFAC 收缩性能的主要因素，相比较 3 种不同品质的再生细骨料所制备的 RFAC 的收缩性能，其优劣顺序为 DP-RFA＞OP-RFA＞SC-RFA。

3.3　高强再生粗骨料混凝土

矿物掺合料在改善混凝土的用水量、力学性能和耐久性方面起着重要的作用。胶凝材料混合物颗粒体系的质量提高，可以加快混凝土体系的水化反应进程，改善水泥石中凝胶物质的组成，生成强度更高、稳定性更优的低碱度水化硅酸钙，改善再生混凝土的微观结构，从而可以提高混凝土的力学性能和耐久性能。因此，本节采用多种不同的活性矿物掺合料取代水泥制备高强再生骨料混凝土，进一步提升再生混凝土的强度及耐久性能。

3.3.1　原材料及配合比设计

1. 试验原材料

（1）水泥：三菱水泥厂生产的 P·Ⅱ52.5 硅酸盐水泥。

（2）普通矿粉：青岛产 S95 级矿粉。

（3）粉煤灰：青岛四方电厂生产的Ⅱ级灰。

（4）硅灰：河南巩义生产的微硅粉，$SiO_2>95\%$。

（5）超细矿粉：济南钢铁公司生产的 P800 超细矿粉。水泥及各种矿物掺合料的化学成分见表 3-9。

（6）粗骨料：崂山产 5～25mm 连续级配的天然花岗岩碎石，符合 GB/T 14685—2011 的要求。高品质再生粗骨料是将废弃混凝土经破碎、颗粒整形、筛分后得到的再生粗骨料。天然粗骨料和再生粗骨料具体参数见表 3-10。

（7）细骨料：天然细骨料是符合 GB/T 14685—2011 要求的细度模数为 3.1 的天然中粗河砂。天然细骨料的具体参数见表 3-10。

（8）外加剂：江苏博特产高效聚羧酸减水剂。

（9）水：普通自来水。

表 3-9　水泥及各种矿物掺合料的 XRF 分析结果

名称	CaO	SiO2	Al2O3	Fe2O3	Na2O	K2O	MgO	SO3	TiO2	P2O5	Cl−
水泥（%）	61.71	20.07	5.09	2.93	0.70	0.36	1.58	1.99	0.34	0.07	0.00
普通矿粉（%）	46.34	29.05	12.51	1.30	0.56	0.36	5.72	1.18	0.57	0.03	0.00
粉煤灰（%）	2.98	52.12	32.32	7.73	0.40	0.00	0.70	1.46	1.39	0.37	0.00
超细矿粉（%）	47.07	29.34	11.96	0.91	0.79	0.33	7.38	1.35	0.81	0.04	0.03
硅灰（%）	0.92	95.46	0.28	0.12	0.28	0.71	0.27	0.40	0.01	0.05	0.01

表 3-10　各种粗细骨料的基本性质

骨料的种类	再生粗骨料	天然粗骨料	天然细骨料
堆积密度（kg/m³）	1350	1452	1500
密实密度（kg/m³）	1440	1528	1620

续表

骨料的种类	再生粗骨料	天然粗骨料	天然细骨料
表观密度（kg/m³）	2590	2650	2500
空隙率（%）	48.0	45.2	40.0
吸水率（%）	5.98	1.25	0.70
压碎指标（%）	11.6	10.3	12.8
泥含量（%）	0.3	0.8	1.3
泥块含量（%）	0.2	0.2	1.0
细度模数	—	—	3.1
有机物含量	满足要求	满足要求	满足要求

2. 试验配合比设计

本试验采用 P·Ⅱ 52.5 水泥、普通矿粉、粉煤灰、超细矿粉和硅灰分别按不同的比例组合成 6 种不同的胶凝材料体系。混凝土的胶凝材料用量均为 480kg/m³，砂率均采用 40%，粗骨料用量为 1095kg/m³，细骨料用量为 730kg/m³，掺入 1.2% 的聚羧酸高效减水剂（掺硅灰的混凝土 1.5%），通过调整用水量使混凝土的坍落度控制在 180～220mm，基准混凝土配合比见表 3-11。

表 3-11　再生混凝土的基准配合比

组别	水泥（kg/m³）	矿粉（kg/m³）	粉煤灰（kg/m³）	超细矿粉（kg/m³）	硅灰（kg/m³）	砂（kg/m³）	石（kg/m³）	坍落度（mm）	外加剂（kg/m³）
A	240	240	0	0	0	730	1095	180～220	5.8
B	240	201.6	0	38.4	0	730	1095	180～220	5.8
C	240	201.6	0	0	38.4	730	1095	180～220	7.2
D	240	0	240	0	0	730	1095	180～220	5.8
E	240	0	201.6	38.4	0	730	1095	180～220	5.8
F	240	0	201.6	0	38.4	730	1095	180～220	7.2

本试验所考虑的主要因素包括以下几个方面：

（1）再生骨料的品质：利用颗粒整形再生粗骨料（高品质再生粗骨料）、聚羧酸减水剂、普通矿粉、粉煤灰、超细矿粉或硅灰等制备高强再生粗骨料混凝土。

（2）再生粗骨料取代率：分别取代天然粗骨料的 0%、40%、70% 和 100%，以质量计。

（3）胶凝材料体系：6 种不同胶凝材料体系对再生粗骨料高强混凝土用水量、力学性能、收缩性能和各项耐久性能的影响。

本试验采用的 6 种胶凝材料体系分别为：

A——水泥＋普通矿粉（用 S95 表示）；

B——水泥＋普通矿粉＋超细矿粉（用 S95＋P800 表示）；

C——水泥＋普通矿粉＋硅灰（用 S95＋SF 表示）；

D——水泥＋粉煤灰（用 FA 表示）；

E——水泥＋粉煤灰＋超细矿粉（用 FA＋P800 表示）；

F——水泥＋粉煤灰＋硅灰（用 FA＋SF 表示）。

试验中再生粗骨料取代率分别为 0％、40％、70％和 100％，形成 4 个不同的再生粗骨料混凝土的配比，6 组不同胶凝材料体系，共形成 24 个再生混凝土的配合比，具体设计情况见表 3-12。试验中 6 组体系的配合比设计仅胶凝材料体系类别有所区别。

表 3-12　再生粗骨料混凝土试验配合比

编号	砂（kg/m³）	再生细骨料（kg/m³）	碎石（kg/m³）	再生粗骨料（kg/m³）	备注
A11	730	0	1095	0	水泥＝240kg/m³；矿粉＝240kg/m³；减水剂＝5.8kg/m³
A12	730	0	657	438	
A13	730	0	329	766	
A14	730	0	0	1095	
B11	730	0	1095	0	水泥＝240kg/m³；矿粉＝201.6kg/m³；减水剂＝5.8kg/m³；超细矿粉＝38.4kg/m³
B12	730	0	657	438	
B13	730	0	329	766	
B14	730	0	0	1095	
C11	730	0	1095	0	水泥＝240kg/m³；矿粉＝201.6kg/m³；减水剂＝7.2kg/m³；硅灰＝38.4kg/m³
C12	730	0	657	438	
C13	730	0	329	766	
C14	730	0	0	1095	
D11	730	0	1095	0	水泥＝240kg/m³；粉煤灰＝240kg/m³；减水剂＝5.8kg/m³
D12	730	0	657	438	
D13	730	0	329	766	
D14	730	0	0	1095	
E11	730	0	1095	0	水泥＝240kg/m³；粉煤灰＝201.6kg/m³；减水剂＝5.8kg/m³；超细矿粉＝38.4kg/m³
E12	730	0	657	438	
E13	730	0	329	766	
E14	730	0	0	1095	
F11	730	0	1095	0	水泥＝240kg/m³；粉煤灰＝201.6kg/m³；减水剂＝7.2kg/m³；硅灰＝38.4kg/m³
F12	730	0	657	438	
F13	730	0	329	766	
F14	730	0	0	1095	

3.3.2　高强再生粗骨料混凝土的工作性能

从图 3-43 可以看出，不同胶凝材料体系的再生粗骨料混凝土达到所需坍落度的用水量，随着再生粗骨料取代率的增加，其变化均不明显。当再生粗骨料取代率为 40％时，各胶凝材料体系的再生粗骨料混凝土的用水量已经接近天然粗骨料混凝土，甚至略微低于天然混凝土；再生粗骨料取代率为 70％时，再生骨料混凝土用水量比天然粗骨料混凝土略微增长；再生粗骨料全取代的再生混凝土的用水量比相应的天然骨料混凝土用水量仍增多将近 10％，但是其坍落度、保水性、黏聚性等已经与天然粗骨料混凝土相差无几。

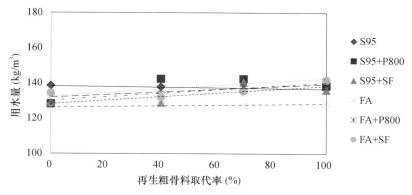

图 3-43　再生粗骨料取代率对再生粗骨料混凝土用水量的影响

综上所述，由于颗粒整形再生粗骨料粒形较好，级配较合理，去除了表面附着的大量硬化的水泥浆体，减少了其表面的微裂纹，降低了压碎指标值和吸水率，使得颗粒整形再生粗骨料混凝土的用水量接近于天然骨料混凝土。然而，由于高品质再生粗骨料含有一部分水泥石会吸收一定量的水，使再生粗骨料的吸水率明显高于天然粗骨料，所以在控制坍落度不变时，再生粗骨料混凝土的用水量随再生粗骨料取代率的增加会略微上升。

3.3.3　高强再生粗骨料混凝土的力学性能

再生混凝土中掺入活性矿物掺合料，可以改善水泥石中凝胶物质的组成，减少氢氧化钙，生成强度更高、稳定性更优的低碱度水化硅酸钙，因此再生混凝土的强度将大幅度提高。另外，由于活性矿物掺合料的"微集料"填充效应，也能在一定程度上提高再生混凝土的强度。本试验均按照《普通混凝土力学性能试验方法标准》（GB/T 50081—2002）进行，试块尺寸为 100mm×100mm×100mm，分别测试 3d、28d、56d 及 150d 的抗压强度，抗压强度测定值乘以系数 0.95 换算成标准的抗压强度。测试劈裂抗拉强度时制作 100mm×100mm×100mm 的立方体试块，测试 28d 的劈裂抗拉强度，劈裂抗拉强度测定值乘以系数 0.85 换算成标准的劈裂抗拉强度。

1. 高强再生粗骨料混凝土的抗压强度

由图 3-44 可知，各胶凝材料体系的高强再生粗骨料混凝土 28d 抗压强度差别较大，后期强度差别较小。150d 时各胶凝材料体系的再生粗骨料混凝土的抗压强度差异显著减小，再生粗骨料取代率为 100％时，各体系再生粗骨料混凝土的抗压强度基本相同。同时，各龄期再生粗骨料取代率对不同胶凝材料体系再生粗骨料混凝土的强度影响并不显著，各胶凝材料体系再生粗骨料混凝土的强度均高于该体系天然粗骨料混凝土的强度。其中，水泥＋普通矿粉＋超细矿粉作为基本胶凝材料体系的再生粗骨料混凝土28d、56d抗压强度最高。主要是因为超细矿粉和硅灰的高细度、高活性使其在混凝土中有较好的填充性和火山灰活性，有利于提高混凝土的早期强度；另外，超细矿粉还有一定的胶凝性，它和普通矿粉复掺时活性高于硅灰，所以混凝土抗压强度最高。超细矿粉对矿粉体系再生粗骨料混凝土抗压强度的改善作用优于硅灰；超细矿粉与硅灰对粉煤灰体系再生粗骨料混凝土抗压强度的改善作用基本相同。

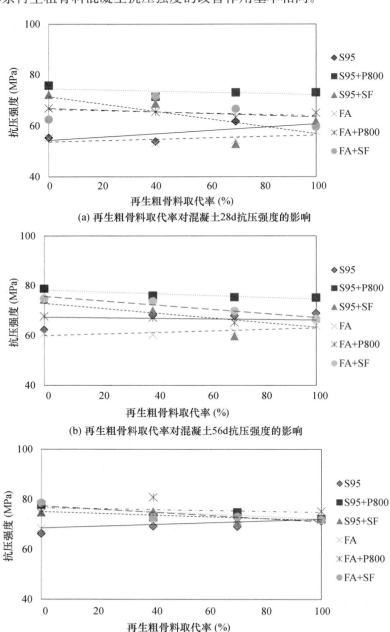

图 3-44　再生粗骨料取代率对混凝土抗压强度的影响

　　高品质再生粗骨料经过整形筛分后明显地改善了各项性能，显著地提高了其堆积密度和密实密度，降低了压碎指标值，使之接近天然粗骨料；另外，由于高品质再生粗骨料含有一部分水泥石会吸收一定量的水，使再生粗骨料混凝土有效水胶比略高于天然骨料混凝土，因此，再生混凝土的抗压强度随高品质再生粗骨料取代率的增加略有提高。

　　2. 高强再生粗骨料混凝土的劈裂抗拉强度

　　由图 3-45 可知，再生粗骨料取代率对矿粉再生粗骨料混凝土和粉煤灰再生粗骨料混凝土的劈裂抗拉强度影响不明显。超细矿粉和硅灰可明显提高矿粉再生粗骨料混凝土的劈裂抗拉强度；超细矿粉对粉煤灰再生粗骨料混凝土的劈裂抗拉强度影响不大。

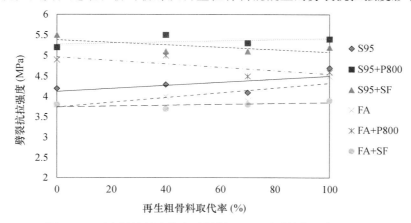

图 3-45　再生粗骨料取代率对混凝土 28d 劈裂抗拉强度的影响

3.3.4　高强再生粗骨料混凝土的耐久性能

　　1. 高强再生粗骨料混凝土的收缩性能

　　试验结果表明，当龄期较短时，再生粗骨料高强混凝土的收缩量与天然粗骨料混凝土的收缩量基本相同；随着养护龄期的增加，高品质再生粗骨料取代率对高强再生粗骨料混凝土的收缩性能影响不大，如图 3-46 所示。

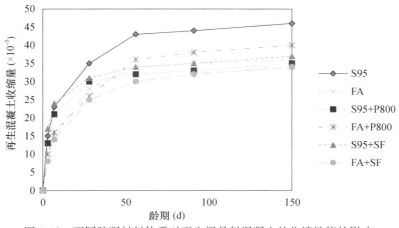

图 3-46　不同胶凝材料体系对再生粗骨料混凝土的收缩性能的影响

从图 3-46 可知：

（1）普通矿粉再生粗骨料混凝土的收缩量均高于粉煤灰再生粗骨料混凝土。与普通矿粉相比，由于粉煤灰具有较好的形态效应，可以降低有效水灰比，需水量也随之降低，能够明显降低再生混凝土收缩量。

（2）掺入超细矿粉可以有效改善矿粉再生粗骨料混凝土的中后期收缩量，但是相比之下，掺入超细矿粉不能降低粉煤灰再生粗骨料混凝土的收缩量，反而会略微加大其收缩量。

（3）加入硅灰可以有效减少矿粉再生粗骨料混凝土、粉煤灰再生粗骨料混凝土的收缩量。这是因为加入硅灰后能够提高再生粗骨料混凝土拌合物的黏聚性，降低泌水量，使混凝土的内部结构更加密实，水分不易挥发，因此总收缩量降低。

2. 高强再生粗骨料混凝土的抗氯离子渗透性能

试验结果表明，高品质再生粗骨料混凝土的抗渗性接近天然粗骨料混凝土，再生粗骨料取代率的增加对再生混凝土的抗氯离子渗透性影响并不明显，渗透系数随着再生粗骨料取代率的增加略微增加，如图 3-47 所示。

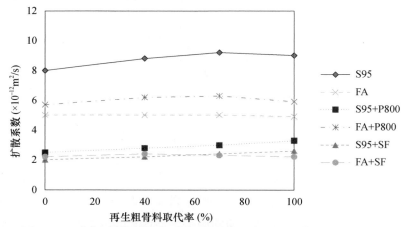

图 3-47　不同胶凝材料体系对再生粗骨料混凝土的抗渗透性能的影响

从图 3-47 可知，再生粗骨料取代率对不同胶凝材料体系的再生混凝土的扩散系数影响并不显著。普通矿粉和粉煤灰再生粗骨料混凝土的抗渗性较差，其氯离子扩散系数相对较高。超细矿粉和硅灰均能明显改善矿粉再生粗骨料混凝土和粉煤灰再生粗骨料混凝土的抗渗性能，其中，超细矿粉对矿粉再生粗骨料混凝土抗渗性的改善作用优于粉煤灰再生粗骨料混凝土，硅灰对矿粉再生粗骨料混凝土抗渗性的改善作用与对粉煤灰再生粗骨料混凝土的改善作用相近。超细矿粉和硅灰对再生混凝土渗透性的作用主要有两个方面：

（1）一部分颗粒可以和水泥的水化产物 $Ca(OH)_2$ 反应生成 C-S-H 凝胶体，填充于混凝土内的孔隙中。

（2）另一部分颗粒直接填充于孔隙中，从而有效地减小混凝土的孔隙率，改善孔结构，使混凝土形成密实充填结构和细观层次的自紧密堆积体系，提高了混凝土的密实度，因此超细矿粉和硅灰可明显提高再生混凝土的抗渗性。

3. 高强再生粗骨料混凝土的抗冻性能

试验结果表明，再生粗骨料混凝土在再生粗骨料取代率较低时对混凝土的相对动弹性模量影响不大，但当再生粗骨料取代率为 100% 时，再生骨料混凝土的相对动弹性模量和质量损失率下降幅度较大，如图 3-48 所示。

由图 3-48 可知，冻融循环次数低于 100 次时，各胶凝材料体系的相对动弹模量相差不大；冻融循环次数超过 100 次时，粉煤灰再生粗骨料混凝土的相对动弹性模量下降较大，掺入超细矿粉和硅灰对矿粉再生粗骨料混凝土和粉煤灰再生粗骨料混凝土的相对动弹性模量均无明显影响。

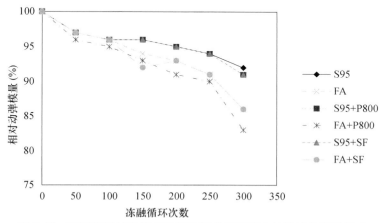

图 3-48 不同胶凝材料体系对再生粗骨料混凝土的抗冻性能的影响

4. 高强再生粗骨料混凝土的抗碳化性能

本试验按照《普通混凝土长期性能和耐久性能试验方法》（GB/T 50082—2009）进行，在碳化箱中调整 CO_2 的浓度在 17%～23% 范围内，湿度在 65%～75% 范围内，温度控制在 15～25℃ 的范围内进行试验。

如图 3-49 所示，再生粗骨料取代率对不同胶凝材料体系的再生混凝土碳化性能影响并不明显。普通矿粉和粉煤灰再生粗骨料混凝土的抗碳化性能较差，掺入超细矿粉和硅灰能够改善矿粉再生粗骨料混凝土和粉煤灰再生粗骨料混凝土的碳化性能。

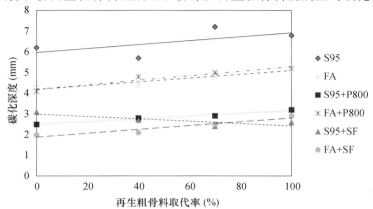

图 3-49 不同胶凝材料体系对再生粗骨料混凝土的碳化性能的影响

3.4　高强再生细骨料混凝土

3.4.1　原材料及配合比设计

1. 试验原材料

（1）水泥：三菱水泥厂生产的 P.Ⅱ52.5 硅酸盐水泥。

（2）普通矿粉：青岛产 S95 级矿粉。

（3）粉煤灰：青岛四方电厂生产的Ⅱ级灰。

（4）硅灰：河南巩义生产的微硅粉，$SiO_2 > 95\%$。

（5）超细矿粉：济南钢铁公司生产的 P800 超细矿粉。各矿物掺合料成分见表 3-9。

（6）粗骨料：崂山产 5～25mm 连续级配的天然花岗岩碎石，符合 GB/T 14685—2011 的要求。

（7）细骨料：天然细骨料是符合 GB/T 14685—2011 要求的细度模数为 3.1 的天然中粗河砂；高品质再生细骨料是将废弃混凝土经破碎、颗粒整形、筛分后得到的再生细骨料。再生细骨料和天然细骨料具体参数见表 3-13。

（8）外加剂：江苏博特产高效聚羧酸减水剂。

（9）水：普通自来水。

表 3-13　各种粗细骨料的基本性质

骨料的种类	天然粗骨料	再生细骨料	天然细骨料
堆积密度（kg/m³）	1452	1405	1500
密实密度（kg/m³）	1528	1513	1620
表观密度（kg/m³）	2650	2553	2500
空隙率（%）	45.2	45.0	40.0
吸水率（%）	1.25	6.80	0.70
压碎指标（%）	10.3	20.0	12.8
泥含量（%）	0.8	1.8	1.3
泥块含量（%）	0.2	0.4	1.0
细度模数	—	2.7	3.1
有机物含量	满足要求	满足要求	满足要求

2. 试验配合比设计

本试验采用 P·Ⅱ52.5 水泥、普通矿粉、粉煤灰、超细矿粉和硅灰分别按不同的比例组合成 6 种不同的胶凝材料体系。胶凝材料用量均为 480kg/m³，砂率均采用 40%，粗骨料用量为 1095kg/m³，细骨料用量为 730kg/m³，掺入 1.2% 的聚羧酸高效减水剂（掺硅灰的混凝土 1.5%），通过调整用水量使混凝土的坍落度控制在 180～220mm，基准混凝土配合比见表 3-11。

本试验所考虑的主要因素包括以下几个方面：

（1）再生骨料的品质：利用颗粒整形再生细骨料（高品质再生细骨料）、聚羧酸减水剂、普通矿粉、粉煤灰、超细矿粉或硅灰等制备高性能再生混凝土。

（2）再生细骨料取代率：分别取代天然粗骨料的 0%、40%、70% 和 100%，以质量计。

（3）胶凝材料体系：6 种不同胶凝材料体系对高性能再生混凝土用水量、力学性能、收缩性能和各项耐久性能的影响。

本试验采用的 6 种胶凝材料体系分别为水泥＋普通矿粉（用 S95 表示）；水泥＋普通矿粉＋超细矿粉（用 S95＋P800 表示）；水泥＋普通矿粉＋硅灰（用 S95＋SF 表示）；水泥＋粉煤灰（用 FA 表示）；水泥＋粉煤灰＋超细矿粉（用 FA＋P800 表示）；水泥＋粉煤灰＋硅灰（用 FA＋SF 表示）。

试验中再生细骨料混凝土的配合比，具体设计情况见表 3-14。试验中 6 组体系的配合比设计仅胶凝材料体系类别有所区别。

表 3-14　再生细骨料混凝土试验配合比

编号	砂（kg/m³）	再生细骨料（kg/m³）	碎石（kg/m³）	再生粗骨料（kg/m³）	备注
A21	730	0	1095	0	水泥＝240kg/m³；矿粉＝240kg/m³；减水剂＝5.8kg/m³
A22	438	292	1095	0	
A23	219	511	1095	0	
A24	0	730	1095	0	
B21	730	0	1095	0	水泥＝240kg/m³；矿粉＝201.6kg/m³；减水剂＝5.8kg/m³；超细矿粉＝38.4kg/m³
B22	438	292	1095	0	
B23	219	511	1095	0	
B24	0	730	1095	0	
C21	730	0	1095	0	水泥＝240kg/m³；矿粉＝201.6kg/m³；减水剂＝7.2kg/m³；硅灰＝38.4kg/m³
C22	438	292	1095	0	
C23	219	511	1095	0	
C24	0	730	1095	0	
D21	730	0	1095	0	水泥＝240kg/m³；粉煤灰＝240kg/m³；减水剂＝5.8kg/m³
D22	438	292	1095	0	
D23	219	511	1095	0	
D24	0	730	1095	0	
E21	730	0	1095	0	水泥＝240kg/m³；粉煤灰＝201.6kg/m³；减水剂＝5.8kg/m³；超细矿粉＝38.4kg/m³
E22	438	292	1095	0	
E23	219	511	1095	0	
E24	0	730	1095	0	
F21	730	0	1095	0	水泥＝240kg/m³；粉煤灰＝201.6kg/m³；减水剂＝7.2kg/m³；硅灰＝38.4kg/m³
F22	438	292	1095	0	
F23	219	511	1095	0	
F24	0	730	1095	0	

3.4.2　高强再生细骨料混凝土的工作性能

从图 3-50 可以看出，在坍落度符合要求的条件下，不同胶凝材料体系的高强再生细骨料混凝土的用水量均随再生细骨料取代率的增加而略微增加。这主要是由于再生细骨料中粉体的主要成分是水泥石、石粉以及未水化充分的水泥矿物，使其吸水率明显高于天然细骨料，导致再生细骨料混凝土的用水量随细骨料取代率的增加而略微增加。

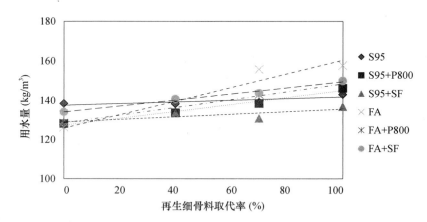

图 3-50　再生细骨料取代率对再生细骨料混凝土用水量的影响

综上，对于不用胶凝材料体系下的高强再生细骨料混凝土，颗粒整形再生细骨料在整形过程中去除了表面粘有的大量水泥石，但再生细骨料中的粉体增加，使颗粒整形再生细骨料混凝土的用水量略高于天然骨料混凝土。

3.4.3　高强再生细骨料混凝土的力学性能

1. 高强再生细骨料混凝土的抗压强度

由图 3-51 可知，不同胶凝材料体系条件下的高强再生细骨料混凝土的 28d、56d 和 150d 抗压强度随再生细骨料取代率的增加变化规律并不明显。总体上看，用硅灰或超细矿粉取代等量的普通矿粉或粉煤灰，再生细骨料混凝土的 28d 抗压强度明显提高，能够达到 C60 以上的水平；用普通矿粉或粉煤灰做掺合料配制的再生细骨料混凝土 28d 和 56d 抗压强度与天然细骨料混凝土接近。养护龄期达到 150d 时，各胶凝材料体系之间强度差异显著减小，且基本不受再生细骨料取代率的影响，同时各体系再生细骨料混凝土抗压强度均高于天然细骨料混凝土。

造成高强再生细骨料混凝土的抗压强度高于天然骨料混凝土的主要原因：一是高品质再生细骨料中粉体具有一定的水化活性，有利于混凝土强度的发挥；二是由于颗粒整形再生细骨料中的粉体的吸水率高于天然细骨料，使高品质再生细骨料混凝土的有效水胶比有所降低。

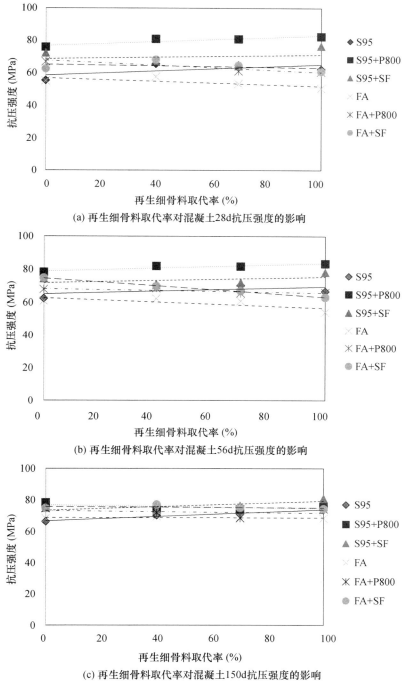

(a) 再生细骨料取代率对混凝土28d抗压强度的影响

(b) 再生细骨料取代率对混凝土56d抗压强度的影响

(c) 再生细骨料取代率对混凝土150d抗压强度的影响

图 3-51　再生细骨料取代率对混凝土抗压强度的影响

2. 高强再生细骨料混凝土的劈裂抗拉强度

由图 3-52 可知，高强再生细骨料混凝土的 28d 劈裂抗拉强度随再生细骨料取代率增加而略有提高。再生细骨料中含有的大量粉体具有一定的水化活性，在一定程度上可以增加混凝土的劈裂抗拉强度。同时，掺入矿粉的再生细骨料混凝土劈裂抗拉强度高于掺入粉煤灰的再生细骨料混凝土。超细矿粉对矿粉天然混凝土劈裂抗拉强度提高作用不明显；超细矿粉和硅灰对矿粉再生细骨料混凝土和粉煤灰再生细骨料混凝土的劈裂抗拉强度均有提高作用。

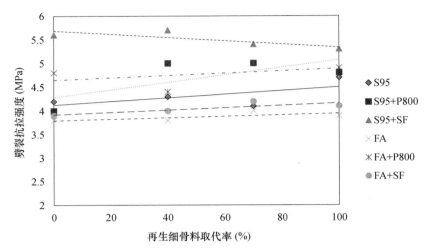

图 3-52　再生细骨料取代率对混凝土 28d 劈裂抗拉强度的影响

3.4.4　高强再生细骨料混凝土的耐久性能

1. 高强再生细骨料混凝土的收缩性能

从图 3-53 可知：

（1）普通矿粉再生细骨料混凝土的收缩量高于粉煤灰再生细骨料混凝土。这是因为普通矿粉颗粒的无定形性使得混凝土的需水量相对较高。另外，普通矿粉具有较高的潜在活性，取代部分水泥后，由于细度小，填充在水泥颗粒中间，促进早期水泥水化反应，因此，增加了再生混凝土的收缩量。

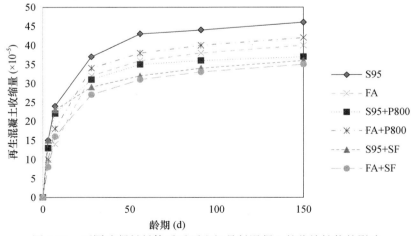

图 3-53　不同胶凝材料体系对再生细骨料混凝土的收缩性能的影响

（2）掺入超细矿粉可以有效改善矿粉再生细骨料混凝土的中后期收缩量，但是掺入超细矿粉会略微加大粉煤灰再生细骨料混凝土的收缩量。这主要是由于超细矿粉细度较大，均匀分散在胶凝材料中，相应地增加了胶凝材料中的碱含量，有利于粉煤灰火山灰活性的发挥，胶凝材料的水化较快，相应混凝土的收缩量也增大。

（3）加入硅灰可以有效减少矿粉再生细骨料混凝土、粉煤灰再生细骨料混凝土的收缩量，特别是矿粉再生细骨料混凝土的收缩量。

2. 高强再生细骨料混凝土的抗氯离子渗透性能

从图 3-54 可知，矿粉再生细骨料混凝土的氯离子扩散系数随着再生细骨料取代率的增加略有减小；粉煤灰再生细骨料混凝土的扩散系数随着再生细骨料取代率的增加略有增大，矿粉再生细骨料混凝土抗渗性明显优于粉煤灰再生细骨料混凝土。这是因为普通矿粉除了具有火山灰效应外，还具有一定的胶凝性，其活性高于粉煤灰，和粉煤灰相比，能够更好地提高混凝土的抗渗性。掺入超细矿粉和硅灰后，矿粉再生细骨料混凝土和粉煤灰再生细骨料混凝土的抗渗性都得到明显改善。

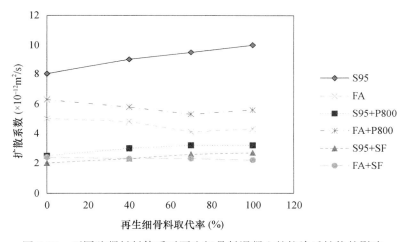

图 3-54　不同胶凝材料体系对再生细骨料混凝土的抗渗透性能的影响

3. 高强再生细骨料混凝土的抗冻性能

由图 3-55 可知，冻融循环次数低于 100 次，各胶凝材料体系的相对动弹模量相差不大；冻融循环次数超过 100 次，粉煤灰再生细骨料混凝土的相对动弹性模量下降较大，掺入超细矿粉和硅灰对矿粉再生混凝土的相对动弹性模量无明显影响，掺入超细矿粉会使粉煤灰再生混凝土的相对动弹性模量略有提高，而掺入硅灰可使粉煤灰再生细骨料混凝土的相对动弹性模量显著提高。

4. 高强再生细骨料混凝土的抗碳化性能

试验结果表明，不同胶凝材料的高强再生细骨料混凝土 28d 的碳化深度均小于1mm；120d 的碳化深度最大不超过 2mm。说明矿物掺合料虽在一定程度上降低了再生混凝土碱含量，但复合材料的超叠效应改善了混凝土的孔隙结构，同时矿物掺合料参与胶凝材料的水化，改善混凝土的界面结构，提高混凝土的密实性，从而提高了混凝土的抗碳化能力（图 3-56 和图 3-57）。

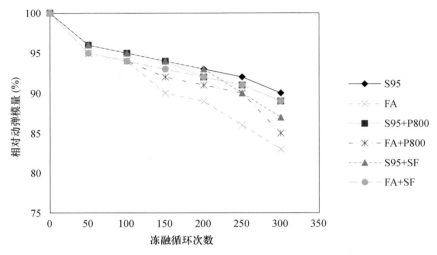

图 3-55　不同胶凝材料体系对再生细骨料混凝土的抗冻性能的影响

图 3-56　碳化试验过程

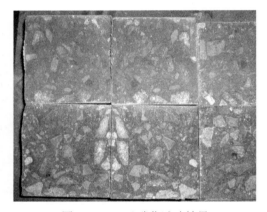

图 3-57　120d 碳化试验结果

参考文献

［1］王智威. 不同来源再生骨料的基本性能及其对混凝土抗压强度的影响 ［J］. 新型建筑材料，2007
　　（7）：57-60.

［2］肖建庄. 再生混凝土 ［M］. 北京：中国建筑工业出版社，2008.

［3］邢锋，冯乃谦，丁建彤. 再生骨料混凝土 ［J］. 混凝土与水泥制品，1999（2）：10-13.

［4］肖建庄，李佳彬，兰阳. 再生混凝土技术最新研究进展与评述 ［J］. 混凝土，2003（10）：17-
　　20，57.

［5］肖建庄，李佳彬，孙振平，等. 再生混凝土抗压强度研究 ［J］. 同济大学学报，2004（12）：
　　1558-1561.

［6］（社）建築業協会．再生骨材及び再生コンクリートの使用基準（案）・同解説［S］．日本，1977.

［7］建設省総合技術開発プロジェクト．建設副産物の発生抑制・再生利用技術の開発報告書［N］．日本，1992.

［8］建設省技調発第 88 号、建設大臣官房技術調査室通達．コンクリート副産物の用途別暫定品質基準（案）［S］．日本，1994.

［9］嵩英雄，阿部道彦，全洪珠．再生骨材を使用したコンクリートの性質に関する実験研究［J］．工学院大学総合研究所 EEC 研究成果報告書，日本，2003：87-94.

［10］阿部道彦．コンクリート用再生骨材［J］．コンクリート工学，日本，1997，7.

［11］全洪珠，嵩英雄ほか．各種セメントを用いた高強度コンクリートから回収した高度化処理再生骨材の諸性質［J］．日本建築学会学術講演集，日本，2002，8：1017-1020.

［12］玉井孝幸，全洪珠，嵩英雄ほか．再生骨材の製造方法と再生粗骨材の性質［J］．第 47 回日本学術会議材料連合講演論文集，2003，10：267-268.

［13］DIN 4226-100 Gesteinskornungen fur Beton und Mortel［S］．2002.

［14］姜丽伟，杨晓轮．高强度再生骨料和再生高性能混凝土试验研究［J］．森林工程，2005（5）：55-57.

［15］李秋义，李云霞，朱崇绩，等．再生混凝土骨料强化技术研究［J］．混凝土，2006（1）：74-77.

［16］李云霞，李秋义，赵铁军．再生骨料与再生混凝土的研究进展［J］．青岛理工大学学报，2005，26（5）：16-19.

［17］邓寿昌，张学兵，罗迎社．废弃混凝土再生利用的现状分析与研究展望［J］．混凝土，2006（11）：20-24.

［18］屈志中．钢筋混凝土破化及其利用技术的新动向［J］．混凝土，2004（6）：102-104.

［19］辻幸和．リサイクルコンクリート製品［M］．日本規格協会，2007.

［20］侯景鹏，史巍．再生混凝土技术研究开发与应用推广［J］．建筑技术，2002（1）：10-12.

［21］王武祥．拆除混凝土的再生试验研究［J］．房材与应用，2001，29（5）：19-22.

［22］祝海燕，鞠凤森，曹宝贵．废弃混凝土在道路工程中的应用［J］．吉林建筑工程学院学报，2006（9）：72-74.

［23］周新宇，蔡建明．再生集料生产新型墙体材料大有可为［J］．混凝土与水泥制品，2005（4）：50-53.

［24］刘立新，谢丽丽，郝彤．再生混凝土多孔砖配合比和基本性能的试验研究［C］．全国砌体结构基本理论与工程应用学术会议论文集．上海：同济大学出版社，2005：236-240.

［25］谢丽丽，杨薇薇，刘立新，等．工业废渣再生混凝土多孔砖配合比的试验研究［J］．郑州大学学报（工学版），2007（6）：27-30.

［26］徐亦冬，沈建生．再生混凝土高性能化的试验研究［J］．混凝土，2007（9）：37-41.

［27］柳橋ほか．高品質再生骨材の研究［J］．コンクリート工学年次論文報告集．日本，1999（1）：205-210.

［28］畑中．再生骨材の高品質化技術について［J］．骨材資源．日本，2007：177-183.

［29］柳橋ほか．原子力施設の廃止措置により発生する解体コンクリートの再利用法の確立（その 1）［J］．日本建築学会学術講演集，日本，2000，8：347-348.

［30］Shima H，Tateyashiki H，Nakato，T，Okamoto M．New Technology for Recoving High Quaiity

Aggregate from Demolished Concrete. Proceedings of 5th International SymposiuⅢ on East Asia Recycling Technology，1999：106-109.

[31] Shima H，Tateyashiki H，Matsuhashi R，Yoshida Y. An Advanced Concrete Recycling Technology and its Applicability Assessment through Input-Output Analysis. Journal of Advanced Concrete Technology，2005，3（1）：53-67.

[32] 立屋敷ほか. 加熱すりもみ方式で製造した構造用再生骨材 [J].セメント・コンクリート.日本，2000（9）：34-39.

[33] 島ほか. 加熱すりもみ法によるコンクリート塊からの高品質再生骨材回収技術の開発 [J].コンクリート工学年次論文報告集.日本，2000（1）：1093-1099.

[34] 李秋义，李云霞，朱崇绩. 颗粒整形对再生粗骨料性能的影响 [J].材料科学与工艺，2005（6）：579-585.

[35] 朱崇绩. 再生骨料强化对再生混凝土性能的影响 [D].青岛：青岛理工大学，2006.

[36] 石倉. 原子力発電所解体コンクリートからの高品質再生骨材製造技術の実用化開発 [D].東京：工学院大学（指導教授：嵩英雄）.日本，2005.

[37] 石倉ほか. 高品質再生骨材製造技術の開発 [J].コンクリート工学.日本，1999（7）：16-23.

[38] 井上ほか. 高品質再生骨材製造技術の開発 [Ⅱ].その2　機械すりもみ方式基本試験 [J].日本建築学会学術講演集.日本，1998（9）：699-700.

[39] 矢代ほか. 高品質再生骨材製造技術の開発 [Ⅱ].その3　全体加熱すりもみ方式基本試験（1）[J].日本建築学会学術講演集.日本，1998（9）：703-704.

[40] 古賀ほか. 高品質再生骨材製造技術の開発 [Ⅱ].その4　全体加熱すりもみ方式基本試験（2）[J].日本建築学会学術講演集.日本，1998（9）：705-706.

[41] 坂詰ほか. 高品質再生骨材製造技術の開発 [Ⅵ].その4　スクリュー磨砕法による製造技術 [J].日本建築学会学術講演集.日本，2002（8）：1027-1028.

[42] 全洪珠. 国外再生混凝土的应用概述及技术标准 [J].青岛理工大学学报，2009，30（3）：87-92.

[43]（财）日本規格協会. JIS A 5021　コンクリート用再生骨材 H [S].2005.

[44]（财）日本規格協会. JIS A 5023　再生骨材 L をもちいたコンクリート [S].2006.

[45]（财）日本規格協会. IS A 5022　再生骨材 M をもちいたコンクリート [S].2007.

[46] Hendriks Ch F. Certification system for aggregates produced from building waste and demolished building [C]. Environmental Aspects of Construction with Waste Materials，1994.

[47] Recommendation for the use of recycled aggregates for concrete in passive environ mental class，Danish Concrete Assocition，1989.

[48] Hendrils ChF，Pieterson H S. Sustainable raw materials construction and demolition waste [R]，RILEM report 22. RILEM Pubication Series，F-94235，1998.

[49] Hans S. Pietersen and Charles F. Hendriks. Towards large scale application of recycled aggregates in the construction industry [C]. European research and developments. [S. l.]：Proceedings of the Fouth International Conference on Ecomaterials，1999：217-220.

[50] 柯国军，张育霖，贺涛，等. 再生混凝土的实用性研究 [J].混凝土，2002（4）：47-48.

第4章 建筑垃圾再生产品

近年来，随着我国经济的迅速发展，大规模的建设开展，建筑垃圾堆积如山，人们对建筑材料的需求量越来越大，建筑产业的巨大资源消耗引发的资源危机和环境污染带来的问题越来越严重，建筑垃圾再生产品作为一种节能、绿色、环保的新材料，如能全面应用于工程建设之中，将给整个人类带来巨大福音。

开发新型的利废、节地、节能、环保型绿色建筑材料是当前建筑垃圾产品改革的主题。本章重点介绍建筑垃圾再生墙体材料（建筑垃圾再生蒸压砖、建筑垃圾再生砌块、再生骨料砖等）、建筑垃圾再生透水砖、建筑垃圾再生路缘石等再生产品的生产工艺和性能研究。

4.1 建筑垃圾再生蒸压砖

4.1.1 原材料

（1）碎砖骨料

碎砖骨料使用前需经破碎研磨处理成粒径<8mm 的颗粒，细度模数为 2.4～3.0。

（2）碎混凝土骨料

碎混凝土骨料是废弃的混凝土经破碎后得到的粒径<8mm 的颗粒，细度模数为 2.4～3.0。

（3）天然骨料

天然骨料为最大粒径<8mm 的砾石，取于蒸压粉煤灰砖厂。

（4）粉煤灰

试验用的粉煤灰取自青岛某电厂的原状粉煤灰，堆积密度为 $640kg/m^3$。

（5）电石渣

电石渣是电石生产时产生的废渣，呈强碱性，渣液 pH 值为 12 以上，其主要成分是 $Ca(OH)_2$，还含有 $CaCO_3$、SiO_2、硫化物、镁和铁等金属氧化物、氢氧化物等无机物以及少量有机物。电石渣颗粒非常细微，具有较强的保水性。

试验所用电石渣取自青岛某化工集团，含水率为 32.7%，CaO 含量为 43.8%（折算成的 CaO），还有少量的无机杂质和有机杂质（如硫化物、磷化物、氧化铁、氧化镁、二氧化硅等）。

（6）外加剂

使用磷石膏及专用激发剂。

（7）水

普通自来水。

4.1.2 建筑垃圾蒸压砖的生产工艺

1. 试验室研究设备

试验室研究选用 YZF-2A 型蒸压釜进行蒸压养护。建筑垃圾蒸压砖试验成型尺寸为 75mm×75mm×50mm，每组成型六块。在 600kN 试验机上压制成型。

2. 原材料质量对性能的影响

试验结果表明，粉煤灰细度在 4900 孔筛筛余 15%～20%，含碳量 15% 以下，对制品性能影响不大。增加硅质材料的比表面积，可以提高其活性。增加 5mm 以下的粗颗粒，可使粗细颗粒合理搭配从而提高砖的抗折强度。加入超细石英粉，可消耗掉氢氧化钙，生成更多的托贝莫来石和 C-S-H 凝胶，使密实度提高，有助于提高孔壁密实度，从而提高制品强度。

除了级配合理外，只有保证钙质材料、硅质材料和水这三部分最大限度地接触，才能产生水化反应。这要求工艺上设置轮碾搅拌措施以保证混合料质量均匀。

3. 含水率控制

在实际生产过程中，除了首先考虑砖的质量指标外，还要考虑用水量对工艺的影响。经过大量的试验，为保证试块的成型及物料之间的水化反应，在试验室制样时，控制相对含水率在 20% 左右。在工业生产时，由于碎砖骨料吸水快，采用二次加水保证试块成型。

4. 成型压力

根据大量的文献资料，初选成型压力为 15MPa、20MPa、25MPa、30MPa，选定一种配比和较成熟的蒸压养护制度，对试块进行试验，结果如图 4-1 所示。结果表明，成型压力在一定范围内（15～25MPa），压力与坯体密度、制品的强度成正比，25MPa 时的蒸压砖强度达到最高；当成型压力继续提高到 30MPa 时，砖坯的密度和强度反呈下降趋势，蒸压砖强度降低了 8.5%。当然，极限成型压力还与颗粒级配、含水率、加压方式及加压速度等因素有关。

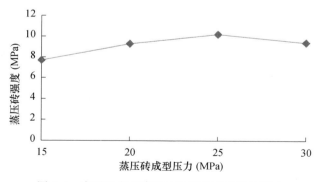

图 4-1 成型压力对建筑垃圾蒸压砖强度的影响

5. 静停时间的确定

静停的目的是使混合料中的 CaO 和水发生反应后变成熟石灰，因此一定的消化时间是必需的。如果消化时间不足，CaO 在坯体中将继续发生反应而导致体积膨胀，最终导致坯体爆裂或产生裂纹。消化时间与消化方式有关，密封保温消化需 3～4h，自然堆积消化需 6～8h。

6. 蒸养制度的确定

蒸养制度一般包括最高蒸气压力、升温速度、恒温时间、降温速度等指标。对于体积较小的砖类制品，较长时间的升温、降温，比较长时间的恒温更加重要。为保证制品的良好外观，升温速度和降温速度均不宜过快，但需综合考虑砖的蒸压效果、蒸压釜的生产效率及能耗等各方面因素。最终确定的养护制度：蒸压强度 1.2MPa，升压 2h，恒压 6h，降压 2h。

7. 激发剂的影响

试验中选用了天然骨料、碎砖骨料和碎混凝土骨料，激发剂除了常用的石膏（激发剂 A）外，还选用了激发剂 B，试验方案和试块的平均抗压强度结果见表 4-1。试验结果表明，激发剂 B 有较好的激发效果，尤其是与石膏复合使用时效果更为显著。

表 4-1　建筑垃圾蒸压砖平均抗压强度（MPa）

激发剂及掺量	骨料种类		
	天然骨料	碎砖骨料	碎混凝土骨料
3％激发剂 A	10.8	12.6	10.4
0.5％激发剂 B	9.8	13.2	10.2
1.0％激发剂 B	10.3	13.8	10.7
3％激发剂 A＋0.5％激发剂 B	12.2	14.0	11.5

4.1.3　建筑垃圾蒸压砖的工业化试生产

试验室研究结果表明，生产建筑垃圾蒸压砖最好使用蒸汽压力为 1.2MPa 的蒸压釜，但是青岛地区所用的蒸压釜的工作压力多是 0.8MPa 的蒸压釜，因此作者采用普通蒸压粉煤灰砖的生产线和生产工艺进行工业化试验。在试验室试验研究的基础上，共进行了三批工业试验，工业试验建筑垃圾蒸压砖的配方见表 4-2，两种骨料制备的蒸压砖生产成型及试块断面情况如图 4-2～图 4-5 所示。

表 4-2　工业试验建筑垃圾蒸压砖的配方

代号	骨料类别	原材料配比	激发剂种类及用量
AH	碎混凝土骨料	35％骨料＋44％粉煤灰＋18％工业废渣	3％激发剂 A
BZ	碎砖骨料	40％骨料＋40％粉煤灰＋16.5％工业废渣	3％激发 A＋0.5％激发剂 B
BH	碎混凝土骨料	40％骨料＋40％粉煤灰＋16.5％工业废渣	3％激发 A＋0.5％激发剂 B

图 4-2　建筑垃圾蒸压砖的成型　　　　图 4-3　建筑垃圾蒸压砖的蒸压养护

图 4-4　以碎砖为骨料的蒸压砖试块及断面情况

图 4-5　以混凝土为骨料的蒸压砖试块及断面情况

4.1.4　建筑垃圾蒸压砖的性能研究

建筑垃圾蒸压砖的性能指标应满足《粉煤灰砖》（JC 239—2014）的技术要求。

1. 抗折强度

不同类型建筑垃圾蒸压砖的抗折强度试验数据见表 4-3。

表 4-3　建筑垃圾蒸压砖的抗折强度（MPa）

代号	骨料类别	单块抗折强度值					平均值	备注
AH	碎混凝土骨料	2.6	2.6	2.1	2.7	2.7	2.5	满足 MU10 的要求
BZ	碎砖骨料	2.5	2.5	3.0	2.9	3.1	2.8	
BH	碎混凝土骨料	2.6	2.2	2.5	2.5	2.5	2.5	

2. 抗压强度

建筑垃圾蒸压砖的抗压强度试验数据见表 4-4。

表 4-4　建筑垃圾蒸压砖的抗压强度（MPa）

代号	骨料类别	单块抗压强度值					平均值	备注
AH	碎混凝土骨料	11.2	10.4	10.3	9.5	9.9	11.1	满足 MU10 的要求
BZ	碎砖骨料	9.9	11.1	10.2	10.8	12.8	11.7	
BH	碎混凝土骨料	11.5	10.6	11.0	9.6	10.4	10.3	

3. 体积密度

建筑垃圾蒸压砖的体积密度试验数据见表 4-5。

表 4-5　建筑垃圾蒸压砖的体积密度（kg/m³）

代号	骨料类别	体积密度单块值					平均值
AH	碎混凝土骨料	1450	1446	1468	1400	1460	1445
BZ	碎砖骨料	1308	1315	1276	1285	1286	1294
BH	碎混凝土骨料	1434	1420	1342	1370	1344	1382

4. 吸水率

建筑垃圾蒸压砖的吸水率试验数据见表 4-6。

表 4-6　建筑垃圾蒸压砖的吸水率（%）

代号	骨料类别	吸水率单块值					平均值
AH	碎混凝土骨料	22.7	22.9	21.5	23.7	22.1	22.6
BZ	碎砖骨料	34.2	32.2	34.1	32.2	32.4	33.0
BH	碎混凝土骨料	28.5	27.7	31.1	29.6	30.6	29.5

5. 干燥收缩

制备好的建筑垃圾蒸压砖收缩试样如图 4-6 所示，干燥收缩试验数据见表 4-7。

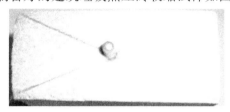

图 4-6　制备好的建筑垃圾蒸压砖收缩试样

表 4-7　建筑垃圾蒸压砖的干燥收缩值（mm/m）

代号	骨料类别	干燥收缩单块值			平均值	备注
AH	碎混凝土骨料	0.605	0.586	0.504	0.57	满足 JC 239—2001 优等品的要求
BZ	碎砖骨料	0.528	0.539	0.651	0.57	
BH	碎混凝土骨料	0.572	0.638	0.518	0.58	

6. 碳化性能

建筑垃圾蒸压砖的碳化试验数据如图 4-7 所示，试样在碳化箱中情况如图 4-8 所示。

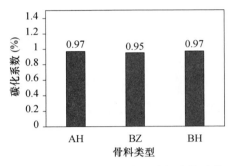

图 4-7　不同建筑垃圾蒸压砖的碳化系数　　　　图 4-8　建筑垃圾蒸压砖试样在碳化箱中

7. 冻融试验

建筑垃圾蒸压砖的冻融循环试验结果如图 4-9 所示，其抗冻融性能满足 JC 239—2014 的要求。

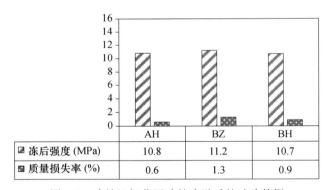

	AH	BZ	BH
冻后强度（MPa）	10.8	11.2	10.7
质量损失率（%）	0.6	1.3	0.9

图 4-9　建筑垃圾蒸压砖的冻融后的试验数据

4.2　建筑垃圾再生砌块

4.2.1　原材料

1. 水泥

再生混凝土砌块的生产过程中，一般选取 P·O 32.5 的普通硅酸盐水泥。

2. 再生骨料

建筑垃圾再生砌块所用再生骨料要符合以下要求：粗骨料的最大公称粒径均不宜大于 10mm。当采用石屑作为骨料时，粒径小于 0.15mm 的颗粒含量不应大于 20%，再生骨料应符合表 4-8 和表 4-9 的规定。

表 4-8　可用于生产砌块的再生粗骨料性能指标

项　目	指标要求
微粉含量（按质量计）（%）	<5.0
吸水率（按质量计）（%）	<10.0
杂物（按质量计）（%）	<2.0
泥块含量、有害物质含量、坚固性、压碎指标、碱-骨料反应性能	应符合《混凝土用再生粗骨料》（GB/T 25177）的相关规定

表 4-9　可用于生产砌块的再生细骨料性能指标

项　目		指标要求
微粉含量（按质量计）（%）	MB 值<1.40 或合格	<12.0
	MB 值≥1.40 或不合格	<6.0
泥块含量、有害物质含量、坚固性、单级最大压碎指标、碱-骨料反应性能		应符合《混凝土和砂浆用再生细骨料》（GB/T 25176）的相关规定

3. 掺合料

掺合料不仅可以取代部分水泥、减少混凝土的水泥用量、降低成本，而且可以改善混凝土拌合物和硬化混凝土的各种性能。砌块生产的常用掺合料主要有粉煤灰、磨细自然煤矸石以及其他工业废渣。其中，粉煤灰是目前用量最大、使用范围最广的一种掺合料。配制再生砌块的混凝土拌合物时，根据不同需求可适量掺加粉煤灰等掺合料。

4. 外加剂

目前，砌块常用的外加剂主要有减水剂和早强剂两个品种。减水剂能使混凝土拌合物在工作性保持不变的情况下，较显著地减少用水量，以提高混凝土砌块的强度和改善其抗冻、抗渗等耐久性能。早强剂主要能促进水泥水化和硬化，提高混凝土砌块的早期强度，特别在采用移动成型工艺中，可以显著缩短养护期。

5. 水

普通自来水。

4.2.2　建筑垃圾再生砌块的生产工艺

1. 规格和强度等级

再生混凝土空心砌块的主要规格有 390mm×190mm×190mm、390mm×240mm×190mm、390mm×120mm×190mm、390mm×90mm×190mm 等，强度等级为 MU5、MU7.5、MU10、MU15、MU20。

2. 工艺流程

建筑垃圾先进行粗破碎，除去废土、金属、塑料、木材、装饰材料等杂质，经分选后送二次破碎机组，经振动筛，粒径≥10mm 的物料应再次破碎，粒径 5～10mm 的为成品料，5mm 以下的筛分为 2mm 以下和 2～5mm 的成品料，按比例掺入一定的水泥、粉煤灰、外加剂等材料，搅拌均匀后经液压砌块机成型，根据不同需要可选取不同模具成型，28d 自然养护即可。每批次需浇水养护 1 周，每天浇水次数不小于 3 次。这种墙体材料不需要烧制，不排放污水、废气，有利于保护环境、节省能源。建筑垃圾再生砌块生产工艺流程如图 4-10 所示。

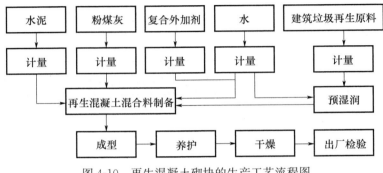

图 4-10　再生混凝土砌块的生产工艺流程图

3. 配合比

在大量试验研究基础上，确定采用 3 种代表性建筑垃圾再生原料制备混凝土砌块：废混凝土再生原料、废砖再生原料、废混凝土与废砖混合再生原料。再生原料分别由废混凝土和废砖使用颚式破碎机破坏而成，最大粒度控制在 10mm 以内。再生原料混凝土砌块生产用配合比见表 4-10。

表 4-10　再生原料混凝土砌块生产用原材料配合比

原材料名称	配合比		
P·O 32.5 水泥	15.0%	15.0%	15.0%
粉煤灰	12.0%	12.0%	12.0%
废混凝土再生原料	72.0%	—	36.0%
废砖再生原料	—	72.0%	36.0%
复合外加剂	1%	1%	1%
水	适宜	适宜	适宜

4. 主要生产设备

宜选用强制式混凝土搅拌机和卧轴式混凝土搅拌机进行搅拌，这两种搅拌机以强制式为好，其特点是搅拌效果好，可提高混凝土拌合物的密实度，但产量较卧轴式的低。混凝土砌块的成型工艺中所需的最主要的设备为砌块成型机。小型砌块成型机按其工作状态可分为以下几种：移动式固定成型机、模振固定式成型机、台振固定式成型机、叠振式成型机和分层布料式成型机。

5. 成型工艺

在混凝土砌块的生产工艺中，最关键的工艺是成型工艺。混凝土砌块成型所采用的是干硬性混凝土或半干硬性混凝土，其水胶比小，坍落度很小，流动性很差，故采用振动加压的方法成型。这种成型工艺具有以下优点：小砌块外观整齐，颗粒均匀，尺寸精确，结构密实，成型效率高，水泥用量少，降低成本，成型后可立即脱模。

6. 养护工艺

养护的作用一方面是使砌块获得要求的强度，同时使砌块一部分干燥收缩在养护期间完成，减小砌块砌墙以后的干缩。混凝土砌块可采用蒸汽养护，也可采用自然养护。蒸汽养护可以缩短砌块养护时间，提高托板周转率，降低劳动强度，保证砌块质量，尤其是全自动生产线。但对于简易生产线和生产能力较低的企业，采用自然养护可以降低生产成本。采用自然养护的砌块在脱板后，应保证砌块在一定湿度下再养护一段时间，以保证砌块强度得以充分发挥。

4.2.3　建筑垃圾再生砌块的性能研究

1. 再生骨料砌块的尺寸偏差与外观质量要求

再生骨料砌块的尺寸允许偏差和外观质量应符合表 4-11 的规定。

表 4-11　再生骨料砌块尺寸允许偏差和外观质量

项　目		指　标
尺寸允许偏差（mm）	长度	±2
	宽度	±2
	高度	±2
最小外壁厚，不小于（mm）	用于承重墙体	30
	用于非承重墙体	16
肋厚，不小于（mm）	用于承重墙体	25
	用于非承重墙体	15
缺棱掉角	个数，不多于（个）	2
	3 个方向投影的最小值，不大于（mm）	20
裂缝延伸投影的累计尺寸，不大于（mm）		20
弯曲，不大于（mm）		2

2. 再生骨料砌块的物理性能

随着再生骨料取代量的增加，再生混凝土的密度有规律地降低，全部采用再生骨料的再生混凝土密度较普通混凝土的低。有关研究结果显示，自然养护至 28d 时，按照标准 DB62/T 2783—2017 和 GB/T 4111—2013 进行测试。经随机抽样，砌块含水率统计平均值在 3.5% 左右，吸水率则在 7.0%～9.0% 之间，体积密度的测试值为 1230kg/m³，空心率为 43%，收缩率为 0.30mm/m。可以看出，采用再生骨料制造的小型空心砌块强度等级符合 DB62/T 2783—2017 标准规定的 MU7.5 要求，且外观尺寸性能稳定，可用于砌筑等场合。

再生混凝土砌块大部分用作墙体材料，故其保温性能非常重要。如果在再生混凝土砌块中充填保温材料，再生混凝土砌块的保温性能将进一步得到提升，从而具有更为广阔的应用前景。

3. 再生骨料砌块的力学性能

建筑垃圾再生砌块的各项技术指标中，强度等级是影响砌块质量的一项重要指标。影响再生骨料小型空心砌块强度主要因素包括再生骨料品质、取代率、用水量和矿物掺合料。大量掺加破碎再生混凝土骨料对砌块的品质影响明显，但是再生骨料掺量较低时强度可以满足要求，而且还能够节约水泥用量。

《再生骨料应用技术规程》（JGJ/T 240—2011）中规定，再生骨料砌块的强度等级分为 MU3.5、MU5、MU7.5、MU10、MU15 和 MU20 六个强度等级，强度等级应符合表 4-12 规定。

表 4-12　再生骨料砌块抗压强度

强度等级	抗压强度（MPa）	
	平均值，不小于	单块最小值，不小于
MU3.5	3.5	2.8
MU5	5.0	4.0
MU7.5	7.5	6.0
MU10	10.0	8.0
MU15	15.0	12.0
MU20	20.0	16.0

据国内外有关试验表明，再生混凝土小型空心砌块的强度可以达到 MU5 以上，完全能够满足作为承重墙的要求。影响再生混凝土小型空心砌块强度主要有以下几个因素：再生骨料的品质、再生骨料的含量、实际用水量和矿物掺合料掺量等。

4. 再生骨料砌块的其他性能

中华人民共和国建筑工程行业标准《再生骨料应用技术规程》（JGJ/T 240—2011）中规定，再生骨料砌块干燥收缩率应不大于 0.060%；相对含水率应符合表 4-13 的规定；抗冻性应符合表 4-14 的规定；碳化系数 K_c 应不小于 0.80；软化系数 K_f 应不小于 0.80。

表 4-13　再生骨料砌块相对含水率

使用地区的湿度条件	潮　湿	中　等	干　燥
相对含水率，不大于（%）	40	35	30

注：1. 相对含水率是指砌块的含水率与吸水率之比。$W = 100 \times \dfrac{\omega_1}{\omega_2}$ 中，W 是砌块的相对含水率（%），ω_1 是砌块的含水率（%），ω_2 是砌块的吸水率（%）。

　　2. 潮湿为年平均相对湿度大于 75% 的地区；中等为年平均相对湿度 50%～75% 的地区；干燥为年平均相对湿度小于 50% 的地区。

表 4-14　再生骨料砌块抗冻性

使用条件	抗冻指标	质量损失率（%）	强度损失率（%）
夏热冬暖地区	D15		
夏热冬冷地区	D25	≤5	≤25
寒冷地区	D35		
严寒地区	D50		

在正常生产工艺条件下，再生骨料砌块收缩值达 0.60mm/m，经 28d 养护后收缩值可完成 60%。因此，延长养护时间能保证砌体强度并减少收缩裂缝。再生骨料砌块养护时间一般不少于 28d；当采用人工自然养护时，前 7d 应适量喷水养护，总时间不少于 28d。

再生骨料砌块在堆放、储存和运输时，应采取防雨措施。再生骨料砌块应按规格和强度等级分批堆放，不应混杂。堆放、储存时保持通风流畅，底部宜用木制托盘或塑料托盘支垫，不宜直接贴地堆放。堆放场地必须平整，堆放高度一般不宜超过 1.6m。

4.3　再生骨料砖

再生骨料砖分为多孔砖和实心砖，按抗压强度分为 MU7.5、MU10、MU15 和 MU20 四个等级。再生骨料实心砖主要规格尺寸为 240mm×115mm×53mm；再生骨料多孔砖主要规格尺寸为 240mm×115mm×90mm。再生骨料砖的其他规格一般由供需双方协商确定。

4.3.1　原材料

混凝土实心砖以水泥为胶结材料，以砂、石子等普通骨料或轻骨料为主要骨料，经加水搅拌、成型、养护制成，用于工业与民用建筑基础和墙体的承重部位无空洞的砖。非承重混凝土多孔砖和混凝土空心砖主要用于工程中非承重或自承重部位，对强度要求不高，本着合理利用和节约资源的目的，提倡采用符合要求的各种水泥，多用轻骨料和废渣。再生砖所用骨料的最大粒径不应大于 8mm，再生骨料应符合本表 4-15 和表 4-16 的规定。

表 4-15　生产砖的再生粗骨料性能指标

项　目	指标要求
微粉含量（按质量计）（%）	<5.0
吸水率（按质量计）（%）	<10.0
杂物（按质量计）（%）	<2.0
泥块含量、有害物质含量、坚固性、压碎指标、碱-骨料反应性能	应符合《混凝土用再生粗骨料》（GB/T 25177）的相关规定

表 4-16　生产砖的再生细骨料性能指标

项　目		指标要求
微粉含量 （按质量计）（%）	MB 值<1.40 或合格	<12.0
	MB 值≥1.40 或不合格	<6.0
泥块含量、有害物质含量、坚固性、 单级最大压碎指标、碱-骨料反应性能		应符合《混凝土和砂浆用再生细骨料》 （GB/T 25176）的相关规定

4.3.2　再生骨料砖的性能要求

再生骨料砖的尺寸允许偏差和外观质量应符合表 4-17 的规定。

表 4-17　再生骨料砖尺寸允许偏差和外观质量

项　目		指　标
尺寸允许偏差（mm）	长度	±2.0
	宽度	±2.0
	高度	±2.0
弯曲，不大于（mm）		2.0
缺棱掉角	个数，不多于（个）	1
	3 个方向投影的最小值，不大于（mm）	10
裂缝长度	大面上宽度方向及其延伸到条面的长度，不大于（mm）	30
	大面上长度方向及顶面的长度或条、顶面水平裂纹的长度，不大于（mm）	50
完整面		不少于一条面和一顶面

再生骨料砖的抗压强度应符合表 4-18 的规定。为了拓宽再生骨料的推广应用，中华人民共和国建筑工程行业标准《再生骨料应用技术规程》（JGJ/T 240—2011）将再生骨料多孔砖的最低强度拓宽为 MU7.5，将再生骨料实心砖的最低强度拓宽为 MU10。

表 4-18　再生骨料砖抗压强度

强度等级	抗压强度（MPa）	
	平均值，不小于	单块最小值，不小于
MU7.5	7.5	6.0
MU10	10.0	8.0
MU15	15.0	12.0
MU20	20.0	16.0

再生骨料砖的吸水率不应大于 18%；再生骨料砖碳化系数 K_c 应不小于 0.80，软化系数 K_f 应不小于 0.80。干燥收缩率和相对含水率应符合表 4-19 的规定。再生骨料砖抗冻性应符合表 4-20 的规定。

表 4-19　再生骨料砖干燥收缩率和相对含水率

干燥收缩率（%）	相对含水率平均值（%）		
	潮湿环境	中等环境	干燥环境
≤0.060	≤40	≤35	≤30

注：1. 相对含水率含义同表 4-13。
　　2. 潮湿环境、中等环境和干燥环境的含义同表 4-13。

表 4-20　再生骨料砖抗冻指标

强度等级	冻后抗压强度平均值，不小于（MPa）	冻后质量损失率平均值，不大于（%）
MU20	16.0	2.0
MU15	12.0	2.0
MU10	8.0	2.0
MU7.5	6.0	2.0

注：冻融次数按地区可分为夏热冬暖地区 15 次，夏热冬冷地区 25 次，寒冷地区 35 次，严寒地区 50 次。

4.3.3　再生骨料砖的试验研究

采用再生细骨料、P·O 42.5 水泥、粉煤灰和矿粉作为制备建筑垃圾再生砖的原料，在标准养护室养护 7d 后移至外面自然养护至 28d 进行强度测定，研究了再生细骨料和配合比对再生砖强度的影响。

1. 再生骨料对再生骨料砖强度的影响

再生骨料砖强度随骨料最大粒径的增大而降低；细粉含量由 10% 增加到 35%，再生骨料砖的抗折强度、抗压强度都呈曲线型增长；再生骨料的初始含水率由 4.1% 提高到 10.2%，再生骨料砖的抗压强度以及抗折强度显著增长，变化趋势近似于线性，且对抗压强度和抗折强度的影响程度也基本相当；骨料的压碎指标表征再生骨料强度的大小，压碎指标越大，骨料强度越低。

2. 配合比对再生骨料砖强度的影响

主要研究了水灰比、骨灰比、矿物掺合料种类和掺量对再生砖强度的影响。试验过程中，再生细骨料材性、水泥种类和等级、成型工艺、养护制度和检测方法保持不变。

（1）水灰比和骨灰比的影响

由图 4-11 和图 4-12 可知，当水灰比在 0.8～1.1 之间变化时，再生骨料砖的抗折强度随水灰比的增加而增大。随着骨灰比的增加，再生骨料砖的强度比总体呈下降趋势。

（2）矿物掺合料种类与掺量的影响

由图 4-13 和图 4-14 可知，再生骨料砖抗压强度和抗折强度随着粉煤灰取代率的增加而明显降低，再生骨料砖的强度随着矿粉取代率的增大而增大。

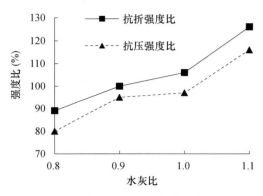

图 4-11　水灰比对再生骨料砖强度的影响

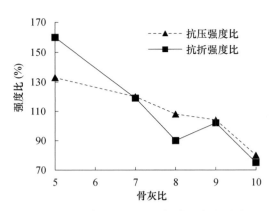

图 4-12　骨灰比对再生骨料砖强度的影响

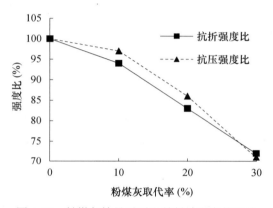

图 4-13　粉煤灰掺量对再生骨料砖强度的影响

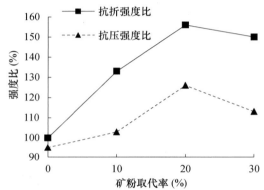

图 4-14　矿粉掺量对再生骨料砖强度的影响

4.4　再生骨料透水砖

再生骨料透水砖作为一种新型路面材料，是使用再生骨料按特殊的颗粒级配及成型工艺制备的透水砖。以再生骨料制备透水砖，不仅能够促进建筑垃圾资源化利用，节约资源，还能够缓解建筑垃圾堆放造成的环境问题，同时再生骨料透水砖在缓解"热岛效应"、减少洪涝灾害及补充地下水位等方面有很大优势。

本节主要介绍再生骨料的制备、再生骨料透水砖的成型工艺的探究、再生骨料对再生骨料透水砖力学性能、物理性能的影响和再生骨料透水砖配合比设计理论等。

4.4.1　再生骨料的制备

将废弃混凝土分别经过大型和小型颚式破碎机破碎后制得简单破碎再生骨料，再将简单破碎再生骨料利用颗粒整形设备进行颗粒整形物理强化处理；经过物理强化技术处理之后，选用筛孔分别为 1.18mm、2.36mm、4.75mm 和 9.5mm 的方孔筛将制得的简单破碎再生骨料和颗粒整形再生骨料进行筛分，分别筛分出 1.18～2.36mm、2.36～4.75mm 和 4.75～9.5mm 的再生骨料。

再生粗骨料包括简单破碎再生骨料和颗粒整形再生粗骨料两种，参照《混凝土用再生粗骨料》（GB/T 25177—2010）中的试验方法对再生粗骨料的表观密度、堆积密度、空隙率、压碎指标和吸水率等基本性能进行测试；再生细骨料包括简单破碎再生细骨料和颗粒整形再生细骨料两种，参照《混凝土和砂浆用再生细骨料》（GB/T 25176—2010）中的试验方法对再生细骨料的表观密度、堆积密度、空隙率、压碎指标和吸水率等基本性能进行测试。试验测得的两类再生骨料和天然骨料的基本性能指标见表 4-21～表 4-23。

表 4-21　简单破碎再生骨料基本性能指标

骨料粒径（mm）	孔隙率（%）	吸水率（%）	表观密度（kg/m³）	堆积密度（kg/m³）	压碎指标（%）
4.75～9.50	46.2	3.4	2470	1330	26.2
2.36～4.75	47.7	3.9	2410	1260	26.1
1.18～2.36	49.6	4.6	2320	1170	25.2

表 4-22　颗粒整形再生骨料基本性能指标

骨料粒径（mm）	孔隙率（%）	吸水率（%）	表观密度（kg/m³）	堆积密度（kg/m³）	压碎指标（%）
4.75～9.50	42.6	2.8	2490	1430	23.1
2.36～4.75	43.2	3.1	2500	1420	16.4
1.18～2.36	43.3	3.3	2470	1400	9.60

表 4-23　天然骨料基本性能指标

骨料粒径（mm）	孔隙率（%）	吸水率（%）	表观密度（kg/m³）	堆积密度（kg/m³）	压碎指标（%）
4.75～9.50	42.4	3.1	2500	1440	30.6
2.36～4.75	42.7	3.2	2480	1420	18.9
1.18～2.36	42.4	3.0	2450	1410	11.9

从表中可以看出，颗粒整形再生骨料基本性能明显优于简单破碎再生骨料，其中吸水率减小 20% 左右，孔隙率降低 10% 左右，表观密度提高 4% 左右，堆积密度提高 13% 左右，压碎指标降低 30% 左右，颗粒整形再生骨料整体性能接近天然骨料，甚至某些性能还略优于天然骨料。

4.4.2　实验室再生骨料透水砖的成型工艺

透水砖和普通混凝土的成型工艺有很大差别，在保证透水砖满足强度的同时还需有较大孔隙率来满足透水砖透水系数的要求，其用水量根据拌合料达到特定状态确定。因此，成型过程中需要采用定制的模具和静压成型的成型工艺，试验用模具如图 4-15 所示。

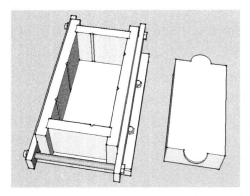

图 4-15　试验用模具图

　　利用再生骨料制备透水砖时，首先在再生骨料中加入部分水进行搅拌，使再生骨料充分润湿；其次将搅拌均匀的水泥、粉煤灰和减水剂倒入搅拌锅中，使浆体均匀包裹在再生骨料的表面，并继续加水搅拌至骨料表面开始出现光泽且用手能够抓成团时为止；最后，将搅拌好的混合料装入模具后移至压力试验机压制成型，成型后立即拆模，进行养护。其整个试验流程如图 4-16 所示。

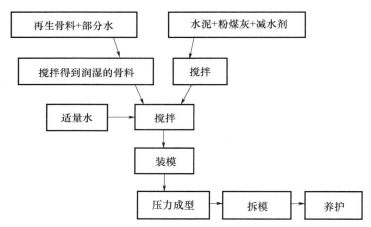

图 4-16　再生骨料透水砖试验流程图

4.4.3　原材料与配合比设计

1. 试验用原材料

（1）水泥：山水水泥厂生产的 P·O 42.5 水泥。

（2）天然细骨料：机制砂，筛取 1.18～2.36mm、2.36～4.75mm 的细骨料。

（3）天然粗骨料：崂山产 5～10mm 连续级配的花岗岩碎石。

（4）再生骨料：简单破碎再生骨料和一次颗粒整形再生骨料。

（5）外加剂：萘系高效减水剂，用量为胶凝材料总量的 1%。

（6）水：普通自来水。

2. 水胶比试验

用水量对透水砖性能具有重要影响，用水量太大或太小都会对透水砖造成不良影响，拌合物的状态以骨料表面开始出现光泽、用手抓成团为宜。骨料粒径以 1.18～2.36mm、2.36～4.75mm 和 4.75～9.5mm 三种粒径骨料混合搭配。

选取骨胶比为 2.8，骨料级配为 4.75～9.5mm（70%）、2.36～4.75mm（20%）和 1.18～2.36mm（10%）（质量比 7∶2∶1），水胶比为 0.26～0.36 进行水胶比试验，在蒸汽养护 10h 后测强度和透水系数。表 4-24、图 4-17 为试验配合比及试验结果。

表 4-24　水胶比试验配合比及结果

序号	骨胶比	骨料级配	水胶比	强度（MPa）	透水系数（10^2 cm/s）	孔隙率（%）
1	2.8	7∶2∶1	0.26	16.2	0.28	19.3
2	2.8	7∶2∶1	0.27	17.6	2.36	16.4
3	2.8	7∶2∶1	0.28	19.5	2.58	16.6
4	2.8	7∶2∶1	0.29	23.3	3.29	14.4
5	2.8	7∶2∶1	0.30	24.5	5.74	16.4
6	2.8	7∶2∶1	0.31	25.7	2.94	15.5
7	2.8	7∶2∶1	0.32	28.6	2.27	17.3
8	2.8	7∶2∶1	0.33	32.1	1.67	16.9
9	2.8	7∶2∶1	0.34	36.4	1.02	16.4
10	2.8	7∶2∶1	0.35	40.2	0.35	13.8
11	2.8	7∶2∶1	0.36	41.6	0.28	13.2

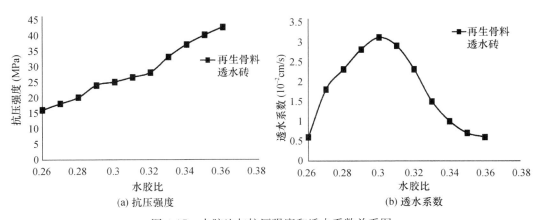

图 4-17　水胶比与抗压强度和透水系数关系图

再生骨料透水砖强度随水胶比增大逐渐增大，这是由于水胶比增大后，用水量增加，拌合料流动性增大，在压力作用下透水砖孔隙率减小，透水砖越密实，对外力的传递作用越好，强度越大。

再生骨料透水砖透水系数随水胶比增大先增大后减小，原因在于用水量较小时，浆体的黏结力较小，不能够很好地裹住骨料，在成型过程中，压力的挤压作用使浆体脱落堵住孔隙，导致透水系数降低；水胶比增大后，浆体的黏结力增大、不易脱落，较容易形成孔隙，透水系数随之增大；随着水胶比进一步增大，浆体流动性增长较快，反而容易堵塞孔隙，导致透水系数降低。

4.4.4 再生骨料透水砖配合比优化

在天然骨料透水砖试验基础上，对各因素进行优化，以颗粒整形再生骨料和简单破碎再生骨料为原料，以骨料级配、骨胶比和粉煤灰掺量为试验变量，成型压力为4.2MPa，设计三因素三水平正交试验，以天然骨料透水砖（Natural aggregate permeable brick，简称 NPB）为对照，探究简单破碎再生骨料透水砖（Simple-crushing recycled aggregate permeable brick，简称 SPB）和颗粒整形再生骨料透水砖（Particle-shaping recycled aggregate permeable brick，简称 PPB）在不同因素下强度和透水系数的变化规律。各因素、水平点分布见表 4-25～表 4-27。

表 4-25　再生骨料透水砖配合比水平因素表

水 平	骨料粒径	骨胶比	粉煤灰掺量（%）
Ⅰ	B	2.9	30
Ⅱ	C	3.2	40
Ⅲ	D	3.5	50

表 4-26　再生骨料透水砖配合比骨料粒径（%）

序 号	4.75～9.5mm	2.36～4.75mm	1.18～2.36mm
B	40	40	20
C	60	30	10
D	80	20	0

表 4-27　再生骨料透水砖配合比水平点分布表

序 号	骨料粒径	骨胶比	粉煤灰掺量（%）	成型压力（MPa）
Z1	B	2.9	30	4.2
Z2	B	3.2	40	4.2
Z3	B	3.5	50	4.2
Z4	C	2.9	40	4.2
Z5	C	3.2	50	4.2
Z6	C	3.5	30	4.2
Z7	D	2.9	50	4.2
Z8	D	3.2	30	4.2
Z9	D	3.5	40	4.2

1. 骨料级配对再生骨料透水砖性能的影响

从图 4-18 可以看出，随着再生骨料中大粒径骨料含量增多，再生骨料透水砖强度逐渐降低，而透水系数逐渐增大，且不同骨料和不同养护方式制备的透水砖，其透水系数变化趋势差异较大，SPB 透水系数增长趋势明显大于 PPB。这是由于简单破碎再生骨料棱角较多，孔隙会稍大于颗粒整形再生骨料，导致 SPB 透水系数增长趋势较大，同时骨料间的接触点减少，不能较好地分散外力，造成强度降低。

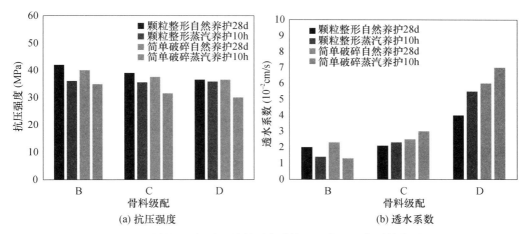

图 4-18 骨料级配与再生骨料透水砖抗压强度和透水系数关系图

2. 骨胶比对再生骨料透水砖性能的影响

从图 4-19 可以看出，随着骨胶比增大，不同养护方式下再生骨料透水砖强度均减小，而透水系数增大。这主要是因为骨胶比较小时，包裹再生骨料的浆体厚度大，胶结点强度高，同时在挤压成型过程中胶凝材料能够填充孔隙，使得再生骨料透水砖更加密实，导致其强度大，透水系数小；骨胶比增大后，胶凝材料用量相对减少，包裹再生骨料的浆体厚度减小，胶结点强度低，抵抗外力的作用变小，再生透水砖内部孔隙增大，导致其强度降低，透水系数增大。

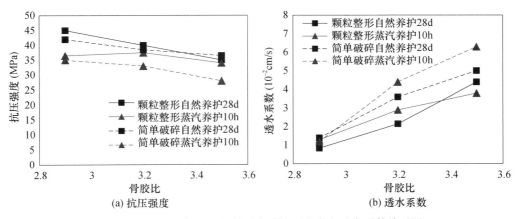

图 4-19 骨胶比与再生骨料透水砖抗压强度和透水系数关系图

3. 粉煤灰掺量对再生骨料透水砖性能的影响

从图 4-20 可以看出，在自然养护和蒸汽养护条件下，随着粉煤灰掺量的增加，再生骨料透水砖强度降低，透水系数减小。

这是由于粉煤灰自身的早期活性较低，参与反应是与水泥的水化产物 $Ca(OH)_2$ 发生火山灰反应，在自然养护和蒸汽养护条件下，粉煤灰发挥的作用较小，随粉煤灰掺量的增加，水泥用量减小，参与水化反应的粉煤灰减少，后期水化产物减少，导致强度逐渐降低；另外，粉煤灰的堆积密度较小，等量替换水泥后相对体积变大，浆体增多，导致孔隙减少，同时粉煤灰的表面光滑致密且呈圆形，具有"滚珠效应"，这大大降低了浆体的内摩擦力而增大了其流动性，导致在挤压成型过程中骨料紧密堆积，降低了透水砖孔隙率，因此随粉煤灰掺量增加，透水砖强度增大而透水系数减小。

同时，在养护方式相同的条件下，相比于简单破碎再生骨料透水砖，颗粒整形再生骨料透水砖的强度较高，透水系数较低；在再生骨料品质相同的条件下，相比于蒸汽养护方式的再生骨料透水砖，自然养护方式的再生骨料透水砖的强度较高，透水系数较低。

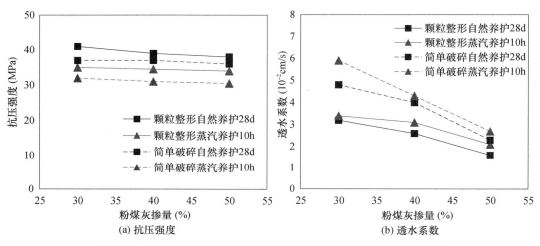

图 4-20　粉煤灰掺量与再生骨料透水砖抗压强度和透水系数关系图

4. 骨料种类对再生骨料透水砖性能的影响

从图 4-21 可以看出，三种骨料制备的透水砖强度大小顺序为 NPB＞PPB＞SPB。这是由于天然骨料的性能较好，骨料之间的机械咬合力和摩擦力大，而再生骨料表面附着一层砂浆，这些砂浆会吸收水分并且减少水泥浆的含量，同时，附着在再生骨料表面的砂浆会导致浆体和骨料之间的粘结力降低，导致 NPB 强度大于 PPB 强度。再生骨料经过颗粒整形后，再生骨料表面附着的砂浆减少，压碎指标有大幅度提高，导致 PPB 强度大于 SPB 强度。

5. 养护方式对再生骨料透水砖性能的影响

结果表明，自然养护制备的再生骨料透水砖强度大于蒸汽养护制备的再生骨料透水砖强度。这是由于虽然自然养护环境下，粉煤灰前 28d 的水化速度较慢，发挥的火山灰作用很小，强度会略低于天然骨料透水砖的强度；但是在蒸汽养护环境下，虽然粉煤灰水化速度比自然养护环境下略快，但在 10h 的养护时间内，仍无法达到 28d 自然养护强度，因此蒸汽养护制备的再生骨料透水砖强度较低。

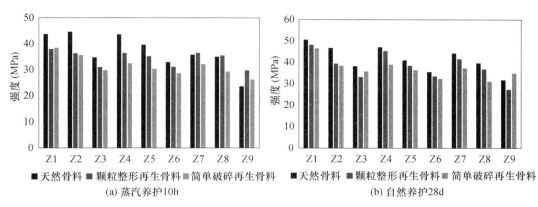

(a) 蒸汽养护10h　　　　　　　　　　(b) 自然养护28d

图 4-21　骨料种类对透水砖强度的影响

4.4.5　再生骨料透水砖的生产

1. 试验方案

再生骨料透水砖选用 P·O 42.5 水泥，骨料的种类为再生粗骨料和机制砂，骨料粒径范围为 1.18～9.5mm，骨胶比为 3.0 和 3.5，粉煤灰掺量为胶凝材料的 50%，减水剂种类为萘系高效减水剂，掺量为 1%，根据工作性调整用水量。

再生骨料透水砖的成型尺寸为 100mm×100mm×60mm，经过 28d 自然养护后，按照《透水砖》（JC/T 945—2005）的要求测试其抗压强度和透水系数。

2. 生产工艺

（1）将约为骨料用量 3% 的水润湿骨料，再将粉料和减水剂倒入搅拌锅中使胶凝材料均匀粘在骨料上，加水搅拌，当拌合料能用手抓成团时停止加水，通过相同的方法搅拌面层。

（2）将拌合料倒入料车中，通过吊车梁从上方将拌合料倒入压砖机内。

（3）将拌合料倒入模具中，压头以开始压力的大小压一下，再将面层加到基层上，在压力和振动的共同作用下得到成型后的透水砖，如图 4-22～图 4-24 所示。

（4）将透水砖放入养护室进行自然养护。

图 4-22　透水砖成型设备

图 4-23　压砖机控制台及模具

图 4-24　再生骨料透水砖产品

总体来说，再生骨料透水砖的透水系数远大于行业标准 1.0×10^{-2} cm/s，强度能达到 20MPa 以上，可用于铺设不允许机动车辆驶入的步行街、小区道路、园林景观等场合。

4.5　再生路缘石

路缘石为市政工程中不可或缺的一种建筑材料，使用再生混凝土生产路缘石对于环保有重大意义。路缘石再生混凝土（Curbstone recycled concrete，简称 CSRC）是利用再生粗骨料为原材料制备的路缘石用混凝土。由于再生粗骨料物理性能指标略低于天然粗骨料，由其制备的 CSRC 的性能也低于普通混凝土。为了更为系统地研究 CSRC 的性能，本节通过振磨-颗粒整形法砖混凝土分离技术处理制得的再生粗骨料（以下简称 BS-RCA）、普通再生粗骨料为研究对象，以胶凝材料用量和再生粗骨料种类为主要影响因素，深入研究了 CSRC 的工作性能、力学性能、耐久性能的变化规律。

4.5.1　原材料

（1）水泥：青岛城阳产山水 P·Ⅰ 52.5 水泥，其物理力学性能指标见表 4-28 和表 4-29。

（2）矿粉：青岛产中矿宏远 S95 级矿粉，其 XRF 分析数据见表 4-30。

（3）细骨料：青岛产中砂，堆积密度为 1460kg/m³，细度模数 2.6，级配良好。

（4）天然粗骨料：青岛崂山产花岗岩碎石，堆积密度 $1475kg/m^3$，级配良好。

（5）再生粗骨料：试验中分别采用Ⅰ类、Ⅱ类、Ⅲ类再生粗骨料及 BS-RCA，其基本性能见表 4-31。

（6）外加剂：江苏博特产聚羧酸高效减水剂，减水率 30%。

（7）水：普通自来水。

表 4-28　水泥物理力学性能指标

水泥品种	抗压强度（MPa）		抗折强度（MPa）		安定性（沸煮法）
	3d	28d	3d	28d	
P·Ⅰ52.5	20.2	61.2	6.4	7.6	合格

表 4-29　水泥 XRF 分析结果（%）

CaO	SiO_2	CO_2	Al_2O_3	MgO	Fe_2O_3	SO_3	K_2O	TiO_2	Na_2O	MnO
52.6	19.9	9.3	6.5	4.6	2.9	2.7	0.7	0.4	0.2	0.1

表 4-30　矿粉 XRF 分析结果（%）

CaO	SiO_2	Al_2O_3	MgO	CO_2	SO_3	TiO_2	MnO	K_2O	Fe_2O_3	Na_2O	BaO	SrO
36.2	29.1	14.5	8.9	5.5	2.1	1.6	0.7	0.6	0.4	0.2	0.1	0.1

表 4-31　再生粗骨料性能指标

项　目	标准规定			试验用再生粗骨料			
	Ⅰ类	Ⅱ类	Ⅲ类	Ⅰ类	Ⅱ类	Ⅲ类	BS-RCA
颗粒级配	合格	合格	合格	合格	合格	合格	合格
微粉含量（%）	<1.0	<2.0	<3.0	0.6	1.2	1.9	0.7
吸水率（%）	<3.0	<5.0	<8.0	2.2	4.2	7.3	2.0
针片状颗粒含量（%）	—	<10.0	—	1.2	3.3	6.1	0.7
杂物含量（%）	—	<1.0	—	0.1	0.5	1.2	0.1
坚固性（%）	<5.0	<10.0	<15.0	3.8	7.6	14.3	3.6
压碎指标（%）	<12.0	<20.0	<30.0	9.5	18.3	28.4	9.2
表观密度（kg/m³）	>2450	>2350	>2250	2474	2436	2307	2485
空隙率（%）	<47.0	<50.0	<53.0	41.0	44.0	45.0	40.6
碱-骨料反应	—	合格	—	合格	合格	合格	合格

4.5.2　路缘石混凝土的工作性能

通过 CSRC 拌合物坍落度控制在 $180\sim220mm$ 范围内来调整用水量，CSRC 拌合物坍落度测定参照《普通混凝土拌合物性能试验方法标准》（GB/T 50080—2016）中的规定进行。

由图 4-25 可知，在不同的胶凝材料用量下，相较于天然粗骨料制备的普通混凝土，各类再生粗骨料制备的 CSRC，其水胶比均有所升高，且随着再生粗骨料品质的降低，

CSRC 的水胶比逐渐增大。再生粗骨料品质对 CSRC 水胶比的影响程度依次为Ⅲ类再生粗骨料＞Ⅱ类再生粗骨料＞Ⅰ类再生粗骨料＞BS-RCA。

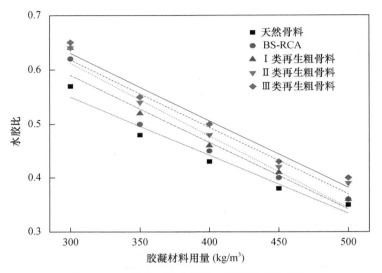

图 4-25　CSRC 水胶比随骨料品质的变化情况

另外，当胶凝材料用量逐渐减小时，再生粗骨料品质对 CSRC 的水胶比的影响逐渐增大。相较于天然粗骨料制备的普通混凝土，由 BS-RCA 制备的 CSRC 水胶比增长最小，增幅为 0.05，由其他三类再生粗骨料制备的 CSRC 水胶比增长相对较大，Ⅰ类、Ⅱ类、Ⅲ类再生粗骨料制备的 CSRC 水胶比增幅依次为 0.07、0.07、0.08。而当胶凝材料用量提高到 500kg/m³ 时，由 BS-RCA 及Ⅰ类、Ⅱ类、Ⅲ类再生粗骨料制备的 CS-RC 水胶比增幅依次变为 0.01、0.01、0.04、0.05。相对来说，BS-RCA 及Ⅰ类再生粗骨料对 CSRC 的水胶比影响最小，且以 BS-RCA 制备的 CSRC 效果最佳。

4.5.3　路缘石混凝土的力学性能

CSRC 的抗压强度、抗折强度测试参照《普通混凝土力学性能试验方法标准》（GB/T 50081—2016）中的相关规定进行。

1. 骨料品质对 CSRC 抗压强度的影响

由图 4-26 中可知，在不同的胶凝材料体系下，粗骨料品质对混凝土抗压强度的影响均呈现出了较大的影响。再生粗骨料品质对 CSRC 抗压强度的影响依次为Ⅲ类再生粗骨料＞Ⅱ类再生粗骨料＞Ⅰ类再生粗骨料＞BS-RCA。其中，BS-RCA 和Ⅰ类再生粗骨料对 CSRC 抗压强度的影响最小，与天然粗骨料普通混凝土抗压强度最为接近，且以 BS-RCA 制备的 CSRC 抗压强度效果最好。再生粗骨料制备的 CSRC 前期抗压强度增幅大于天然骨料制备的普通混凝土。而随着龄期的增长，CSRC 的抗压强度增幅逐渐小于普通混凝土。这是由于制备 CSRC 所用的再生粗骨料内部较多的裂缝及其薄弱的骨料界面都对抗压强度产生了较大的影响，所以其后期抗压强度增长幅度较小。

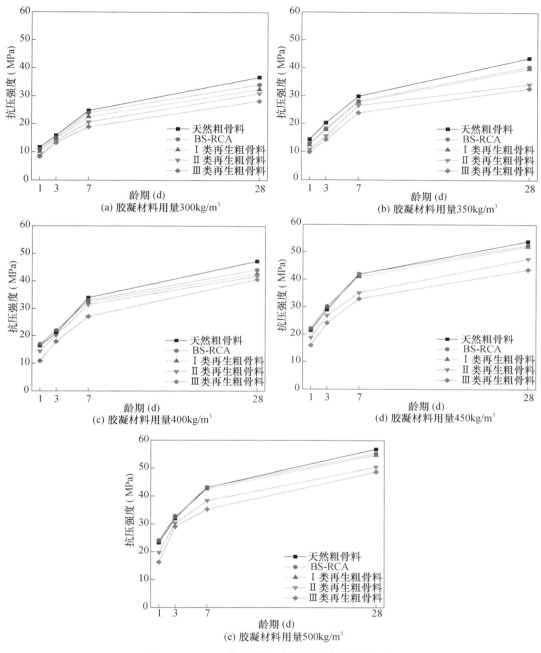

图 4-26　CSRC 抗压强度随骨料品质的变化规律

2. 骨料品质对 CSRC 抗折强度的影响

由图 4-27 可知，天然骨料制备的普通混凝土在胶凝材料用量由 300kg/m³ 提高至 500kg/m³ 时，抗折强度提高了 3.2MPa，而由 BS-RCA 及 Ⅰ 类、Ⅱ 类、Ⅲ 类再生粗骨料制备的 CSRC 抗折强度分别提高了 2.6MPa、2.5MPa、2.4MPa、2.4MPa。这主要是由于再生粗骨料品质差于天然粗骨料，一定程度上降低了 CSRC 的抗折强度。另外，胶凝材料用量较少时，高品质再生粗骨料制备的 CSRC 的抗折强度高于天然粗骨料制备的混凝土。

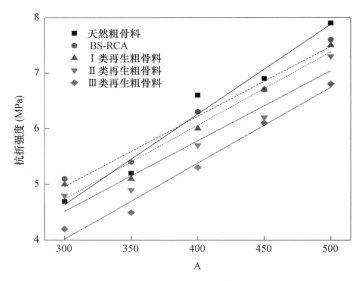

图 4-27　CSRC 的 28d 抗折强度随骨料品质的变化

再生粗骨料品质对 CSRC 抗折强度的影响依次为Ⅲ类再生粗骨料＞Ⅱ类再生粗骨料＞Ⅰ类再生粗骨料＞BS-RCA。其中，以 BS-RCA 制备的 CSRC 的抗折强度与普通混凝土最为接近，效果最好。

4.5.4　路缘石混凝土的物理性能

CSRC 的物理性能试验按照《混凝土路缘石》（JC/T 899—2016）中的规定进行。针对 CSRC 实际应用需要，本文主要对其吸水率性能和抗冻性能进行了详细试验，研究了再生粗骨料品质、胶凝材料用量等因素对 CSRC 物理性能的影响。

1. CSRC 的吸水率研究

CSRC 的吸水率试验按照《混凝土路缘石》（JC/T 899—2016）中的有关规定进行。试样为截取 100mm×100mm×100mm 的立方体试块。取下的试块用硬毛刷清理表面渣粒后，放入温度为（105±5）℃的干燥箱内烘干，并称取干燥的质量。烘干的试样需在温度为（20±3）℃的水中浸泡（24±0.5）h，水面需高出试样 20～30mm。吸水后称取浸水质量。根据两个质量值即可测算 CSRC 的吸水率。具体试样及试验情况如图 4-28 所示，详细试验数据如图 4-29 所示。

CSRC 所有试件均满足《混凝土路缘石》（JC/T 899—2016）中路缘石吸水率不大于 6％的要求，具体吸水率变化规律由图 4-29 可知：

随着胶凝材料用量的增加，CSRC 及普通混凝土的吸水率均逐渐减小，且减小幅度均逐渐增大。随着粗骨料品质的下降，混凝土的吸水率下降趋势逐渐平缓。这主要是由于随着胶凝材料用量增加，混凝土的水泥石基体越来越密实，高比例的矿物掺合料会在水化后期填充混凝土中的孔隙，从而使得其吸水率逐渐减小。

与普通混凝土相比，虽然胶凝材料增多会使得水泥石基体密实，但再生粗骨料依然可以通过水泥石基体中的毛细孔隙吸收外部水分，所以再生混凝土的吸水率下降并不明显。再生粗骨料品质对 CSRC 吸水率的影响基本为Ⅲ类再生粗骨料＞Ⅱ类再生粗骨料＞Ⅰ类再生粗骨料＞BS-RCA。且使用 BS-RCA、Ⅰ类再生粗骨料制备的 CSRC 吸水率最小，与普通混凝土的吸水率最为接近。

图 4-28　CSRC 的吸水率试验情况

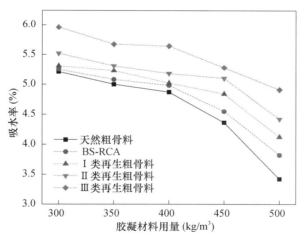

图 4-29　CSRC 的吸水率随粗骨料品质的变化

由于再生粗骨料表面的附着砂浆及内部的微小裂缝极大程度地影响了其吸水性能，而 BS-RCA、Ⅰ类再生粗骨料是经过多次砖混凝土分离及颗粒整形技术处理得到的，其表面的附着砂浆含量极低，部分裂缝也在处理中被震开，在部分颗粒中还保留有一些微小裂缝，其吸水性能已大大降低，与天然骨料的吸水率相近。所以用其制备得到的 CSRC 吸水率表现良好。总的来说，四类再生粗骨料制备得到的 CSRC 的吸水性能虽有较大的差异，但均满足《混凝土路缘石》（JC/T 899—2016）标准的要求，可以应用于路缘石制作。

2. CSRC 的抗冻性能研究

CSRC 的抗冻性能试验按照《混凝土路缘石》（JC/T 899—2016）中的有关规定进行，且试件在 50 次冻融试验后质量损失率不超过 3%。试件截取 100mm×100mm×100mm 带有可视面的 24d 龄期的立方体试块。取下的试块用硬毛刷清理表面渣粒后，放入温度为（20±2）℃的水中养护 4d，水面需高出试样 20～30mm。试件养护龄期为 28d 时进行冻融循环试验。其具体试样及试验情况如图 4-30 所示。

(a) 试验用低温试验箱   (b) CSRC试件气冻过程

图 4-30   CSRC 抗冻试验过程

CSRC 所有试件经过 50 次冻融循环后，质量损失率均小于 3%。冻融试验结束后继续对试件的抗压强度损失进行测试。CSRC 质量损失率如图 4-31 所示。

可以看出，随着再生粗骨料品质的提升，CSRC 的抗冻性能逐渐增强。这是由于再生粗骨料品质越低，吸水率越高，其骨料内部含有大量的自由水。当试件所处低于 0℃ 的环境时，自由水结冰发生体积膨胀，破坏了再生粗骨料与水泥浆体之间的薄弱界面结构，导致 CSRC 的质量损失率逐渐增大。随着胶凝材料用量增大，弥补了再生粗骨料与水泥浆体间的界面缺陷，不同品质 CSRC 的质量损失率均有所减小。

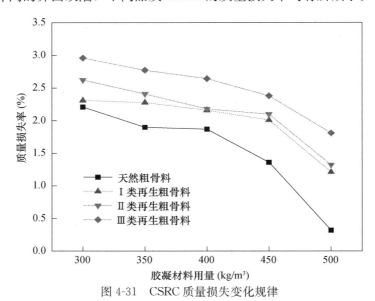

图 4-31   CSRC 质量损失变化规律

4.5.5   再生骨料路缘石产品应用

根据 CSRC 室内试验成果，结合工厂实际生产情况，不同强度等级的再生混凝土路缘石进行现场试配，对比再生混凝土路缘石和普通混凝土路缘石性能。

1. 原材料及模具

（1）原材料

现场试验选用 P·Ⅰ 52.5 水泥，S95 级矿粉，中砂，高效聚羧酸减水剂，不同品质的再生粗骨料，天然粗骨料。

（2）模具

成型容器采用 150mm×350mm×1000mm 及 150mm×150mm×1000mm 两种尺寸的模具（图 4-32）。

(a) 150mm×350mm×1000mm   (b) 150mm×150mm×1000mm

图 4-32   路缘石模具

2. 现场试验

通过大型混凝土搅拌仪器模拟生产情况，保证混凝土拌合物坍落度在 180～220mm 之间。分别制备了普通混凝土路缘石和再生混凝土路缘石，并通过振动台直接振动成型。在拌合物搅拌完成后测试拌合物的坍落度。制备再生混凝土路缘石所用 CSRC 工作性能情况见表 4-32 和图 4-33。

表 4-32   CSRC 工作性能情况

骨料品质	强度等级	胶凝材料（kg/m³）	水泥（kg/m³）	矿粉（kg/m³）	坍落度（mm）	用水量（mm）
NCA	$C_c 30$	306.8	153.4	153.4	200	167.56
	$C_c 35$	372.6	186.3	186.3	206	171.32
	$C_c 40$	422.0	211.0	211.0	210	173.69
	$C_c 45$	471.6	235.8	235.8	211	175.11
RCA-Ⅰ	$C_c 30$	346.3	173.2	173.2	196	171.68
	$C_c 35$	405.0	202.5	202.5	204	175.47
	$C_c 40$	449.2	224.6	224.6	209	178.61
	$C_c 45$	493.4	246.7	246.7	210	179.55

续表

骨料品质	强度等级	胶凝材料（kg/m³）	水泥（kg/m³）	矿粉（kg/m³）	坍落度（mm）	用水量（mm）
RCA-Ⅱ	C_c30	373.8	186.9	186.9	192	176.39
	C_c35	437.4	218.7	218.7	201	180.01
	C_c40	485.2	242.6	242.6	207	182.78
	C_c45	533.0	266.5	266.5	207	183.92
RCA-Ⅲ	C_c30	394.8	197.4	197.4	185	186.02
	C_c35	443.0	221.5	221.5	190	188.84
	C_c40	491.2	245.6	245.6	193	189.51
	C_c45	539.4	269.7	269.7	196	190.03

（a）拌合物（C_c45）　　　　　　　　　（b）坍落度测试（C_c45）

图 4-33　CSRC 现场试配情况

3. 再生混凝土路缘石外观质量

按照《混凝土路缘石》（JC/T 899—2016）中的相关规定，路缘石的外观质量及尺寸偏差应符合表 4-33 和表 4-34 的要求。

表 4-33　路缘石外观质量

编　号	项　目	要　求
1	缺棱掉角影响顶面或正侧面的破坏最大投影尺寸（mm）	≤15
2	面层非贯穿裂纹最大投影尺寸（mm）	≤10
3	可视面粘皮（脱皮）及表面缺损最大面积（mm）	≤30
4	贯穿裂纹	不允许
5	分层	不允许
6	色差、染色	不明显

表 4-34　路缘石尺寸偏差

编　号	项　目	要　求
1	长度（mm）	—3～4
2	宽度（mm）	—3～4

续表

编　号	项　　目	要　　求
3	高度（mm）	−3~4
4	平整度（mm）	≤3
5	垂直度（mm）	≤3
6	对角线差（mm）	≤3

　　按照配合比配制的再生混凝土路缘石，在拆模并养护至规定龄期后，分别对其外观进行详细检测。检测结果表明，再生混凝土路缘石颜色、形状较为美观，尺寸偏差均符合规范要求，与普通混凝土路缘石无任何差别（图4-34）。

(a) 再生混凝土路缘石　　　　　　　　(b) 多种型号路缘石成品

图 4-34　再生骨料路缘石成品

4. 再生混凝土路缘石性能分析

　　在达到规定养护龄期后，按《混凝土路缘石》（JC/T 899—2016）中的有关规定，分别测试再生混凝土路缘石的力学性能和物理性能。

　　（1）力学性能

　　再生混凝土路缘石的力学性能须满足《混凝土路缘石》（JC/T 899—2016）中的有关规定，再生混凝土路缘石的力学性能检测主要包括抗压强度和抗折强度检测，具体28d抗压强度检测结果如图4-35和图4-36所示。

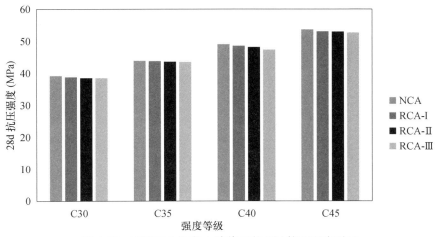

图 4-35　不同再生混凝土路缘石的 28d 抗压强度对比

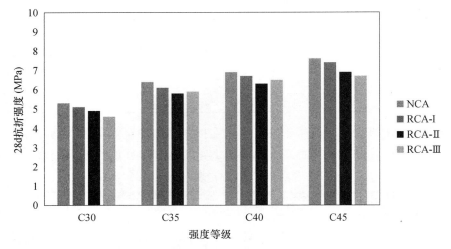

图 4-36 不同再生混凝土路缘石的 28d 抗折强度对比

由图 4-35 和图 4-36 可知，不同品质再生粗骨料制备的再生混凝土路缘石的抗压强度和抗折强度性能均符合《混凝土路缘石》（JC/T 899—2016）中的有关规定。其中，Ⅰ类再生粗骨料为原材料制备的路缘石抗压强度和抗折强度性能检测最优。

（2）物理性能

再生混凝土路缘石物理性能需满足《混凝土路缘石》（JC/T 899—2016）中的有关规定，路缘石的物理性能检测主要包括吸水率、抗冻性能和抗盐冻性能检测，具体吸水率检测结果如图 4-37 所示。

由图 4-37 可以看出，不同品质再生粗骨料制备的再生混凝土路缘石物理性能均符合《混凝土路缘石》（JC/T 899—2016）中的有关规定。其中，Ⅰ类再生粗骨料为原材料制备的路缘石物理性能（包括吸水率、抗冻质量损失率和抗盐冻质量损失率）检测最优。

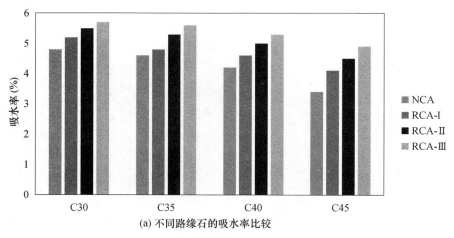

(a) 不同路缘石的吸水率比较

图 4-37 不同再生混凝土路缘石的各项物理性能对比

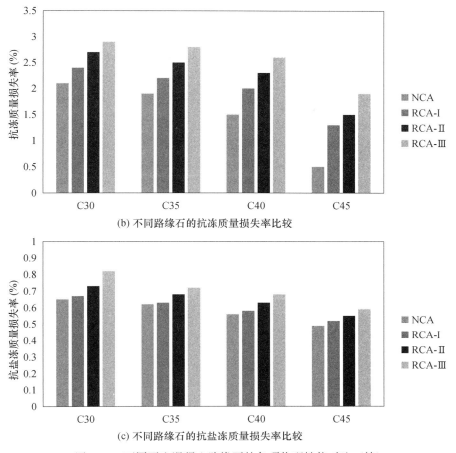

(b) 不同路缘石的抗冻质量损失率比较

(c) 不同路缘石的抗盐冻质量损失率比较

图 4-37　不同再生混凝土路缘石的各项物理性能对比（续）

参考文献

[1] 孙惠镐，等．混凝土小型空心砌块生产技术［M］．北京：中国建材工业出版社，2001.

[2] 于伯林，俞海勇，黄迎春，等．用建筑渣制造砌块配合比和性能研究［J］．砖瓦世界，2006
（7）：39-42.

[3] 郝彤，刘立新，李春跃．再生混凝土多孔砖（碎混凝土）的配合比优化设计［J］．河南科学，
2006（6）：393-395.

[4] 肖建庄，王幸，黄键，等．再生混凝土空心砌块受压性能分析［J］．住宅科技，2005（12）：
32-35.

[5] Collins RJ，Harris DJ，Millard S G，Blocks with recycled aggregate：beam-and-block floors. BBR
Report IP 14/98，Building Research Establishment，United Kingdom，1998.

[6] Jones N，Soutsos M N，Millard S G，Bungey J H，Bungey J H，Tickell R G. Developing precast
concrete products made with recycled construction and demolition waste. In：Limbachiya MC，Ro-
berts JJ，editors. Proceedings of the international conference on sustainable waste management and

recycling：construction demolition waste，London，Kingston University；2004：133-40.

[7] Poon C S，Kou S C，Lam L. Use of recycled aggregates in molded concrete bricks and blocks ［J］. Construction and Building Materials，2002，5（16）：281-289.

[8] 袁运法，张利萍. 建筑垃圾生产混凝土小型空心砌块试验研究 ［J］. 河南建材，2001（3）：9-10.

[9] 唐晓翠. 利用再生骨料生产混凝土空心节能砌块试验研究 ［J］. 新型建筑材料，2006（8）：15-18.

[10] 周贤文. 再生骨料混凝土空心砌块的试验研究 ［J］. 混凝土，2007（5）：89-91.

[11] Padron I，Zollo RF. Effect of synthetic fibers on volume stability and cracking of Portland cement concrete and mortar. ACI Materials Journal1990，87（4）：327-332.

[12] Mindess S，Vondran G. Properties of concrete reinforced with fibrillated polypropylene fibres under impact loading. Cement and Concrete Research，1988，18（1）：109-115.

[13] Alhozaimy AM，Soroushian P，Mirza F. Mechanical properties of polypropylene fiber reinforced concrete and the effects of pozzolanic materials. Cement and Concrete Composites，1996，18（2）：85-92.

[14] 吴自强. 新型墙体材料 ［M］. 武汉：武汉理工大学出版社，2002.

[15] 庄战龙，张云波，严捍东，等. 改性材料对混凝土空心砌块性能的影响 ［J］. 建筑砌块与砌块建筑，2006（6）：7-9.

[16] 朱锡华. 利用建筑垃圾生产优质砌块 ［J］. 砖瓦，2001（4）：41-42.

[17] 肖建庄，王幸，胡永忠，等. 再生混凝土空心砌块砌体受压性能 ［J］. 结构工程师，2006（6）：68-71.

[18] 邢振贤，刘利军，等. 碎砖骨料再生混凝土配合比研究 ［J］. 再生资源研究，2006（2）：38-40.

[19] Chi Sun Poon，Dixon Chan. Paving blocks made with recycled concrete aggregate and crushed clay brick ［J］. Construction and Building Materials，2006（20）：569-577.

[20] 常庆芬. 建筑垃圾砖与混凝土空心砌块的对比分析 ［J］. 建材技术与应用，2007（7）：25-26.

[21] 王守谦，张耀成. 空心砌块混凝土中水的作用及对砌块性能的影响 ［J］. 山西建筑，2004（11）：99-100.

[22] 崔琪，姚燕，李清海. 新型墙体材料 ［M］. 北京：化学工业出版社，2004.

[23] 盛强敏，陈胜霞，周皖宁，等. 非承重用混凝土多孔（空心）砖耐久性能的检测与分析 ［J］. 建筑砌块与砌块建筑，2006（5）：35-38，22.

[24] 李从典. 利用废渣生产新墙材 ［J］. 砖瓦世界，2005（2）：14-16.

[25] 张继绍，张燕祁. 谈高掺量高强度粉煤灰蒸压砖生产前景 ［J］. 粉煤灰综合利用，2004（5）：46-47.

[26] 李升宇，张明华. 高性能高掺量粉煤灰蒸压砖的研究和应用 ［J］. 砖瓦，2004（7）：15-17.

[27] 万莹莹，李秋义. 建筑垃圾用作蒸压砖骨料的试验研究 ［J］. 中国建材科技，2006（3）：31-34.

[28] 于伯林，俞海勇，黄迎春，等. 用建筑渣制造砌块配合比和性能研究 ［J］. 砖瓦世界，2006（7）：39-42.

[29] 朱敏聪，朱申红，等. 利用矿山尾矿制作蒸压砖的试验研究 ［J］. 新型建筑材料，2007（11）：30-32.

[30] 万莹莹，李秋义，等. 利用建筑垃圾生产蒸压砖 ［J］. 山东建材，2007（1）：44-47.

［31］万莹莹，李秋义．建筑垃圾和工业废渣生产蒸压砖的研究［J］．低温建筑技术，2006（2）：18-20.

［32］钱惠生，赵鸿．粉煤灰蒸压砖的研制及推广应用中注意问题［J］．吉林建材，2004（1）：9-10.

［33］李国强．综合利用粉煤灰和工业废料的有效途径粉煤灰［J］.2003（6）：44-46.

［34］朱锡华．利用建筑垃圾生产优质砌块［J］．砖瓦，2001（4）：41-42.

［35］朱剑锋．新型再生混凝土条板应用实例［J］．中国建材，2006（2）：15-16.

第5章 碱激发再生骨料混凝土

近年来，由于自然资源的枯竭和城市建筑垃圾的不合理处置造成的资源浪费和环境污染，使得城市建筑垃圾固体废弃物再利用的问题引起国家以及民众的高度关注。因此，寻找一种有效的废物再利用的途径，实现建筑材料生产、制作、使用的绿色化，成为当下迫在眉睫的问题。碱激发胶凝材料作为一种新兴的绿色建筑材料，逐渐为人们所重视和发展。

碱激发胶凝材料作为一种新型无机非金属胶凝材料，几乎满足关于绿色建材的所有特征要求，是21世纪最具潜力的一种可替代水泥的胶凝材料，可以说是除水泥之外应用前景最好的一种胶凝材料。碱激发胶凝材料是指由具有火山灰活性或潜在水硬性原料与碱性激活剂反应而成的一类新型无机非金属胶凝材料，这类材料多以铝硅酸盐类矿物为主要原材料。它的抗折强度、抗压强度、抗酸碱腐蚀性、抗冻融等性能均比普通硅酸盐水泥的优异。另外，碱激发胶凝材料原材料来源广，制作技艺简单，无需高温烧制、成本低廉、耗能低且具有广阔市场前景。碱激发胶凝材料的推广应用不仅可以有效减少工业活动产生的废物，实现固体废弃物再利用，持续循环发展，还可以减少水泥生产对生态环境的副作用。

根据原材料的不同，制备碱激发材料的原材料可分为天然原材料与工业固体废弃物。常用于制备碱激发材料的天然原材料主要是高岭土，非天然原材料主要是粉煤灰、矿渣、煤矸石、石油焦渣等工业固体废弃物。本章主要介绍利用高炉矿渣制备碱激发再生骨料混凝土的技术及其性能研究。

5.1 高炉矿渣

高炉矿渣是冶炼生铁时从高炉以熔融状态排出的废渣，经水淬急冷处理而成。它的活性与化学组成、矿物组成、玻璃相含量、粉磨细度及外加剂对矿渣的激发程度有关。高炉矿渣的反应活性对硬化水泥浆体及混凝土的微观结构和性能都有很大的影响。

5.1.1 矿渣的来源与成分

高炉冶炼生铁时，为脱除铁矿石中的杂质和降低冶炼温度，需要加入一定量的石灰石和白云石作为造渣剂。石灰石和白云石在高炉内分解所得 CaO 和 MgO 与铁矿石中的杂质、焦炭中的灰粉相互融化在一起，生成了以硅酸盐和硅铝酸盐为主要成分的熔融物，熔融物的密度比铁水轻，会浮在铁水上面。通过压缩空气将熔渣从高炉出渣口送入水池，使水与熔渣激烈混合而快速冷却成粒状材料。经过水淬急冷的矿渣称为"粒化高炉矿渣"。

矿渣的化学成分可以用化学式 $CaO\text{-}SiO_2\text{-}Al_2O_3\text{-}MgO$ 来表示，其化学组成随炼铁方法和铁矿石种类的变化而不同。大部分矿渣的 SiO_2 和 CaO 含量相似，矿渣中所含氧化物的质量百分组成中 CaO 为 $38\%\sim46\%$，SiO_2 为 $26\%\sim42\%$，Al_2O_3 为 $7\%\sim20\%$，MgO 为 $4\%\sim13\%$，还含有 MnO、FeO、金属和碱。矿渣中还含有少量的其他物质，如氟化物、P_2O_5、Na_2O、K_2O 和 V_2O_5 等，一般情况下，它们的含量较低，对矿渣的质量影响不大。

5.1.2　矿渣的组成、结构与活性

1. 矿渣的组成与结构

矿渣中的各种成分可分为碱性氧化物和酸性氧化物两大类。碱性氧化物可与酸性氧化物结合形成盐类，如 $CaO\cdot SiO_2$、$2FeO\cdot SiO_2$ 等。酸碱性相距越大，结合力就越强。以碱性氧化物为主的矿渣称为碱性矿渣，以酸性氧化物为主的矿渣称为酸性矿渣。

矿渣玻璃体具有三维的网络结构，形成空间网络的是 SiO_2、Al_2O_3 等氧化物；而 Ca^{2+}、Mg^{2+} 等金属离子则嵌布在网络的空隙里。在以硅酸盐为主的玻璃体中，四配位的 SiO_4^- 作为主要结构单元，它们由桥氧离子通过 Si-O 键在顶角互相聚合成硅氧链，再相互横向连成空间骨架。从矿渣玻璃体中各种键的强度来看，以 Si-O 键的单键强度最大。所以，硅氧四面体的聚合程度越低，Si-O 键的相对数量越少，就越不稳定，化学活性越高。另外，矿渣中存在的 Al^{3+} 可能替代 Si^{4+} 而形成铝氧四面体，所引起的剩余电荷要由其他金属离子来平衡，而这种金属离子键比硅氧四面体的非桥氧键还要弱，所以这些铝酸根往往具有较高的活性。同时，还有部分六配位的铝离子像 Ca^{2+}、Mg^{2+} 一样并不参与网络结构，键强较小，活性较高。清华大学研究者厉超通过 XRD、NMR 以及 FTIR 等测试方法，对矿渣玻璃体结构进行表征，提出了矿渣玻璃体结构的理论模型，如图 5-1 所示。

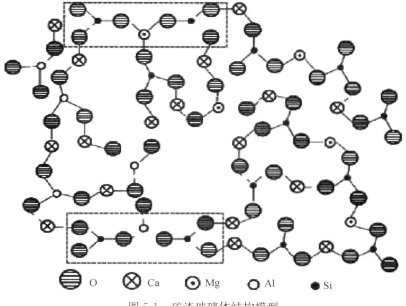

　　○ O　　⊗ Ca　　⊙ Mg　　○ Al　　● Si

图 5-1　矿渣玻璃体结构模型

2. 矿渣的活性评价

目前对矿渣活性的评价多是基于矿渣中主要化学成分的质量比例，如日本和德国采用（CaO＋MgO＋Al$_2$O$_3$）/SiO$_2$，美国 ASTM 有三个测试矿渣活性的标准：ASTM C595（2003）、ASTM C989（2003）和 ASTM C1073（2003）。其中，ASTM C595（2003）与测量硅酸盐水泥活性的标准方法一致。ASTM C1073（2003）标准则是测定碱作用下磨细矿渣的水硬活性。该标准规定用 100％的磨细矿渣作为胶凝材料，试样的成型方法按照 ASTMC107（2003）进行，与上面标准不同的是拌合水不是水，而是按照 0.45 的水灰比加入浓度为 20％的 NaOH 溶液。试件成型后，立即将其放入装有 50mL 水的容器中，以保证试样在养护期间相对湿度为 100％，然后将装有试模的容器放入温度为（55±2）℃的养护箱中进行养护。经过（23±0.25）h 的养护后，将试模从容器中取出，脱模，然后将试样放置于室温空气中约 1h 后进行强度测定，并用以表征矿渣的水硬活性。

国内采用直接测定碱激发矿渣硅酸盐水泥 7d 和 28d 强度与硅酸盐水泥同龄期强度的比值来评定磨细矿渣的活性。以掺加 50％矿渣的水泥胶砂强度与不掺矿渣的硅酸盐水泥砂浆的抗压强度的百分比率来表示矿渣的活性系数，活性系数越大，矿渣活性越好。

由于粒化高炉矿渣是在极不平衡的状态下形成的，水化活性不仅跟化学成分有关，还与玻璃体的矿物组成、表面微观结构和粒径分布等有关。许多研究表明，凝固炉渣中有着很多的矿物组成。粒化高炉矿渣的矿物组成与熔融矿渣的冷却条件有关。如果熔融的粒状高炉矿渣快速的冷却，矿渣熔体经水淬或空气急冷阻止了矿物的结晶，形成了尺寸为 0.5～5mm 的颗粒状矿渣——玻璃态的 Ca-Al-Mg 硅酸盐，即粒状高炉矿渣。粒状高炉矿渣主要由玻璃体组成，而玻璃体的含量主要与矿渣的化学成分和冷却速度有关。冷却速度越快，粒状高炉矿渣中的玻璃体含量也越高，一般含有 80％～90％的玻璃相；慢冷的矿渣具有相对稳定的结晶结构，活性低。水淬好的矿渣，矿物为微晶状态，玻璃体含量高，矿渣的活性高。实践也证明，粒化高炉矿渣中的玻璃体含量越高，则粒化高炉矿渣的活性也越高。袁润章等人从矿渣的主要化学组分分析发现矿渣粉和普通硅酸盐水泥的化学成分中氧化物类别基本相同，只是含量不同，并认为其潜在活化能的大小是由活性成分 CaO、MgO 的含量与玻璃体含量共同主导。M. B. Haha 的研究表明，矿粉中 Al$_2$O$_3$ 和 MgO 的含量共同决定矿渣的水化活性。周文献等研究认为矿渣主要由玻璃体结构组成，其中还存在少量的硅酸盐、铝酸盐微晶体，当矿渣处在 pH＞12 的碱性环境溶液中时，玻璃体构造被破坏，形成水化产物的网络结构，并表现出水硬特性。还发现矿渣只有在一定的碱性环境中，再配之一定数量的石膏粉，其活性才能比较充分地发挥，并获得较高强度。

5.1.3　矿渣的利用

以前，矿渣一直被视为是一种工业固体废弃物，但随着人类科技水平的进步，环保意识的增强，对科研投入的加大，使得矿渣的利用率越来越高。目前，对矿渣的有效利用途径有如下几方面：

1. 用于生产矿渣硅酸盐水泥

使用高炉矿渣、水泥熟料及少量的石膏粉共同粉磨生产矿渣硅酸盐水泥，是目前高炉矿渣利用量最大的一种方式。在研究及利用矿渣生产硅酸盐水泥方面，俄罗斯、奥地利、日本等一些西方国家具有领先水平。我国近年来逐渐与世界接轨，大力支持和发展矿渣硅酸盐水泥的研发和生产，并配套制定了一系列的行业规范和技术标准，被广泛使用。

2. 用作高性能混凝土掺合料

矿物掺合料因其具有较好的填充效应、活性效应和微骨料效应，其掺入可改善混凝土微结构，提高混凝土强度性能、抗渗透性能及各项耐久性。许多研究指出，矿物掺合料具有潜在水化活性，生成水化硅酸钙（C-S-H）凝胶量少，稀释了水泥石中水化产物的"浓度"，因此掺有矿物掺合料的水泥混凝土强度，尤其是早期强度总是随掺量的增加有较大的下降。然而，复合材料的强度理论认为，普通水泥混凝土强度通常只有几十兆帕，远远低于硅酸盐分子键合的强度水平，水泥混凝土强度主要与其亚微结构相关，孔隙率是控制强度的决定因素，因此减小孔隙率便意味着提高强度。许多研究者通过对矿物掺合料的优选或处理，利用其减水作用降低水胶比和填充效应，使胶凝材料粒子形成更高程度的紧密堆积，以提高混凝土的强度。一些研究者甚至利用致密原理来制备掺有矿物掺合料的超高强水泥基材料。

此外，矿物掺合料的微粉在水泥石中可作骨架，矿物掺合料发生的二次水化反应改善了界面结构，能明显提高水泥石的结构强度。在低水胶比的混凝土中，要填充的原始充水空间减少，混凝土密实性较高。此时，掺入一定较细的矿物掺合料，不仅不影响胶凝材料颗粒间界面黏结，还能改善颗粒间的堆积，提高混凝土的致密性。其次，在这种水化程度较低的混凝土中，残留有大量未水化的熟料，一方面，它们的位能较高，热力学上不稳定，可能是其长期耐久性的隐患；另一方面，这些未水化的水泥熟料是消耗了大量能量和自然资源而制得的，仅起填料作用，既不经济又不环保。掺入矿物掺合料能在一定程度上消除这种低水化率的水泥基材料长期耐久性隐患，还可节约资源和能源。更为重要的是，矿物掺合料的二次水化反应速率较低，而且主要发生在水泥水化的中后期，其掺入有利于降低混凝土的水化温升，减小混凝土中因内外温差引起的温度应力，这对避免大体积、单方胶凝材料用量高的混凝土由温度应力导致的收缩开裂具有极为重要的意义。

3. 用于环保领域

高炉矿渣中含有大量的焦炭、铁、镁、钙等物质，焦炭可以通过物理吸附硫化物、氨、氯化物等污染物，铁、镁、钙等又可以通过化学反应与硫化物结合，从而对污染物进行进一步处理。

4. 生产免烧结矿渣砖

自 20 世纪末以来，随着我国经济发展、城镇化进程加快，建筑业始终处于黄金时代，工程上对基体材料和墙体材料需求与日俱增。在这其中，由于实心黏土砖施工工艺简单，材料来源广，所以占据了此类建材的绝大市场。但近些年来，出于对资源和环境的保护，国家已禁止黏土的使用，在此背景下，一种新型免烧结砖应时而生。用水淬渣、石灰等碱性矿石、粉煤灰等材料磨细，湿法成型，即制成新型免烧砖。这种砖节约了大量能源资源，还保护了环境，目前已被国际社会大力推广。

5.1.4　用于混凝土的高炉矿渣的技术指标

国家标准 GB/T 18046—2008 对用于水泥和混凝土中的矿渣的出厂检验项目规定为密度、比表面积、活性指数、流动度比、含水量、三氧化硫等技术要求，详细技术指标要求见表 5-1。

表 5-1　用于水泥和混凝土的矿渣的技术指标

项　目		级　别		
		S105	S95	S75
密度（g/cm²）≥		2.8		
比表面积（m²/kg）≥		500	400	300
活性指数（%）≥	7d	95	75	55
	28d	105	95	75
流动度比（%）		≥95		
含水率（%）≤		1.0		
三氧化硫（%）≤		4.0		
氯离子（%）≤		0.06		
烧失量（%）≤		3.0		
玻璃体含量（%）≥		85		
放射性		合格		

由于矿渣以玻璃体为主，玻璃体是介稳态，尤其当矿渣磨细后，比表面积增加，矿渣表面有吸附空气分子或水分子达到平衡的趋势，如保存不当，矿渣活性随保存时间下降很快。而且不同的包装和储存条件对矿渣的影响也很大，因此，国家标准参考了《通用硅酸盐水泥》（GB 175—2007），对交货和验收做出了要求，在出厂中增加了"经确认矿渣各项技术指标及包装符合要求时方可出厂"的规定。

5.2　碱激发矿渣机理及产物

虽然用于制备碱激发胶凝材料的原材料都具有活性，要么具有火山灰活性，要么具有水硬活性，但是原材料在化学成分上存在着比较大的差异。原材料化学成分上的差异会导致制备出的碱激发胶凝材料在工程性质和微观结构上有所不同。根据原材料化学成分含钙量的高低及凝胶产物类型可将碱激发胶凝材料分为 3 类：

（1）碱激发高钙体系：原材料主要是以硅和钙的氧化物（如高炉矿渣）为主，反应产物是基于水化硅酸钙（C-S-H）结构的凝胶。

（2）碱激发低钙体系：原材料主要是以硅和铝的氧化物（如偏高岭土、低钙粉煤灰）为主，反应产物是由铝氧四面体和硅氧四面体结构单元组成的三维立体网状结构的硅铝酸盐聚合物（N-A-S-H），并由碱金属离子平衡体系中的负电荷。

（3）碱激发低钙/高钙复合体系：原材料是由无钙/低钙和高钙的原材料复合而成（如高炉矿渣-粉煤灰复合体系），反应产物的类型主要是 C-A-S-H 凝胶和 N-A-S-H 凝胶共存。

对于碱激发高钙体系，如碱激发矿渣，其原材料为矿渣，矿渣的晶相结构为含硅质的无定型固体即玻璃体，含硅质的玻璃体材料在低/中碱度环境中能够保持相对稳定，其在高碱的环境下便会溶解，即来自液体激发剂中的 OH⁻ 会使 Si-O 键、Al-O 键和 Ca-O 键断裂。反应生成的可溶解硅铝酸盐会与水反应，然后和溶液中可利用的钙离子生成具有胶凝性质的 C-S-H 凝胶和 C-A-S-H 凝胶。研究发现硅质玻璃体溶解的速度与激发剂的 pH 值大小有关，当 pH 值越高时，溶解速度越快。2005 年，Puertas 和 Fernandez 提出了碱激发矿渣的反应机理示意图，如图 5-2 所示。

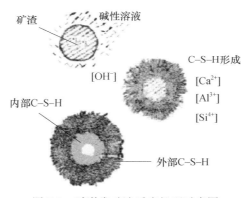

图 5-2　碱激发矿渣反应机理示意图

5.3　试验原材料

5.3.1　矿渣

本实验中的矿渣由青岛青新建材厂提供，比表面积为 $410m^2/kg$，其主要化学成分见表 5-2。矿粉的水硬系数为 1.88，活性系数为 0.42，整体活性较好；碱性系数为 0.93。

表 5-2　矿渣 XRF 结果（%）

名称	CaO	SiO_2	Al_2O_3	MgO	TiO_2	MnO	Fe_2O_3	SO_3	其他
矿渣	39.12	32.68	13.87	4.08	0.87	0.41	1.88	2.12	0.73

5.3.2 水泥

本试验选用的水泥均为普通硅酸盐水泥（P·O 42.5），密度为 $3.16kg/m^3$，比表面积为 $350m^2/kg$，由青岛市山水集团水泥厂提供。其化学成分和基本性能指标见表 5-3 和表 5-4。

表 5-3 水泥化学成分（%）

名称	CaO	SiO_2	Al_2O_3	Fe_2O_3	SO_3	Na_2O	其他
水泥	59.62	19.08	6.78	5.74	2.87	0.21	5.70

表 5-4 水泥的基本性能指标

项 目	抗折强度（MPa）		抗压强度（MPa）		安定性（煮沸法）
	3d	28d	3d	28d	
实测值	4.6	7.2	18.7	45.9	合 格
标准要求	3.5	6.5	17.0	42.5	合 格

5.3.3 水玻璃

本试验所用液体水玻璃为江西南昌瑞腾化工厂生产，模数为 3.3，试验根据《工业硅酸钠水玻璃滴定》（GB/T 4209—2008）测定水玻璃模数以及其主要成分含量，其主要技术参数见表 5-5。本试验所需水玻璃模数根据试验具体需要通过添加 NaOH 自行配制。

表 5-5 水玻璃主要技术参数

SiO_2（%）	Na_2O（%）	模数	波美度（%）
28.44	8.45	3.3	39

5.3.4 细骨料

试验使用再生细骨料，所谓再生细骨料是指再生粗骨料用颚式破碎机破碎以后得到的粒径小于 4.75mm 的骨料。根据《混凝土和砂浆用再生细骨料》（GB/T 25176—2010）中的试验方法对再生细骨料的基本性能进行试验研究，具体性能指标见表 5-6。

表 5-6 再生细骨料基本性能指标

细度模数	压碎指标（%）	表观密度（kg/m³）	堆积密度（kg/m³）	石粉含量（%）	含水率（%）	含泥量（%）	再生胶砂需水量比	强度比
2.80	19.1	2470	1490	2.5	1.2	0.9	1.40	0.89

5.3.5 粗骨料

试验选用两种再生粗骨料，一种是简单破碎再生粗骨料，另一种是颗粒整形强化后的再生粗骨料。简单破碎粗骨料的各项性能指标均满足Ⅱ类标准；颗粒整形后的再生粗骨料的性能指标，除了微粉含量和压碎指标外均满足Ⅰ类标准，称之为准Ⅰ类粗骨料。其性能指标详见表 5-7。

表 5-7　再生粗骨料基本性能指标

再生粗骨料类别	针片状含量（％）	堆积密度（kg/m³）	表观密度（kg/m³）	空隙率（％）	吸水率（％） 1h	吸水率（％） 24h	微粉含量（％）	泥块含量（％）	压碎指标（％）
简单破碎再生粗骨料	7	1279	2387	47	3.1	3.1	1.9	0.6	17
颗粒整形粗骨料	5	1498	2458	41	1.9	1.9	1.3	0.3	13

5.4　试验方法

本试验参照《普通混凝土配合比设计规程》（JGJ 55—2011）和《普通混凝土力学性能试验方法标准》（GB/T 50081—2002）进行。试验选用矿渣、再生细骨料、简单破碎再生粗骨料、颗粒整形再生粗骨料、水玻璃为原料，水玻璃模数为 3.3、碱当量为 7％的水玻璃进行试验，试验选定碱胶比为 0.62。试验分为简单破碎再生骨料混凝土体系和颗粒整形再生骨料混凝土体系，胶凝材料用量为 300kg/m³、400kg/m³、500kg/m³，砂率为 40％。

混凝土试块的养护方式设计为以下两种：

（1）标准养护

在温度为（20±5）℃的环境中静置一昼夜，然后编号、拆模。拆模后应立即放入温度（20±2）℃、相对湿度为 95％以上的标准养护室中养护。养护龄期分别为 1d、3d、7d、14d 和 28d。

（2）蒸汽养护

① 标养 24h 后拆模，再将试块放入蒸汽养护箱中养护 6h，养护温度为 60℃，之后再放到自然条件下标准养护。养护龄期有以下几种：标养 1d＋60℃6h、标养 1d＋60℃6h＋标养 28d。

② 混凝土振捣装模后直接放入蒸汽养护箱中养护 6h，养护温度为 60℃，之后再放到自然条件下标准养护。养护龄期有以下几种：60℃6h、60℃6h＋标养 7d、60℃6h＋标养 28d。

5.5　碱激发再生混凝土的抗压强度

5.5.1　胶凝材料用量对抗压强度的影响

如图 5-3 可知，在标准养护条件下，随着胶凝材料用量增加，两种不同品质的再生骨料混凝土的抗压强度也随之增大。这主要是由于随着胶凝材料增多，水泥浆含量和水化产物 C-S-H 凝胶也随之增加，对再生骨料的包裹能力增大，内部结构更加密实，骨料与浆体连接界面得到明显改善，导致强度随之增大。同时，在水玻璃碱性激发条件下，矿渣迅速水化，生成的水化产物凝胶与骨料快速接触、结合形成一个整体，能够在水化早期提高混凝土强度。

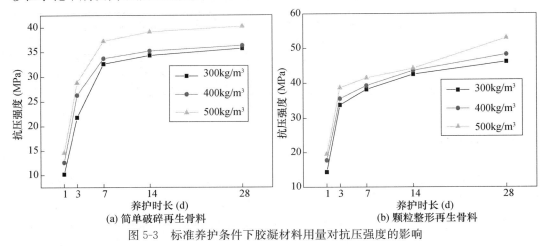

图 5-3　标准养护条件下胶凝材料用量对抗压强度的影响

　　图 5-4 和图 5-5 分别为不同蒸汽养护制度条件下，胶凝材料用量对两种碱矿渣再生骨料混凝土抗压强度的影响规律。由图可知，在蒸汽养护制度相同的条件下，随着胶凝材料用量的增大，两种再生骨料混凝土的抗压强度均随之增大。

　　同时可以看出，当胶凝材料用量一定的条件下，蒸汽养护制度对再生骨料混凝土的抗压强度影响较大。其中，标养 24h 后拆模，再将试块放入蒸汽养护箱中养护 6h，养护温度为 60℃，之后再放到自然条件下标准养护 28d 时的两种骨料混凝土的抗压强度均达到最高。这是因为标样后拆模再进行蒸汽养护使得混凝土的水化更加充分，内部结构更加密实。

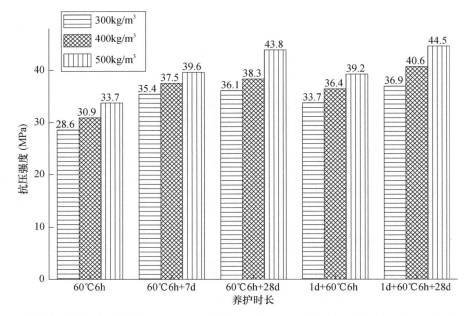

图 5-4　不同养护方式下胶凝材料用量对简单破碎再生骨料混凝土抗压强度的影响

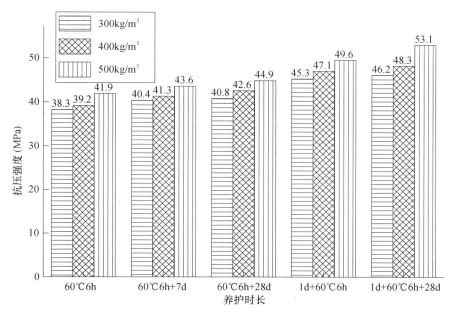

图 5-5 不同养护方式下胶凝材料用量对颗粒整形再生骨料混凝土抗压强度的影响

5.5.2 骨料品质对抗压强度的影响

图 5-6 中的 J 表示简单破碎再生骨料混凝土，K 是颗粒整形再生骨料混凝土，$300kg/m^3$、$400kg/m^3$ 和 $500kg/m^3$ 代表胶凝材料用量。从图 5-6 可以看出，在标准养护条件下，使用颗粒整形后的再生骨料制备的碱矿渣再生混凝土抗压强度明显高于简单破碎再生混凝土的，甚至胶凝材料为 $300kg/m^3$ 的颗粒整形混凝土强度还要高于胶凝材料为 $500kg/m^3$ 的简单破碎混凝土的，可以说，骨料品质对碱矿渣再生混凝土抗压强度的影响已超过胶凝材料用量对其抗压强度的影响。胶凝材料为 $500kg/m^3$ 的颗粒整形混凝土在 28d 时的抗压强度比简单破碎混凝土抗压强度高出 31.6％。

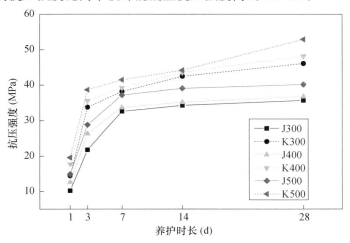

图 5-6 标准养护条件下骨料品质对再生混凝土抗压强度的影响

从图 5-7 和图 5-8 可以看出，简单破碎混凝土的破坏多为浆体之间的碎裂破坏，这种情况下再生骨料无法作为骨架支撑来提高强度，而颗粒整形混凝土的破坏多为骨料之间的破坏。这主要是由于简单破碎再生骨料与矿渣水化形成的新砂浆之间的黏结力低，老骨料和新浆体、老浆体和新浆体之间都存在一个薄弱的连接界面，造成简单破碎混凝土的抗压强度远低于颗粒整形再生混凝土的。

 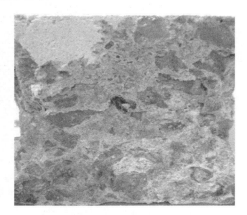

图 5-7　简单破碎混凝土抗压破坏面　　　　　图 5-8　颗粒整形混凝土抗压破坏面

如图 5-9 所示，在不同蒸汽养护条件下，不同品质再生骨料制备的碱矿渣再生混凝土强度变化趋势图。由图可知，蒸汽养护条件下的强度发展规律与标准养护条件下类似，颗粒整形混凝土的强度远高于简单破碎混凝土的强度，胶凝材料为 $300kg/m^3$ 的颗粒整形混凝土抗压强度不仅远高于胶凝材料为 $300kg/m^3$ 的简单破碎混凝土的，甚至高于胶凝材料为 $500kg/m^3$ 的简单破碎混凝土的强度。相同蒸汽养护条件下，颗粒整形混凝土的强度比简单破碎混凝土提高 15％～30％。

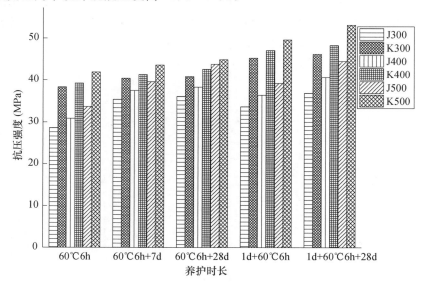

图 5-9　蒸汽养护条件下骨料品质对抗压强度的影响

5.5.3　养护方式对抗压强度的影响

图 5-10 中的 D1 表示 60℃ 6h 的养护方式、D2 表示 60℃ 6h＋7d、D3 表示 60℃ 6h＋28d；C1 表示 1d＋60℃ 6h、C3 表示 1d＋60℃ 6h＋28d；28d 表示标准养护条件下 28d 抗压强度。

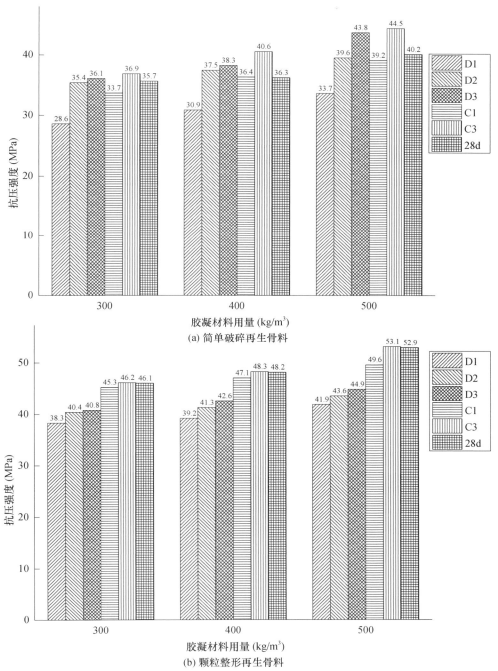

图 5-10　养护方式对再生骨料混凝土抗压强度的影响

由图 5-10（a）可知，骨料为简单破碎再生骨料时，养护温度对混凝土抗压强度的提升比较明显，D3 和 C3 两种养护方式下的混凝土抗压强度均高于标准养护条件下 28d 抗压强度。另外，60℃下蒸养 6h 时，拆模蒸养的方式得到的混凝土抗压强度明显高于带模即时蒸养的养护方式；但是继续养护 28d 后即 C3 与 D3 两种养护方式之间的强度差异不大。此外，无论是何种胶凝材料用量，简单破碎碱矿渣再生混凝土的抗压强度都表现出大致相同的发展规律。

但是，如图 5-10（b）所示，骨料品质为颗粒整形骨料时，温度对混凝土抗压强度的影响规律与简单破碎混凝土有所不同。C1 养护方式下的混凝土抗压强度仍然高于 D1 的，不同的是，C3 养护方式下的混凝土强度明显高于 D3 的。另外，颗粒整形混凝土标准养护条件下 28d 抗压强度很高，要远高于 D3 养护条件下的混凝土抗压强度，C3 养护方式下的抗压强度与自然养护 28d 抗压强度大体相同。

综上所述，养护方式对抗压强度提升显著，蒸汽养护方式下，养护 6h 其强度便能达到标准养护 28d 抗压强度的 80%～95%。两种蒸汽养护方式对简单破碎混凝土的影响更为显著，而对于颗粒整形混凝土，两种蒸养方式对混凝土后期强度提升作用不明显。比较两种蒸汽养护的方式，拆模蒸养效果明显优于带模养护效果，其强度可提高 5%～18%。

5.6 碱激发再生混凝土的劈裂抗拉强度

5.6.1 胶凝材料用量对劈裂抗拉强度的影响

如图 5-11 所示，劈裂抗拉强度随着胶凝材料用量的变化规律基本与抗压强度规律一致。这主要是由于混凝土的劈裂抗拉强度与抗压强度紧密相关，两者强度的破坏面相同，胶凝材料的增加使得水化产物增多，骨料的包裹也越致密牢固，进而增强混凝土的劈裂抗拉强度。

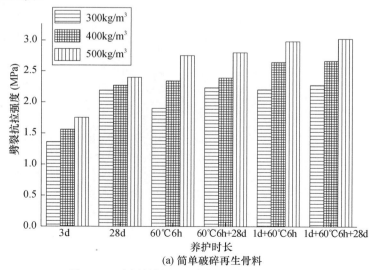

(a) 简单破碎再生骨料

图 5-11　胶凝材料用量对劈裂抗拉强度的影响

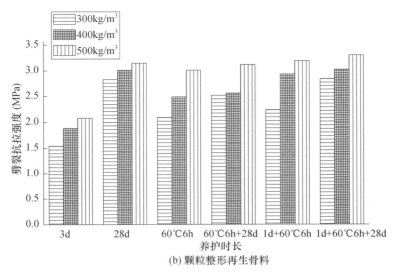

(b) 颗粒整形再生骨料

图 5-11　胶凝材料用量对劈裂抗拉强度的影响（续）

5.6.2　骨料品质对劈裂抗拉强度的影响

如图 5-12 所示，骨料品质的提升对碱矿渣再生混凝土劈裂抗拉强度的提高有着十分显著的作用。骨料品质对于标准养护条件下混凝土劈裂抗拉强度的提升远高于蒸汽养护条件下其强度的提升，标准养护下颗粒整形混凝土的强度约比简单破碎混凝土高出 30%，但在蒸汽养护条件下仅高出约 20%。此外，随着胶凝材料用量的增加，骨料品质和养护方式对碱矿渣再生混凝土劈裂抗拉强度的影响效果降低。

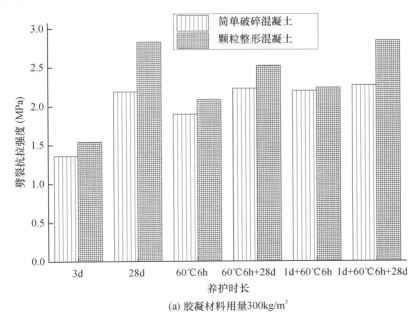

(a) 胶凝材料用量300kg/m³

图 5-12　不同胶凝材料用量下骨料品质对劈裂抗拉强度的影响

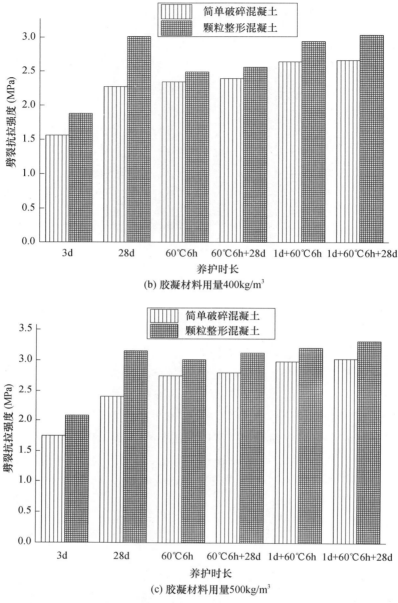

(b) 胶凝材料用量400kg/m³

(c) 胶凝材料用量500kg/m³

图 5-12　不同胶凝材料用量下骨料品质对劈裂抗拉强度的影响（续）

5.6.3　养护方式对劈裂抗拉强度的影响

图 5-13 中的 D1 表示 60℃6h 的养护方式、D2 60℃6h＋28d；C1 表示 1d＋60℃6h、C2 表示 1d＋60℃6h＋28d；28d 表示标准养护条件下 28d 劈裂抗拉强度。

养护方式对简单破碎混凝土的劈裂抗拉强度影响趋势如图 5-13（a）所示，蒸汽养护方式的混凝土劈裂抗拉强度高于标准养护的混凝土劈裂抗拉强度，而拆模蒸养方式的混凝土劈裂抗拉强度高于带模蒸养方式下混凝土的劈裂抗拉强度，这种规律随着胶凝材料用量的增多而越发明显。

　　养护方式对颗粒整形混凝土的劈裂抗拉强度影响趋势如图 5-13（b）所示，拆模蒸养方式下的混凝土劈裂抗拉强度高于带模蒸养方式下的混凝土劈裂抗拉强度，但这种差异随着胶凝材料用量的增加有减小的趋势。不同的是，颗粒整形混凝土在标准养护条件下 28d 劈裂抗拉强度很高，高于 D2 养护方式下混凝土劈裂抗拉强度，仅比 C2 养护方式下的混凝土劈裂抗拉强度略低。

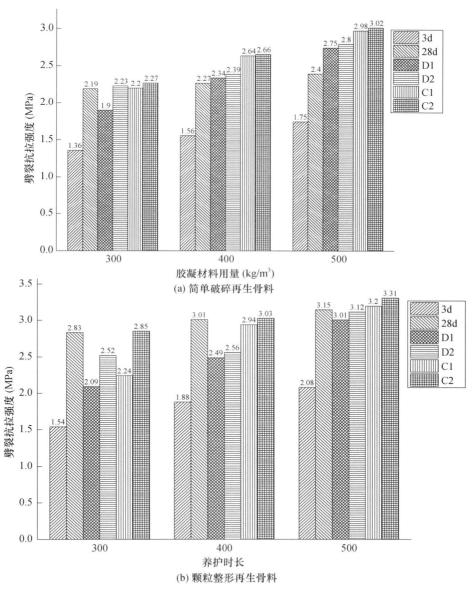

图 5-13　养护方式对混凝土劈裂抗拉强度的影响

5.7　碱激发再生混凝土的抗折强度

5.7.1　胶凝材料用量对抗折强度的影响

如图 5-14 所示，简单破碎再生混凝土和颗粒整形再生混凝土的抗折强度有着大体相似的变化趋势，即随着胶凝材料用量的增加，抗折强度也随之稳定增长。

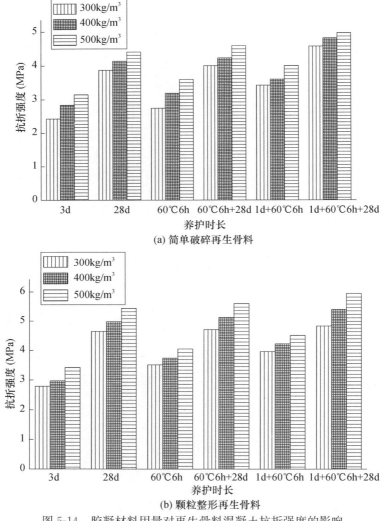

图 5-14　胶凝材料用量对再生骨料混凝土抗折强度的影响

同时，胶凝材料用量对简单破碎混凝土短期的抗折强度提升比较明显，但是对于其 28d 养护的抗折强度的提升效果并不显著。在标准养护与蒸汽养护条件下，胶凝材料用量对混凝土抗折强度的影响幅度大致相同，前期胶凝材料用量的增加可使混凝土的抗折强度提高 10％～30％，后期可提高 5％～15％。胶凝材料用量对颗粒整形混凝土的影响与简单破碎混凝土类似，在此不再赘述。

5.7.2 骨料品质对抗折强度的影响

图 5-15 为不同胶凝材料用量下骨料品质对再生骨料混凝土抗折强度的影响，从图中可以看出，骨料品质的提升对混凝土抗折强度的影响非常显著。在养护条件相同的条件下，尤其是在长期养护条件下，即标准养护 28d、60℃6h＋28d、1d＋60℃6h＋28d 养护条件下，颗粒整形混凝土的抗折强度远高于简单破碎混凝土的抗折强度。在 1d＋60℃6h＋28d 养护条件下，两种品质的再生骨料混凝土的抗折强度之间的差距缩小，标准养护条件下骨料品质的提升可以使混凝土抗折强度提高 20％～25％，蒸汽养护条件下抗折强度约可提高 15％。这是因为在 1d＋60℃6h＋28d 养护条件下，水泥水化进行得更加充分，内部结构更加密实，孔隙率降低，骨料被充分包裹，从而缩小了骨料品质对混凝土抗折强度的影响。在短期养护条件下，骨料品质对再生骨料混凝土抗折强度的提高效果并不显著。

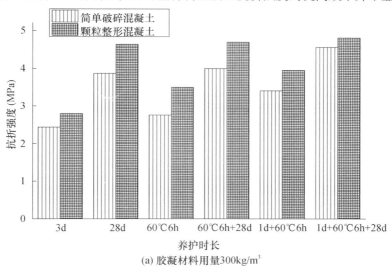

(a) 胶凝材料用量300kg/m³

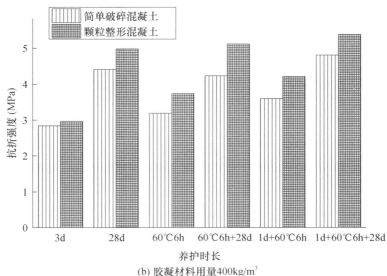

(b) 胶凝材料用量400kg/m³

图 5-15 不同胶凝材料用量下骨料品质对再生骨料混凝土抗折强度的影响

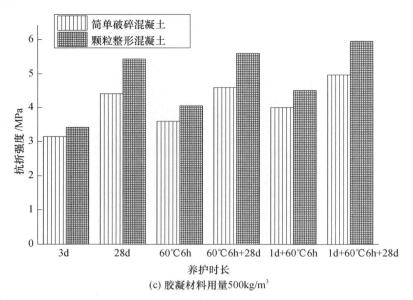

图 5-15　不同胶凝材料用量下骨料品质对再生骨料混凝土抗折强度的影响（续）

5.7.3　养护方式对抗折强度的影响

如图 5-16 所示，养护方式对两种不同骨料品质的碱激发混凝土抗折强度的影响规律大致相同，即蒸汽养护方式下混凝土抗折强度高于标准养护状态下的混凝土抗折强度，拆模蒸养方式下的混凝土抗折强度高于带模蒸养方式下的混凝土抗折强度。但是蒸汽养护方式对简单破碎混凝土的影响更加显著一些。

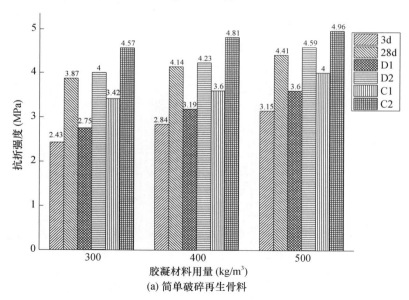

图 5-16　养护方式对不同品质再生骨料混凝土抗折强度的影响

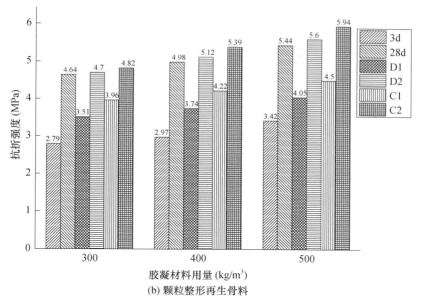

图 5-16　养护方式对不同品质再生骨料混凝土抗折强度的影响（续）

蒸汽养护的方式虽然可以使简单破碎混凝土抗折强度的增长速率大大提升，但提升的幅度不如其对抗压强度和劈裂抗拉强度的提升效果。此外，在胶凝材料用量一定的条件下，28d 时 C2 养护方式下的混凝土的抗折强度均达到最高，对抗折强度的提升效果最佳。

5.8　碱激发再生混凝土的耐久性能

5.8.1　碱激发再生混凝土的干燥收缩性能

碱激发再生混凝土的收缩性能试验按《普通混凝土长期性能和耐久性能试验方法》（GB/T 50082—2009）进行，制作两端预埋测头的 100mm×100mm×515mm 长方体试块，在标准养护室养护 3d 后，从标准养护室取出并立即移入温度保持在（20±2）℃、相对湿度保持在（60±5）%的恒温恒湿室，测定其初始长度，并依次测定 1d、3d、7d、14d、28d、56d 的收缩变化量。

1. 骨料品质对碱激发再生混凝土收缩性能的影响

如图 5-17 所示，J 表示简单破碎再生混凝土，K 表示颗粒整形再生混凝土，300kg/m³、400kg/m³ 和 500kg/m³ 表示胶凝材料用量。从图中可以看出，在标准养护条件下，使用经过颗粒整形后的骨料制备的碱矿渣再生混凝土收缩量低于简单破碎再生混凝土的，甚至胶凝材料为 300kg/m³ 的颗粒整形混凝土收缩量接近于胶凝材料为 500kg/m³ 的简单破碎混凝土的。

一般来说，相比于普通混凝土，碱激发矿渣混凝土孔占比很大，而且在碱激发的作用下，碱激发矿渣混凝土的凝胶体数量明显比普通混凝土的要多，进而影响了碱激发矿渣混凝土的干燥收缩特性。同时，由于简单破碎再生粗骨料自身的劣化性和级配导致混凝土的收缩进一步加大。通过颗粒整形去除了再生粗骨料的棱角和附着的多余水泥砂浆，使其粒形接近球形，而且级配更加合理并且用水量也相对较少，故收缩量也相应减少。这些原因很大程度上影响了碱激发矿渣简单破碎再生混凝土的干燥收缩特性，使其明显大于颗粒整形再生混凝土的干燥收缩性能。

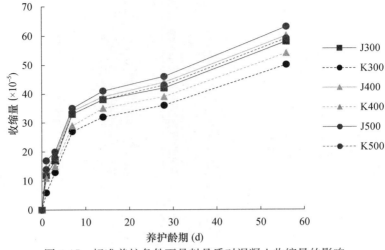

图 5-17　标准养护条件下骨料品质对混凝土收缩量的影响

2. 养护方式对碱激发再生混凝土收缩性能的影响

如图 5-18 所示，对于不同胶凝材料用量体系，养护方式对两种骨料品质的碱激发再

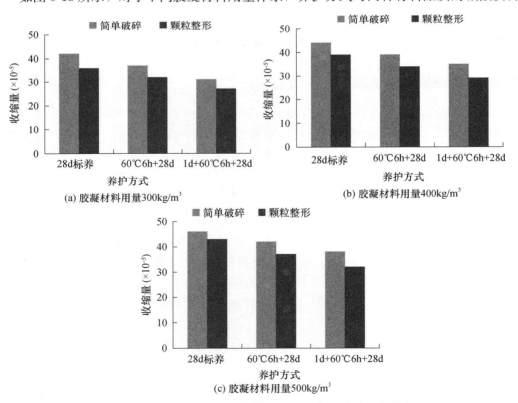

图 5-18　不同养护方式下对碱激发再生混凝土收缩量的影响

生混凝土收缩量的影响规律基本一致，在 28d 标准养护条件下的再生混凝土收缩量最高，而 1d 标养拆模蒸养 6h，然后 28d 标养的养护方式下的再生混凝土收缩量最低。这是因为在标养后拆模蒸养再标养的养护方式会促进再生混凝土中的水泥水化反应，使得浆体与骨料间的界面更加坚固与密实，从而降低了混凝土的收缩。此外，在不同的养护方式下，随着胶凝材料用量的增加，两种骨料品质的碱激发再生混凝土收缩量均随之增加。

5.8.2　碱激发再生混凝土的抗氯离子渗透性能

本试验参照国家标准 GB/T 50082—2009 的氯离子电迁移快速试验方法测定混凝土的抗氯离子渗透性能，即 RCM 法。RCM 法是目前被欧洲国家广泛采用的一种方法，通过给混凝土施加一外加电场加速氯离子在混凝土中的迁移速度，测定一定时间内氯离子在混凝土中的渗透深度，再结合 Nernst-Plank 方程计算出氯离子在混凝土中的扩散系数。其具体方法是将试件制作成直径 ϕ（100±1）mm，高度 h=（50±2）mm，然后放入标准养护室中水养至试验龄期。将试件取出，进行 15min 超声浴，将试件正负极分别浸入 0.2mol/L 的 KOH 溶液和含 5% NaCl 的 0.2mol/L 的 KOH 溶液中，在试件两端加上 30V 电压，根据电流大小确定通电时间。通电结束后，把试件劈成两半，在试件断面上喷上 0.1mol/L 的 $AgNO_3$ 溶液，用游标卡尺测量氯离子渗透深度，然后根据公式计算出氯离子扩散系数。混凝土的氯离子扩散系数按式（5-1）进行计算。

$$D_{RCM.0}=2.872\times10^{-6}\frac{Th\ (x_d-\alpha\ \sqrt{x_d})}{t} \tag{5-1}$$

式中　$D_{RCM.0}$——RCM 法测定的混凝土氯离子扩散系数（m^2/s）；

$\quad\quad\ T$——阳极电解液初始和最终温度的平均值（K）；

$\quad\quad\ h$——试件高度（m）；

$\quad\quad\ x_d$——氯离子扩散深度（m）；

$\quad\quad\ t$——通电试验时间（s）；

$\quad\quad\ \alpha$——辅助变量，$\alpha=3.338\times10^{-3}\sqrt{Th}$。

1. 骨料品质对碱激发再生混凝土抗氯离子渗透性的影响

从图 5-19 中可以看出，在标准养护条件下，使用经过颗粒整形后的骨料制备的碱矿渣再生混凝土的氯离子扩散系数明显低于简单破碎碱矿渣再生混凝土的。另外还可以看出，随着碱激发混凝土中单位胶凝材料用量增加，氯离子扩散系数逐渐变小。

2. 养护方式对碱激发再生混凝土抗氯离子渗透性能的影响

如图 5-20 所示，对于不同胶凝材料用量体系，养护方式对两种骨料品质的碱激发再生混凝土收缩量的影响规律基本一致，以胶凝材料用量为 500kg/m³ 为例，在 28d 标准养护条件下的简单破碎再生混凝土氯离子扩散系数最高，为 $3.5\times10^{-12}\ m^2/s$，而 1d 标养拆模蒸养 6h，然后 28d 标养的养护方式下的再生混凝土氯离子扩散最低，降低了 $0.7\times10^{-12}\ m^2/s$。这是因为在标养后拆模蒸养再标养的养护方式使得再生混凝土内部结构更加密实，孔隙率降低，降低了氯离子侵蚀的能力，从而提高其抗氯离子渗透性能。

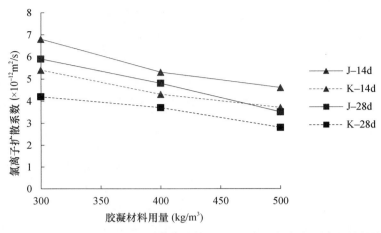

图 5-19 标准养护方式下骨料品质对碱激发再生混凝土抗氯离子渗透性的影响

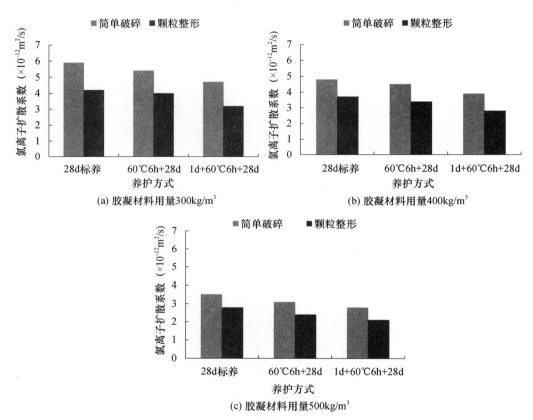

图 5-20 不同养护方式下对碱激发再生混凝土抗氯离子渗透性的影响

5.8.3 碱激发再生混凝土的抗碳化性能

碳化试验按《普通混凝土长期性能和耐久性能试验方法》(GB/T 50082—2009)中碳化试验的试验方法进行,在碳化箱中调整 CO_2 的浓度在 $17\%\sim23\%$ 的范围内,湿度在 $65\%\sim75\%$ 范围内,温度控制在 $15\sim25℃$ 范围内。试验通过调整用水量控制混凝土坍落度在 160～200mm 范围内，系统研究了碱激发矿渣再生混凝土的碳化性能。

1. 骨料品质对碱激发再生混凝土碳化性能的影响

简单破碎再生粗骨料和颗粒整形再生骨料在标准养护条件下，不同的胶凝材料用量配制的混凝土的碳化深度和碳化速率对比如图 5-21 和图 5-22 所示。从图中可以看出，随着胶凝材料用量的增加，两种品质的再生混凝土的碳化深度明显降低。在胶凝材料用量一定的条件下，对于碱激发再生混凝土的早期碳化性能来说（14d 以前），简单破碎再生混凝土与颗粒整形混凝土的性能相差不大，各龄期碳化深度差距并不显著。但是对于混凝土的长期碳化性能来说（28d 以后），简单破碎再生混凝土的抗碳化能力明显低于颗粒整形混凝土的。碳化速率图也能表明这一变化规律。这说明颗粒整形能够去除再生骨料表面附着的硬化砂浆，降低混凝土的孔隙率，提高密实度，进而显著改善再生混凝土的抗碳化能力。

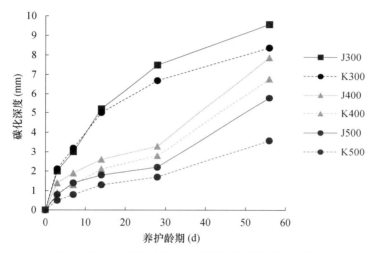

图 5-21　标准养护方式下骨料品质对碱激发再生混凝土碳化深度的影响

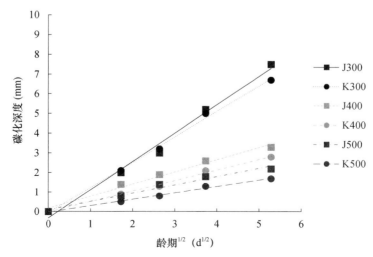

图 5-22　标准养护方式下骨料品质对碱激发再生混凝土碳化速率的影响

2. 养护方式对碱激发再生混凝土碳化性能的影响

如图 5-23 所示，对于不同胶凝材料用量体系，养护方式对两种骨料品质的碱激发再生混凝土收缩量的影响规律基本一致，以胶凝材料用量为 300kg/m³ 为例，在 28d 标准养护条件下的简单破碎再生混凝土碳化深度最高，为 7.5mm，而 1d 标养拆模蒸养 6h，然后 28d 标养的养护方式下的再生混凝土碳化深度最低，为 6.1mm，下降了 18.6％。这是因为在标养后拆模蒸养再标养的养护方式使得再生混凝土内部结构更加密实，阻隔了 CO_2 进入内部结构的通道，从而提高其抗碳化能力。此外，随着胶凝材料用量增加，混凝土碳化深度显著降低。

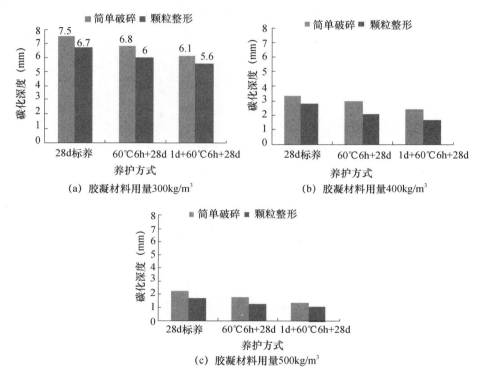

图 5-23　不同养护方式下对碱激发再生混凝土碳化性能的影响

5.8.4　碱激发再生混凝土的抗冻性能

抗冻试验按《普通混凝土长期性能和耐久性能试验方法》（GB/T 50082—2009）中抗冻性能试验中的快冻法进行，制作 100mm×100mm×400mm 的长方体试块，养护 28d，在放入冻融试验箱之前先放入水中养护 4d，水养过后，擦干试块，测试块质量和横向基频的初始值。以后前 200 个循环，每 25 个循环测一次试块质量和横向基频，后 100 个循环，每 50 个循环测一次试块质量和横向基频。试验过程中，如果试验试块达到 300 个冻融循环、相对动弹性模量下降到 60％以下和试块质量损失率达 5％中的任意一个条件时即停止冻融试验。不同骨料品质对碱激发再生混凝土抗冻性能的影响如图 5-24 和图 5-25 所示。

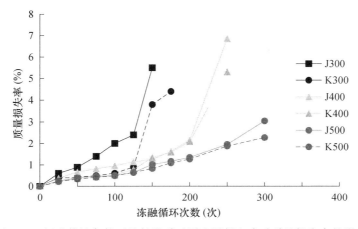

图 5-24　标准养护条件下骨料品质对再生混凝土冻融质量损失率的影响

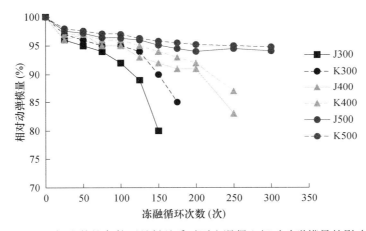

图 5-25　标准养护条件下骨料品质对再生混凝土相对动弹模量的影响

如图 5-24 和图 5-25 所示，当胶凝材料用量较低时，简单破碎再生混凝土的抗冻性能明显低于颗粒整形再生混凝土的。当胶凝材料用量较高时，以 500kg/m³ 为例，随着冻融循环次数增加，简单破碎再生混凝土和颗粒整形再生混凝土的质量损失率和相对动弹模量相差不大。这是因为胶凝材料用量较高时，再生骨料混凝土抗冻性能的主要影响因素不再是骨料品质。随着胶凝材料用量提高，混凝土中的大量水分被消耗，水化反应生成的水化产物可以充分包裹骨料，降低混凝土孔隙率，提高结构密实度，从而提高了碱激发再生混凝土的抗冻性能。

参考文献

[1] Weiguo S，Mingkai Z，Liqi X，et al. Morphology Difference between the Alkali Activated Cement and Portland Cement Paste on Multi-scale [J] . Journal of Wuhan University of Technology. 2008，23 (6)：923-926.

［2］孔令炜．碱激发胶凝材料研究现状及未来发展［J］．四川水泥，2015（11）：91-94.

［3］丁奇生，王亚丽，崔素萍，等．水泥的原料与燃料［M］．北京：化学工业出版社，2009：1-31.

［4］彭毅，孙欣林．水泥厂主要有害气体及其防治［J］．水泥工程，2008，（05）：6-10.

［5］Roy D. Alkali-activated cements-opportunities and challenges［J］．Cement and Concrete Research，1999，29（2）：249-254.

［6］李秋义，高嵩，薛山．绿色混凝土技术［M］．北京：中国建材工业出版社，2014.

［7］郑娟荣，刘丽娜，谢灵霞．碱激发粉煤灰胶凝材料砂浆及混凝土的性能研究［J］．混凝土，2009（05）：77-79.

［8］Komljenovic M，Bascarevic Z，Marjaovic N，et al. External sulfate attack on alkali-activated slag［J］．Construction and Building Materials，2013，49：31-39.

［9］蒲心诚，甘昌成．碱矿渣混凝土耐久性研究［J］．混凝土，1991（5）：13-20.

［10］江建民，胡红燕，孙勤梧．矿渣和废旧混凝土的再生利用［J］．建筑工人，2008（11）：14-15.

［11］袁润章，高琼英，欧阳世翕．矿渣结构与水硬活性及其激发机理［J］．武汉工业大学学报，1987（03）：297-303.

［12］Ben Haha M，Lothenbach B，Le Saout G，et al. Effect of slag chemistry on the hydration of alkali-activated blast-furnace slag-part Ⅱ：effect of Al_2O_3［J］．Cement and Concrete Research，2011，10（8）：1-10.

［13］周文献，谢友均，孙立军．蒸养条件对超细粉煤灰混凝土强度的影响［J］．混凝土，2003（06）：35-37.

［14］Darko K，Branislav Z. Effects of dosage and modules of water glass on early hydration of alkali-Slag cements［J］．Cement and Concrete Research. 2002，32（8）：1181-1188.

［15］刘晨，颜碧兰，江丽珍，肖忠明，王昕．矿渣硅酸盐水泥按矿渣掺量分类的研究［J］．建材发展导向，2006（06）：45-48.

［16］纵振海，肖其中，张卫平，碱矿渣水泥在道路工程中的应用［J］．水泥科技，2005（4）：40-41.

［17］李迁．磨细矿渣在高性能混凝土中的应用研究［J］．辽宁大学学报（自然科学版），2009，36（04）：322-325.

［18］崔孝炜．以钢铁行业固废为原料的高强高性能混凝土研究［D］．北京：北京科技大学，2017.

［19］徐国群．日本钢管公司开发高炉渣的新用途［J］．上海金属，2002（03）：25.

［20］杨胜多．碱激发胶凝材料发展趋势［J］．科技信息，2010（17）：253-285.

［21］Purdon A O. The action of alkali on blast fiunece slag［J］．J Soc Chem Ind，1940，59：191-202.

［22］Krivenko Pavel V. Physic-chemical basis of the durability of slag alkaline cement concrete［J］．On Concrete Engineering，1991：18-20.

［23］Glukhovsky V. Soil silicates［J］．Gosstroyizdat，Kiev，1959：154.

［24］王聪．碱激发胶凝材料的性能研究［D］．哈尔滨：哈尔滨工业大学，2006.

［25］Davidovits J. Geopolymers：inorganic polymeric new materials［J］．J Thenn Anal，1991，37（8）：1633-1656.

［26］Davisovits J. Geopolymers and Geopolymeric Materials Aterlals Journal of Thermal Analysis，1989，35（2）：429-441.

［27］HuaXa，S. J. van Deventer. The Effect of Alkali Metals on the Formation of Geopolymeric from Alkali Cement and Comcrete. Research［J］．2003：1567-1574.

［28］Puyam S. Singh，Tim Bastow. Outstanding Problems Posed by Nonpolymeric Particulates in the Synthesis of a Well-structured Geopolymeric Material［J］. Csiro Manufacturing and Infrastructure Technology. 2004（3）：83-93.

［29］A. Palomo，M. W. Grutzeck，M. T. Blanco. Alkali-activated ashes a cement for the future［J］. Con. Corcr. Res，1999（29）：132-136.

［30］Garcia-Lodeiro I，Palomo A，Fernandez-Jimenez A. Alkali-aggregate reaction in activated fly ash systems［J］. Cements and Concrete Research. 2007，37（2）：175-183.

［31］赵爽. 碱矿渣水泥水化特性研究［D］. 重庆：重庆大学，2012.

［32］Atis C D，Bilim C，Celik O，et al. Influence of activator on the strength and drying shrinkage of alkali-activated slag mortar［J］. Construction and Building Materlals，2009，2（1）：548-555.

［33］Fernandez-Jimenez A，Puertas F. Effect of activator mix on the hydration and strength behaviour of alkali-activated slag cement［J］. Advances in Cement Research，2003，15（3）：129-136.

［34］Aydin S，Baradan B. Effect of activator type and content on properties of alkali-activated slag mortars［J］. Composites Part B-Engineering，2014，57：166-172.

［35］Palacios M，Puertas F. Effectiveness of Mixing Time on Hardened Properties of Waterglass-Activated Slag Pastes and Mortars［J］. Aci Materials Journal，2011，108（1）：73-78.

［36］Bernal S A，Mejia De Gutierrez R，Pedraza A L，et al. Effect of binder content on the performance of alkali-activated slag concretes［J］. Cement And Concrete Resarch，2011，41（1）：1-8.

［37］Fernandez-Jimenez A，Palomo J G，Puertas F. Alkafi-activated slag mortars Mechanical strength behaviour［J］. Cement And Concrete Research，1999，29（8）：1313-1321.

［38］Collins F G，Sanjayan J G. Workability and mechanical properties of alkali activated slag concrete［J］. Cement And Concrete Research，1999，29（3）：455-458.

［39］Bakharev T，Sanjayan J G，Cheng Y B. Alkali activation of Australian slag cements［J］. Cement And Concrete Research，1999，29（1）：113-120.

［40］殷素红，赵三银，严琳，等. 碱激发碳酸盐-矿渣复合灌浆材料的工作性能［J］. 硅酸盐通报，2007（02）：301-306.

［41］禹尚仁，王悟敏. 无熟料硅酸钠矿渣水泥的水化机理［J］. 硅酸盐学报，1990（02）：104-109.

［42］Caijun Shi New cements for the 21st century The pursuit of an alter-mative to Portland cement［J］. Cement and Concrete Research. 2011，4（11）：750-763.

［43］尹耿，马保国，张凤臣，吴媛媛. 超细石灰石粉水泥基材料早期性能研究［J］. 武汉理工大学学报，2009，31（04）：116-119.

［44］白二雷，许金余，李浩，张彤. 碱激发剂对矿渣粉煤灰活性激发特性影响试验研究［J］. 科学技术与工程，2014，14（01）：96-99.

［45］钟白茜，杨南如. 水玻璃-矿渣水泥的水化性能研究［J］. 硅酸盐通报，1994（01）：4-8.

［46］钟白茜，杨南如，王国宾. 石膏和碱对铁铝酸四钙早期水化的影响［J］. 硅酸盐学报，1983（03）：297-305＋386-388.

［47］禹尚仁，王悟敏. 无熟料硅酸钠矿渣水泥的水化机理［J］. 硅酸盐学报，1990（02）：104-109.

［48］吕晓姝，贺凤伟. 碱矿渣水泥的理论基础［J］. 本溪冶金高等专科学校学报，2001（04）：7-9.

［49］周焕海，唐明述，吴学权，许仲梓. 碱-矿渣水泥浆体的孔结构和强度［J］. 硅酸盐通报，1994（03）：15-19.

[50] 孙家瑛，诸培南，吴初航．矿渣在碱性溶液激发下的水化机理探讨［J］．硅酸盐通报，1988（06）：16-25.

[51] 刘龙，黄莉美，王爱贞，贾保栓．赤泥-粉煤灰-矿渣碱激发胶凝材料性质的研究［J］．洛阳理工学院学报（自然科学版），2012，22（01）：13-20.

[52] 陈祥谦，程伟玄．玄武岩-粉煤灰-矿渣碱激发胶凝材料的制备研究［J］．科学与财富，2011（9）：160-161.

[53] 元敬顺，王彦彬．利用烧页岩研制碱激发胶凝材料的探讨［J］．西华大学学报（自然科学版），2013，32（02）：103-107.

[54] 叶家元，钟卫华，张文生，王渊，王宏霞，汪智勇，董刚．铝土矿选尾矿制备碱激发胶凝材料的性能［J］．水泥，2010（06）：5-7.

[55] 张兰芳，陈剑雄．碱激发复合渣体混凝土的试验研究［J］．哈尔滨工业大学学报，2008（04）：640-643.

[56] 李仲欣．适用于碱激发胶凝材料的化学外加剂［A］．天津大学．第十二届全国现代结构工程学术研讨会暨第二届全国索结构技术交流会论文集［C］．天津大学：2012.

[57] 杨涛，姚晓，顾光伟，诸华军．矿渣掺量对碱激发粉煤灰-矿渣反应过程及产物组成的影响［J］．南京工业大学学报（自然科学版），2015，37（05）：19-26.

[58] 白云志．碱激发矿渣的力学性能以及与微观表征的相关性研究［D］．青岛：青岛理工大学，2016.

[59] Kwesi Sagoe-Centsil，Pre De Silva．碱激发胶凝材料：早期成核、化学相演变和体系性能（英文）［J］．硅酸盐学报，2015，43（10）：1449-1457.

[60] 叶家元，张文生，史迪．石灰石对尾矿/矿渣复合碱激发胶凝材料力学性能及微观结构的影响（英文）［J］．硅酸盐学报，2017，45（02）：260-267.

[61] 吴永根，蔡良才，付亚伟．机场道面自密实碱激发混凝土性能研究［J］．空军工程大学学报（自然科学版），2010，11（03）：1-5＋20.

[62] 张建华．用碱激发胶凝材料作胶粘剂的植筋性能试验研究［D］．哈尔滨：哈尔滨工业大学，2008.

[63] 周俊．碱激发胶凝材料在沥青路面修复中的应用研究［D］．武汉：武汉理工大学，2012.

[64] 侯景鹏，宋玉普，史巍．再生混凝土技术研究与应用开发［J］．低温建筑技术，2001（02）：9-13.

[65] Abbas A，Fathifazl G，Isgor OB，Razaqpur G，Fournier B，Foo S. Durability of recycled aggregate concrete designed with equivalent mortar volume method［J］. Cem Concr Compos，2009，31（8）：555-563.

[66] 肖开涛．再生混凝土的性能及其改性研究［D］．武汉：武汉理工大学，2004.

[67] 朱平华．绿色高性能再生混凝土研究主要进展与发展趋势［A］．同济大学、中国土木工程学会．首届全国再生混凝土研究与应用学术交流会论文集［C］．同济大学、中国土木工程学会：2008.

[68] 张传增．德国再生混凝土应用概述［A］．同济大学、中国土木工程学会．首届全国再生混凝土研究与应用学术交流会论文集［C］．同济大学、中国土木工程学会：2008.

[69] 李云霞，李秋义，赵铁军．再生骨料与再生混凝土的研究进展［J］．青岛理工大学学报，2005（05）：19-22＋47.

第6章 石油焦脱硫灰渣
在绿色建筑材料中的应用

石油焦呈黑色，有金属光泽，是块状或颗粒状的多孔结构材料。石油焦的组分是碳氢化合物，含碳量为 $90\% \sim 97\%$，含氢量为 $1.5\% \sim 8\%$，还含有氮、氯、硫以及其他重金属化合物。石油焦是原油通过蒸馏，将轻质油、重质油分离，重质油再经热裂转化而成的产品，具有热值高，灰分低，氮、硫含量较高，水分含量高，挥发分低等特点，其产量为焦化原料油的 $25\% \sim 30\%$。随着世界石油的大量开采，优质原油比率越来越小，重质和劣质原油比率日益增加，重质和劣质原油中的硫、氮、金属元素含量不断增加。用延迟焦化装置加工渣油生产的石油焦的含硫量高达 $5\% \sim 8\%$，不适合用作质量要求较高的化工和冶金工业的原料，仅可用作燃料，但燃烧后产生二氧化硫，对大气污染严重，使用价值较低。

为实现石油焦的清洁利用，减少环境污染，目前多利用循环流化床锅炉燃烧技术对高硫焦进行脱硫处理。将石油焦作为锅炉燃料，在床料中加入石灰粉，生成硫酸钙进行脱硫。脱硫过程中收尘系统中得到的大量粉状物质称为石油焦脱硫灰，而残留在锅炉底部的废渣称为石油焦脱硫渣。本章主要介绍用石油焦脱硫灰渣制备的各项建筑材料制品。

6.1 石油焦脱硫灰渣的基本性能

6.1.1 石油焦脱硫灰渣的产生

为了实现高硫石油焦的有效利用，目前有两种具有产业意义的解决高硫石油焦出路的方案。一种方案是将高硫石油焦用于循环流化床（CFB）锅炉生产蒸汽或发电，另一种方案是通过焦炭气化转化成蒸汽、电力或合成气等多品种联产方案，即一体化石油焦气化联合循环（IGCC）工艺方案。IGCC 工艺流程复杂，投资庞大，我国至今没有一套工业装置。目前，国内已经广泛地推广循环流化床（CFB）锅炉清洁燃烧技术。

循环流化床燃烧技术是近年来迅速发展的高效、低污染的清洁燃烧技术。它以固体颗粒作为床料，通入空气形成流化床，床层温度在 $800 \sim 950℃$ 之间。为了维持床层温度不超过床料的熔点，部分床料经受热面冷却、分离装置分离，然后返回床层形成循环。循环流化床锅炉的燃料适应性很宽，可燃用劣质煤、煤矸石、垃圾和农业废料等，国外也有燃用石油焦的先例。如果床料中有钙、镁的氧化物，或加入石灰石，则可在燃烧的同时除去燃料所含的硫，而形成亚硫酸盐和硫酸盐。石灰石高温分解出的 CaO 与油焦燃烧出的硫反应生成 $CaSO_4$，从而达到石油焦脱硫的目的，这些 $CaSO_4$ 与其他燃烧产物的混合物统称为石油焦脱硫灰渣。高硫焦脱硫主要采用的是石灰粉脱硫技术，脱硫效率可达 90%，其化学反应如下：

$$CaCO_3 \longrightarrow CaO + CO_2 \uparrow$$

$$CaO + SO_2 + \frac{1}{2}O_2 \longrightarrow CaSO_4$$

石油焦脱硫灰渣根据颗粒尺度大小又分为石油焦脱硫灰和石油焦脱硫渣两种，燃烧后由除尘系统收集的飞灰称为石油焦脱硫灰（图 6-1），残留在锅炉底部的废渣称为石油焦脱硫渣（图 6-2）。石油焦脱硫灰的颗粒特征和粒径分布与普通粉煤灰相近，堆积密度为 $800\sim1000kg/m^3$，因内部含有大量未燃尽的石油焦微粉而使颜色略深于粉煤灰。石油焦脱硫渣呈浅黄色，细度与砂类似，加水搅拌时会产生大量的水化热。

图 6-1　石油焦脱硫灰

图 6-2　石油焦脱硫渣

6.1.2　石油焦脱硫灰渣的性质

1. 石油焦脱硫渣的成分分析

（1）矿物组成

以青岛石油炼化厂 2 次循环后生产的石油焦脱硫渣为例，对其进行 X 射线衍射分析（XRD），结果如图 6-3 所示。

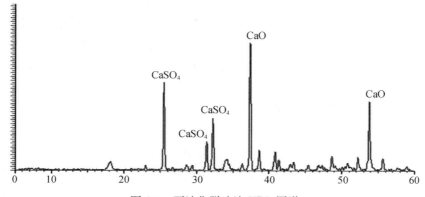

图 6-3　石油焦脱硫渣 XRD 图谱

从图 6-3 中可以发现，$CaSO_4$ II （II 型硬石膏）（$2\theta=25.53°$、$31.46°$、$32.15°$）和 CaO（$2\theta=38.58°$、$53.84°$）的明显衍射峰。

（2）化学成分

为明确 $CaSO_4$ II 和 CaO 在石油焦脱硫渣中的比率，对其进行 X 射线荧光光谱分析（XRF），化学成分见表 6-1。

表 6-1　石油焦脱硫渣的 XRF 实测结果（%）

样品＼成分	CO_2	CaO	SO_3	SiO_2	Al_2O_3	MgO	Fe_2O_3	其他
焦渣 1	18.53	56.69	20.41	1.35	0.34	2.13	0.21	0.33
焦渣 2	15.02	62.37	16.85	2.03	0.64	2.54	0.26	0.29

由于 XRF 对 10 号元素以内的元素含量测量不准确，需对碳元素的含量重新标定。对焦渣做烧失量试验，发现并无质量损失，且 XRD 图谱中也未出现 $CaCO_3$ 的衍射峰，由此可认为焦渣中不含碳元素。剔除 CO_2 的测定结果，将 XRF 结果重新折算，折算后结果见表 6-2。

表 6-2　石油焦脱硫渣的化学组成（%）

样品＼成分	CaO	SO_3	SiO_2	Al_2O_3	MgO	Fe_2O_3	其他
焦渣 1	69.58	25.05	1.66	0.42	2.61	0.26	0.42
焦渣 2	73.39	19.83	2.39	0.75	2.99	0.31	0.34

结合 XRD 图谱，认为硫元素以 $CaSO_4$ II 形式存在。经计算，焦渣 1 中 $CaSO_4$ II 含量为 42.59%，CaO 含量为 52.05%；焦渣 2 中 $CaSO_4$ II 含量为 33.71%，CaO 含量为 59.51%。为验证以上计算结果，根据《石灰有效氧化钙测定方法》（JTGE51-2009-T0811），测定石油焦脱硫渣的有效氧化钙（ACaO）含量，试验结果见表 6-3。

表 6-3　石油焦脱硫渣的有效氧化钙含量（%）

样品名称	有效氧化钙含量
焦渣 1	47.98
焦渣 2	54.26

由表 6-3 可见，有效氧化钙含量试验所测得的结果与通过 XRF 分析计算的结果十分接近。因此可得出结论，石油焦脱硫渣中的硫元素主要以 $CaSO_4$ II 形式存在，含量为 33%～43%；剩余的钙元素则主要以 CaO 形式存在，含量为 48%～60%。

2. 石油焦脱硫渣的放热特征

考虑到石油焦脱硫渣中 CaO 含量较高，易吸收空气中的水分而转化为 $Ca(OH)_2$，本研究将石油焦脱硫渣在温度为（20±2）℃、空气湿度为 50%～60% 的条件下敞口放置一周后，比较它们的消解速度。

根据《建筑石灰试验方法　第 1 部分：物理试验方法》（JC/T 478.1—2013）分别测定新产石油焦脱硫渣、陈放一周后的石油焦脱硫渣和生石灰的消解速度。

在保温瓶中加入（20±1）℃的蒸馏水 80mL，称取试样 40g 倒入保温瓶，立即开动秒表，同时盖上保温瓶盖，轻轻摇动保温瓶数次。自试样倒入水中开始计时，每隔1min读1次数。记录达到最高温度及温度开始下降的时间，以达到最高温度所需的时间记为消解速度。试验结果如图6-4所示。

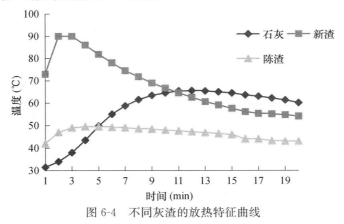

图6-4 不同灰渣的放热特征曲线

由图6-4放热特征曲线可知，新渣CaO含量高，遇水后反应迅速，升温速度快，反应过程中伴随着颗粒的崩解，在较短时间（2min）内便可以基本完成消化放热，达到最高温度90℃，之后随着热量的散失温度迅速下降，10min以后下降速度变缓，15min以后曲线基本平缓，保持在60℃左右。

对比而言，陈渣由于表面与空气中的水反应，部分消解，在颗粒表面形成了$Ca(OH)_2$和$CaCO_3$，起到了阻碍水与内部CaO反应的作用，导致陈渣放热较为缓慢，在3min时达到最高温度50℃，之后热量持续产生，随后温度一直保持在45～49℃，下降较缓慢。相比于石油焦脱硫渣的消解曲线，石灰的消解曲线上升速度较慢，在12min时才达到最高温度，但其后温度一直保持在60℃以上。

3. 石油焦脱硫灰的成分分析

1）矿物组成

将石油焦脱硫灰分别在600℃和1000℃的温度下保温15～20min后进行XRD测试，结果如图6-5所示。

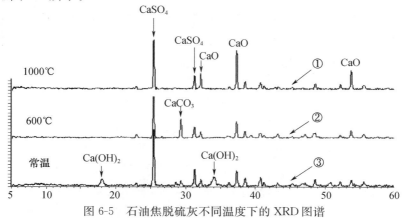

图6-5 石油焦脱硫灰不同温度下的XRD图谱

由图 6-5 可见，在常温下，石油焦脱硫灰原料中含 $Ca(OH)_2$、CaO、$CaSO_4$ II（II 型硬石膏）和 $CaCO_3$。在 600℃下，$Ca(OH)_2$ 消失，$CaCO_3$、$CaSO_4$ II、CaO 的衍射峰依旧明显。当温度到达 1000℃时，石油焦脱硫灰中的 $CaCO_3$ 完全消失，这是因为 $CaCO_3$ 在温度高于 898℃时会分解为 CaO。

2）化学成分

利用 X 射线荧光光谱分析（XRF）测定石油焦脱硫灰的化学成分，结果见表 6-4。

表 6-4　石油焦脱硫灰的 XRF 实测结果（%）

CO_2	CaO	SO_3	SiO_2	Al_2O_3	MgO	Fe_2O_3	其他
28.43	41.99	24.31	1.62	0.81	2.07	0.30	0.47

由表 6-4 可知，石油焦脱硫灰的主要化学成分为 CaO、SO_3 及 CO_2。由于 XRF 对 10 号元素以内的元素含量测量不准，需对碳元素的含量重新标定。石油焦脱硫灰中的碳元素可能以 $CaCO_3$ 和无定形碳这两种形式存在，这有两种成因：一是在对石油焦燃烧过程中进行脱硫时，为确保脱硫效果，投入的过量石灰石没有分解完全就被气流带入收尘器中，使飞灰中含有未完全分解的石灰石粉末；二是石油焦燃烧不完全存在部分无定形碳。

由试验可知，石油焦脱硫灰在 600℃和 1000℃温度下的烧失量分别为 4.7% 和 11.75%。结合 XRD 图谱可知，在 600℃时的烧失量是无定形碳的燃烧所导致，1000℃时的烧失量包括无定形碳的损失和 $CaCO_3$ 的分解。由此计算如下：

（1）无定形碳含量为 4.7%。

（2）$CaCO_3$ 含量的计算

600℃和 1000℃的烧失量分别为 4.7% 和 11.75%，由此可得经 $CaCO_3$ 分解放出的 CO_2 为 7.05%，经计算，被分解的 $CaCO_3$ 含量为 16.02%。

（3）石油焦脱硫灰实际化学成分。

重新折算后，石油焦脱硫灰的实际化学成分见表 6-5。

表 6-5　石油焦脱硫灰的化学组成（%）

C	CO_2	CaO	SO_3	SiO_2	Al_2O_3	MgO	Fe_2O_3	其他
4.70	7.05	51.77	29.97	2.00	1.00	2.55	0.37	0.59

（4）$CaSO_4$ 含量的计算

假设硫元素完全以 $CaSO_4$ 形式存在，计算出 $CaSO_4$ 含量为 50.95%。

（5）CaO 含量的计算

由于钙元素以 $CaCO_3$、$CaSO_4$ 和 CaO 三种形式存在，扣除 $CaCO_3$ 和 $CaSO_4$ 中结合的 CaO 含量，可计算出石油焦脱硫灰中的游离 CaO 含量为 21.82%。

经以上分析及计算可知，石油焦脱硫灰的主要成分为 $CaSO_4$、$CaCO_3$ 和 CaO，其含量分别为 50.95%、16.02% 和 21.82%。无定形碳含量为 4.7%，剩余 6.51% 为其他杂质。

6.1.3 石油焦脱硫灰渣的标准稠度用水量和凝结时间

石油焦脱硫灰渣的标准稠度用水量和凝结时间试验参照《水泥标准稠度用水量、凝结时间、安定性检验方法》（GB/T 1346—2011）进行，试验结果见表 6-6。

表 6-6　石油焦脱硫灰渣的标准稠度用水量及凝结时间

编号	石油焦脱硫渣（g）	石油焦脱硫灰（g）	标准稠度用水量（%）	凝结时间（min）	
				初凝	终凝
A1	500	—	36	50	125
A2	—	500	40	460	820
A3	333	167	26.8	72	172

由表 6-6 可知，石油焦脱硫渣的标准稠度用水量和凝结时间都小于石油焦脱硫灰，特别是在凝结时间上差别较大。这主要因为石油焦脱硫渣中 CaO、$CaSO_4$ 的含量较高，加水搅拌时会产生大量水化热，缩短了其凝结时间。而石油焦脱硫灰的粒度较细，颗粒界面间的需水量随之增加，且其主要成分是 $CaCO_3$ 和 $CaSO_4$，硬化速度较慢，对其凝结时间也产生了一定的影响。将石油焦脱硫灰与石油焦脱硫渣进行混合后，可得到较为适宜的颗粒级配，与石油焦脱硫灰相比标准稠度用水量明显降低，而石油焦脱硫渣加水释放的大量水化热也可以有效缩短石油焦脱硫灰的凝结时间。

6.1.4 石油焦脱硫灰渣的水化机理分析

为了研究不同温度条件下，石油焦脱硫灰渣中的 $CaSO_4$ 是否稳定存在，制备石油焦脱硫灰渣净浆的试样，放在 20℃、50℃、70℃、100℃ 的温度条件下养护，当达到 3h、6h、12h、24h 的养护龄期后取样，然后经过酒精浸泡 7d，经过 45℃ 烘干，进行衍射实验。

1. 石油焦脱硫灰渣 20℃ 养护条件下的水化情况

为了讨论石油焦脱硫灰渣在 20℃ 养护条件下的水化情况，分别将其净浆试块养护 3h、6h、12h、24h，到达龄期后取样作衍射分析，XRD 图谱如图 6-6 所示。可以发现，石油焦脱硫灰渣中的 CaO 与水反应生成了 $Ca(OH)_2$，且在 3～24h 的时间变化区间内，$Ca(OH)_2$ 衍射峰高度变化不大，这说明 CaO 与水反应迅速；在 $2\theta = 11.611°$、$20.758°$ 处存在 $CaSO_4 \cdot 2H_2O$ 的弱衍射峰，这说明在 20℃ 条件下 $CaSO_4$ 可以部分水化为 $CaSO_4 \cdot 2H_2O$，同时发现 $CaSO_4$ 的特征峰在上述几种情况下一直很高，这证明 $CaSO_4$ 水化的量很小，速度很慢。

为了进一步研究石油焦脱硫灰渣在常温且较长养护时间下的水化情况，制备了石油焦脱硫灰渣的标准稠度净浆，在标准条件下养护 3d、7d、28d，达到龄期后进行 XRD 衍射分析，试验结果如图 6-7 所示。

结果表明，$CaSO_4$ 的特征峰随养护龄期的增长有变弱的趋势，标准养护图谱中出现明显的 $CaSO_4 \cdot 2H_2O$ 特征峰，这表明在标准养护条件下石油焦脱硫灰渣中的 $CaSO_4$ 部分水化为 $CaSO_4 \cdot 2H_2O$。图 6-7 中 $CaSO_4 \cdot 2H_2O$ 的峰值高于图 6-6 中的峰值，说明随养护时间的延长，水化程度越来越充分，但从图 6-7 中 $CaSO_4 \cdot 2H_2O$ 的峰值强弱变化情况看，3d 后 $CaSO_4 \cdot 2H_2O$ 的量基本达到稳定。

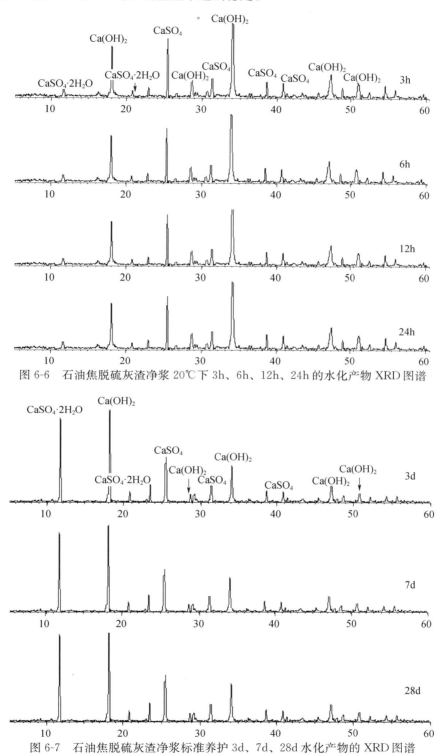

图 6-6 石油焦脱硫灰渣净浆 20℃下 3h、6h、12h、24h 的水化产物 XRD 图谱

图 6-7 石油焦脱硫灰渣净浆标准养护 3d、7d、28d 水化产物的 XRD 图谱

2. 石油焦脱硫灰渣50℃养护条件下的水化情况

由图6-8可以发现，在50℃养护条件下，石油焦脱硫灰渣中的 CaO 与水反应，短时间内全部生成了 $Ca(OH)_2$；图中 $CaSO_4$ 的特征峰在上述几种条件下一直很高，且没有发现 $CaSO_4 \cdot 2H_2O$ 或 $CaSO_4 \cdot 0.5H_2O$ 的特征峰，表明在50℃条件下，$CaSO_4$ 未发生水化反应。

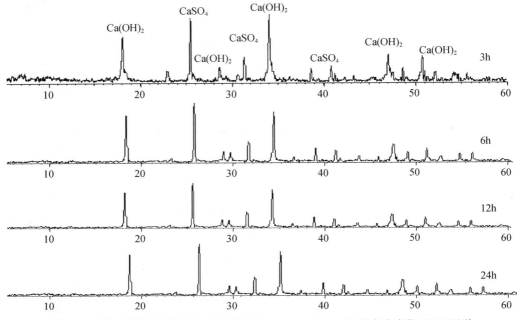

图6-8　石油焦脱硫灰渣净浆50℃养护3h、6h、12h、24h的水化产物 XRD 图谱

3. 石油焦脱硫灰渣70℃养护条件下的水化情况

将净浆试块养护3h、6h、12h、24h，到达龄期取样作 XRD 分析，结果如图6-9所示，表明在70℃条件下石油焦脱硫灰渣中 $CaSO_4$ 也未发生水化反应。

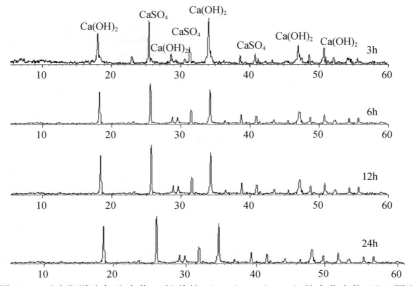

图6-9　石油焦脱硫灰渣净浆70℃养护3h、6h、12h、24h的水化产物 XRD 图谱

4. 石油焦脱硫灰渣 100℃养护条件下的水化情况

将净浆试块养护 3h、6h、12h、24h，到达龄期取样作 XRD 分析。图 6-10 表明在 100℃养护条件下，CaSO₄也未发生水化反应。

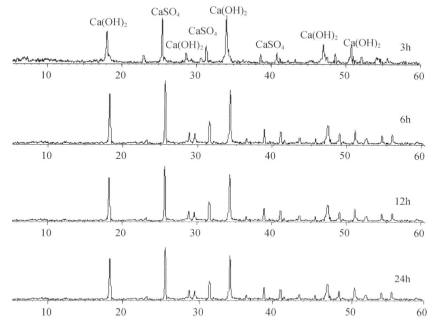

图 6-10　石油焦脱硫灰渣净浆 100℃养护 3h、6h、12h、24h 的水化产物 XRD 图谱

5. 石油焦脱硫灰渣在蒸压养护条件下的水化情况

在饱和蒸汽压力为 1.0MPa，恒温温度 170～180℃的条件下进行蒸压养护 4h 后取样作 XRD 分析，结果如图 6-11 所示。表明在饱和蒸汽压力为 1.0MPa 条件下 CaSO₄也未发生水化反应。以上分析表明，当温度高于 50℃时，CaSO₄不会发生水化反应，具有较好的稳定性。

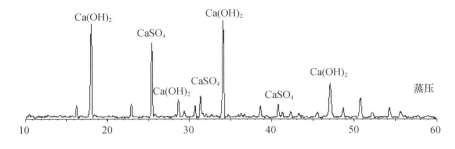

图 6-11　石油焦脱硫灰渣净浆蒸压养护的水化产物 XRD 图谱

6.2　石油焦脱硫灰渣加气混凝土

本节内容结合国家"十二五"科技支撑计划子课题"磨细高硫石油焦脱硫灰渣建

材利用技术研究"，开展了石油焦脱硫灰渣制备加气混凝土的相关研究。石油焦脱硫灰渣和粉煤灰均属于工业固体废弃物，用其制备的加气混凝土利废率高达 90%，具有绿色、环保和再生利用的特点，符合循环经济的要求，并具有较强的市场竞争力。

6.2.1 加气混凝土简介

1. 加气混凝土的概念

根据《硅酸盐建筑制品的术语》（GB/T 16753—1997），加气混凝土砌块定义为以硅质材料和钙质材料为主要原料，掺加发气剂，经加水搅拌，由化学反应，形成孔隙，经浇注成型、预养切割、蒸汽养护等工艺过程制成的多孔硅酸盐砌块。按养护方法分为蒸养加气混凝土砌块和蒸压加气混凝土砌块两种。国内最常用的加气混凝土砌块为蒸压加气混凝土砌块。按原材料的种类，蒸压加气混凝土砌块主要分为下列七种：蒸压水泥-石灰-砂加气混凝土砌块；蒸压水泥-石灰-粉煤灰加气混凝土砌块；蒸压水泥-矿渣-砂加气混凝土砌块；蒸压水泥-石灰-尾矿加气混凝土砌块；蒸压水泥-石灰-沸腾炉渣加气混凝土砌块；蒸压水泥-石灰-煤矸石加气混凝土砌块；蒸压石灰-粉煤灰加气混凝土砌块。以上各种蒸压加气混凝土砌块统称为加气混凝土砌块。

蒸压加气混凝土是我国已使用并仍在大力发展的一种轻质多功能环保型建筑材料，具有质轻、保温、隔热、吸声隔音、抗震防火、施工简便等优点，是一种节土、利废、节能的新型墙体材料。另外，根据目前的国家节能标准，唯有使用加气混凝土才能做到单一材料达标的要求（节能 50%），而其他任何材料要做到节能 50%，必须进行复合处理，如承重多孔砖、混凝土小型空心砌块、钢筋混凝土现浇墙体等，都必须与聚苯乙烯等保温材料复合才能解决绝热和节能问题，但复合墙体施工复杂、工期长、造价高。由此可见，加气混凝土砌块已成为代替实心黏土砖的主导产品，加气混凝土砌块建筑将是未来主要的建筑体系之一。

2. 加气混凝土的反应原理

加气混凝土制品是通过一系列的物理变化和化学反应而形成的。这一系列的变化可以分为铝粉发气、料浆稠化、蒸压水热合成反应三个过程。其中，铝粉发气与料浆稠化必须在时间上平衡协调，这是生产加气混凝土的一个重要环节。

（1）发气过程

发气过程从铝粉加入即已开始，其原理为铝粉在碱性环境下与水反应生成氢气。铝是很活泼的金属，能置换出酸中的氢气，也可在碱性介质中与水反应置换出氢气。由于铝在空气中很容易被氧化，在表面形成一层致密的氧化铝薄膜。因此要想使铝粉与水反应，必须先用碱溶液将表面的氧化铝薄膜溶解，然后铝就与溶液中的水发生以下反应：

$$2Al + 6H_2O \Longrightarrow 2Al(OH)_3 + 3H_2 \uparrow$$

生成的氢氧化铝呈凝胶状态，会阻碍铝和水的接触，但在碱性环境下，凝胶状的氢氧化铝能溶解在碱溶液中，生成偏铝酸盐，这样铝与水的反应就能继续进行。所以碱的存在只是溶解氧化铝薄膜和氢氧化铝，铝粉发气的实质是铝与水的反应。蒸压加气混凝土料浆属于碱性介质，加入铝粉后能置换出水中的氢气使料浆发气膨胀。

（2）料浆稠化过程

加气混凝土料浆从搅拌、稠化直至坯体硬化可分为以下几个过程：刚形成的料浆是流变特性接近于理想牛顿体的一种溶液粗分散体系，石灰和水泥开始发生水化反应；随后固体离子相互碰撞，在范德华力的作用下相互粘结形成絮凝结构，结构骨架初步形成；随着石灰、水泥的继续水化，体系中的自由水逐渐减少，溶液中水化产物浓度逐渐增高，生成的胶体聚集，晶体逐渐生长，使坯体具有一定的结构强度，达到初凝或稠化，这也是结构骨架的发育阶段；随着水化的继续进行，体系中的固相越来越多，液相越来越少，体系结构更加致密，并且具有能抵抗一定外力作用的结构强度，达到终凝。当料浆达到终凝以后，水化作用在常温下不能继续进行，整个体系形成稳定的坯体。

（3）蒸压水热合成过程

为了使坯体具有更高的强度，须将坯体置于饱和蒸汽中高压蒸养。这一过程中，坯体中的钙质材料和硅质材料进行水热合成反应。随着温度的升高，$Ca(OH)_2$ 与硅质材料中的活性 SiO_2 反应生成高碱水化硅酸钙，随着 SiO_2 的不断溶解，生成的水化硅酸钙的碱度不断降低，开始生成半结晶的 C-S-H（Ⅰ），同时三硫型水化硫铝酸钙分解成单硫型水化铝酸钙。在蒸压釜内温度达到恒温初期，坯体中有大量 C-S-H（Ⅰ）生成，单硫型水化铝酸钙也继续分解生成 C_3AH_6 和 $CaSO_4$，水化铝酸钙和 SiO_2 作用生成水化石榴子石。随着恒温时间的延长，水化硅酸钙的结晶度不断提高，出现托勃莫来石。加气混凝土制品中主要的水化产物为 C-S-H（Ⅰ）、托勃莫来石、水化石榴子石等，随着恒温压力和养护时间的不同，它们的数量和结晶程度均在变化。

3. 加气混凝土的工艺流程

加气混凝土砌块的生产工艺流程如图 6-12 所示。

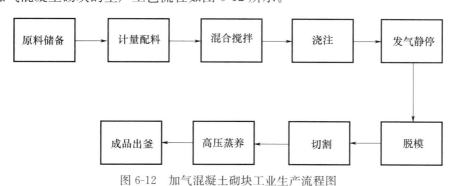

图 6-12　加气混凝土砌块工业生产流程图

6.2.2　加气混凝土的原材料

1. 石灰

石灰是加气混凝土中钙质成分的主要来源。石灰的品质对加气混凝土生产工艺的稳定和加气混凝土制品的性能影响最大。石灰与水作用后，迅速发生化学反应而生成氢氧化钙的过程是石灰的水化反应，即石灰的"消化"或"熟化"。石灰的消化速度是指在标准条件下，从生石灰与水混合起，到达最高温度所需的时间。

在煅烧过程中，碳酸钙往往不会完全分解，因此石灰的成分包括两部分，一是非活性部分，二是活性部分。加气混凝土生产中利用的是其活性部分，它是从碳酸钙中分解出来的呈游离态的氧化钙，称为有效氧化钙（ACaO）。一方面，有效氧化钙能与 SiO_2 和 Al_2O_3 反应生成结晶状或胶体状的水化硅酸钙、硅铝酸钙产物，使制品具有一定的强度；另一方面，石灰能提高料浆的碱度，使铝粉发气，并消解放出的热量，加速料浆的发气、稠化和硬化。硅酸盐建筑制品用生石灰的技术指标要求应符合表 6-7 规定，其中加气混凝土用生石灰的消化速度应为 5～15min，消化温度应为 60～90℃。

表 6-7 硅酸盐建筑制品用生石灰的技术指标要求

项　目		等　级		
		优等品	一等品	合格品
A（CaO＋MgO）质量分数（％）	≥	90	75	65
MgO 质量分数（％）	≤	2	5	8
SiO_2 质量分数（％）	≤	2	5	8
CO_2 质量分数（％）	≤	2	5	7
消化速度（min）	≤	—	15	—
消化温度（℃）	≤	—	60	—
未消化残渣质量分数（％）	≤	5	10	15
磨细生石灰细度（0.080mm 方孔筛筛余量）（％）≤		10	15	20

本试验采用中速石灰，A（CaO＋MgO）质量分数为 74.5％，消化速度约为 12min，消化温度在 60～70℃之间。

2. 石油焦脱硫灰渣

研究所用的石油焦脱硫灰渣取自中国石化青岛炼油化工有限责任公司。其中有效氧化钙含量为 48％～60％，$CaSO_4$ Ⅱ 的含量为 33％～43％。

3. 水泥

生产加气混凝土应采用硅酸盐水泥或普通硅酸盐水泥。本试验采用山水水泥厂生产的 P·O 42.5 普通硅酸盐水泥，性能检测指标见表 6-8。

表 6-8 P·O 42.5 水泥物理力学性能

标准稠度用水量（％）	细度（％）	初凝时间（h：min）	终凝时间（h：min）	安定性（沸煮法）	力学性能	
					抗折强度（MPa）	抗压强度（MPa）
					3d	3d
28	2.6	2：50	4：10	合格	4.6	17.0

常温下，水泥矿物熟料中的 C_3S 和 C_2S 的水化产物是水化硅酸钙和氢氧化钙，不过其化学组成并不是十分固定的，当温度提高时，硅酸钙凝胶的类型和结晶度都将发生变化；C_3A 和 C_4AF 的水化反应进行得最快，决定着水泥的水化、凝结速度和早期

强度，因而对加气混凝土料浆的发气、凝结硬化和制品强度都有重要影响。

4. 粉煤灰

粉煤灰是加气混凝土砌块的核心原料，也是加气混凝土硅质成分的主要来源。生产粉煤灰加气混凝土砌块所用粉煤灰的质量应符合《硅酸盐建筑制品用粉煤灰》（JC 409）的规定，其在制品生产中的作用是与石灰中的有效氧化钙在水热条件下，生成水化产物，满足产品的强度和其他性能需要。生产粉煤灰加气混凝土砌块，在要求高强的同时，还要求具有低干缩值等其他的性能。因此，对粉煤灰的细度要求，不是越细越好。硅酸盐建筑制品用粉煤灰的技术指标，见表 6-9。本试验采用的粉煤灰的化学成分见表 6-10。

表 6-9　硅酸盐建筑制品用粉煤灰的技术指标

指标名称		级　别	
		I	II
细度	0.045mm 方孔筛筛余量（%）　≤	30	45
	0.08mm 方孔筛筛余量（%）　≤	15	25
烧失量（%）　≤		5.0	10.0
SiO_2（%）　≥		45	40
SO_3（%）　≤		1.0	2.0

注：细度可选用 0.045mm 或 0.08mm 方孔筛筛余量判定。

表 6-10　粉煤灰化学成分 XRF 分析结果（%）

名称	SiO_2	Al_2O_3	CaO	Fe_2O_3	SO_3	MgO
粉煤灰	52.05	19.53	4.68	9.32	0.96	0.2

粉煤灰本身没有水化活性，当它与石灰或水泥混合加水拌合成料浆，能够继续硬化。粉煤灰对加气混凝土的作用是它在系统中主要提供活性的 SiO_2 和 Al_2O_3，与胶凝材料水化生成的氢氧化钙反应生成水化产物，并把未反应的粉煤灰内核结合起来形成整体使之具有强度。

5. 尾矿砂

砂的矿物成分对于灰砂硅酸盐制品的强度影响很大。一般用石英砂或以石英为主要矿物成分的砂制成的制品。与以其他矿物成分为主的砂制成的制品相比较，其物理力学性能要优越得多，原因是石英中的 SiO_2 为游离态，反应活性高，容易与活性 CaO 化合。

砂中的黏土杂质在蒸压处理后，可以与 $Ca(OH)_2$ 反应生成水化石榴子石等水化产物，同时还可以提高拌合物的塑性，增加制品的密实度。但黏土含量过多的情况下，制品的吸水率增高、湿胀值较大，因此在制造密实硅酸盐或加气硅酸盐制品时，砂中的黏土杂质含量一般不宜超过 10%，特别是蒙脱石含量不宜超过 4%。此外，云母含量以小于 0.5% 为宜，碱类化合物不得超过 2%。砂应符合《硅酸盐建筑制品用砂》（JC/T 622）的要求。本试验采用的金尾矿砂的 XRF 荧光分析结果见表 6-11。

表 6-11　试验用砂化学成分 XRF 分析结果（%）

SiO₂	CO₂	Al₂O₃	CaO	SO₃	Fe₂O₃	K₂O	MgO	Na₂O	TiO₂
56.14	15.23	9.62	8.52	4.12	2.95	1.15	0.98	0.65	0.27

6. 铝粉膏

铝粉是生产加气混凝土常用的引气剂。生产蒸压加气混凝土砌块采用的铝粉有两种：带脂干铝粉和膏状铝粉，它们应分别符合《发气铝粉》（GB/T 2085.2—2007）和《加气混凝土用铝粉膏》（JC 407—2008）的要求。由于铝粉膏使用比较方便，常被优先选用。

铝粉在碱性料浆中进行化学反应，放出氢气。氢气以近似圆球形的气泡均匀分布在料浆中，使料浆体积膨胀，硬化后形成多孔结构的硅酸盐制品。如果铝粉使用量不当，会引起铝粉的发气速度与料浆的稠化速度不相适应，制品会出现气泡形状不良、裂缝、料浆沉陷、沸腾、塌模等现象，产量会减少。

7. 石膏

本试验采用的是工业副产品磷石膏，它是合成洗衣粉厂、磷肥厂等制造磷酸时的废渣。它是用磷灰石或含氟磷灰石和硫酸反应而得的产物之一，其主要成分是二水石膏（$CaSO_4 \cdot 2H_2O$）。石膏是生产加气混凝土制品时发气过程中的一种最常用的调节材料。它在制品中的作用体现在以下几个方面：

（1）参与水泥的水化反应，与水化铝酸钙发生反应，生成高硫型水化硫铝酸钙（$3CaO \cdot Al_2O_3 \cdot 3CaSO_4 \cdot 31H_2O$），而当石膏消耗完后或温度升高时，高硫型水化硫铝酸钙变为低硫型水化硫铝酸钙（$3CaO \cdot Al_2O_3 \cdot CaSO_4 \cdot 12H_2O$），以此来调节水泥的凝结时间。

（2）参加铝粉的发气反应，反应生成硫铝酸钙，以抑制水泥的快速凝结，使发气完全。

（3）可以使制品强度大幅度增高，减少收缩。这是因为石膏在料浆稠化过程中参与生成水化硫铝酸钙和 C-S-H 凝胶，使坯体强度提高。

6.2.3　石油焦脱硫灰渣加气混凝土制备技术研究

1. 试验方法

根据《蒸压加气混凝土性能试验方法》（GB/T 11969—2008）中规定的试验方法，沿着制品发气方向中心部分上、中、下顺序锯取一组试块，取法如图 6-13 所示，主要测定加气混凝土的抗压强度和干密度。

1）干密度测试方法

（1）取按上述方法切割的试块，一组三块，各边尺寸偏差不应超过±2mm，精确到1mm，并分别计算出它们的体积 V（三边乘积）；然后分别称量试件质量 m，精确到1g。

（2）将试块放入电热鼓风干燥箱内，并放入适量的钠石灰用于吸收箱内的二氧化碳，在（60±5）℃下保温 24h，然后把温度调到 80℃，并在（80±5）℃下保温 24h，最后在（105±5）℃下烘干至恒量（m_0）。干密度计算公式如下：

$$r_0 = \frac{m - m_0}{V} \times 10^6 \tag{6-1}$$

式中　r_0——干密度（kg/m³）；

　　　m_0——烘干后质量（g）；

　　　m——烘干前质量（g）；

　　　V——试块体积（mm³）。

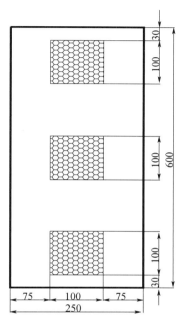

图 6-13　立方体试块锯取示意图（单位：mm）

2）抗压强度测试方法

试件的抗压强度应在含水率为 8%～12% 下进行测试，若不满足要求，则在（60±5）℃下烘干试件：

（1）检查外观，不能有明显的缺角、大孔等。

（2）测量试件尺寸，精确到 1mm，并计算受压面积（A_1）。

（3）将试件放在压力试验机压板的中心位置，试件受压方向应垂直于发气方向。

（4）以（2.0±0.5）kN/s 的速度连续、均匀加载，直到试件破坏，记录荷载值（P_1）。

（5）试验结束后，将全部或者部分试件立即称量，然后放入（105±5）℃下烘干至恒量，计算其含水率，验证是否在 8%～12% 范围内。

（6）抗压强度按下式计算：

$$f_{cc} = \frac{P_1}{A_1} \tag{6-2}$$

式中　f_{cc}——试块的抗压强度（MPa）；

　　　P_1——试件的破坏荷载（N）；

　　　A_1——试件的受压面积（mm²）。

2. 石油焦脱硫灰渣取代率对加气混凝土基体抗压强度的影响

加气混凝土的形成过程不同于普通混凝土的一个重要阶段就是存在发气过程，铝粉发气是制备加气混凝土砌块的关键环节。加气混凝土的强度受水化产物的强度、气孔率和气孔级配多方面的影响，气孔率和气孔级配主要受铝粉用量、水料比和发气温度等因素的影响，水化产物的抗压强度则主要受钙质材料与硅质材料的比例及养护制度的影响。要获得质量优良的加气混凝土砌块，首先应确保基体材料（不发气）具有较高的强度。为此，本试验设计钙质材料和硅质材料的初级配比，进行基体试验研究。石油焦脱硫灰渣和石灰作为一种钙质材料来源，水泥作为另一种钙质材料来源，砂和粉煤灰加水磨细混合的浆料作为硅质材料。

首先设置基本的材料配比，石油焦脱硫灰渣分别以 0、20%、40%、60%、80%及100%的取代率取代石灰，石灰和石油焦脱硫灰渣的总量分别是 26%、24%、22%、20%，水泥的比率设定为 10%。钙质材料Ⅰ用量和石油焦脱硫灰渣取代率对基体材料抗压强度的影响规律如图 6-14 所示。

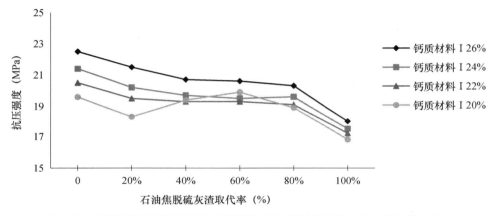

图 6-14 钙质材料Ⅰ用量和石油焦脱硫灰渣取代率对基体材料抗压强度的影响

结果表明，随着钙质材料Ⅰ所占比率的增加，基体材料的抗压强度整体呈现增高趋势；随着石油焦脱硫灰渣取代率的增加，基体的抗压强度略有降低，但石油焦脱硫灰渣取代率为 80%以内对基体材料的抗压强度影响幅度较小，取代率超过 80%后基体材料的抗压强度明显下降。

3. 石油焦脱硫灰渣-尾矿砂加气混凝土制备技术

（1）水料比及铝粉用量对加气混凝土性能的影响

蒸压加气混凝土基本组成材料的密度一般都在 1.8～3.1g/cm³ 之间，而蒸压加气混凝土制品的干密度通常为 500～700kg/m³，甚至更低。为了达到规定的密度标准，加气混凝土必须具有较大的孔隙率。因此，蒸压加气混凝土制品必须用发气材料作为引气剂，使混凝土产生气孔，一般料浆的体积膨胀量达到 1 倍以上，才能形成轻质多孔结构。本试验所用引气剂为工业用铝粉膏，在试验前需加水调制成悬浮液。由于引气剂用量直接影响发气高度、气孔大小及干密度，因此需对引气剂用量进行探讨。本试验设定硅质材料占 66％，钙质材料Ⅰ占 26％，石油焦脱硫灰渣对石灰的取代率为 60％，分别在水料比 0.65、0.7、0.75 基础上探讨铝粉用量对加气混凝土性能的影响，试验方案及实验结果见表 6-12。

表 6-12　试验方案与试验结果

硅质材料（％）	钙质材料Ⅰ（％）	焦渣取代率（％）	钙质材料Ⅱ（％）	水料比	铝粉（％）	干密度（kg/m³）	抗压强度（MPa）
66	26	60	8	0.65	0.08	660	5.0
					0.1	621	4.0
					0.12	615	3.9
				0.7	0.08	641	5.1
					0.1	618	4.8
					0.12	610	4.0
				0.75	0.08	634	4.3
					0.1	606	3.8
					0.12	590	3.2

水料比和铝粉用量对加气混凝土的干密度的影响关系如图 6-15 所示。结果表明，加气混凝土的干密度，均随着水料比和铝粉用量的增加而降低。当铝粉含量为 0.1％～0.12％时，水料比在 0.65～0.75 范围内均可以制备出 B06 级加气混凝土。

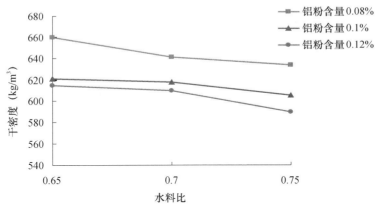

图 6-15　铝粉用量和水料比对干密度的影响

水料比和铝粉用量对加气混凝土的抗压强度的影响如图 6-16 所示。结果表明，加气混凝土的抗压强度随着铝粉用量的增加而降低。水料比在 0.65～0.70 范围内的加气混凝土抗压强度较高，当铝粉含量为 0.1％～0.12％、水料比为 0.65～0.70 时，可以制备出 B06A3.5 级加气混凝土。

（2）石油焦脱硫灰渣用量对加气混凝土抗压强度的影响

由于石油焦脱硫灰渣的有效氧化钙含量低于生石灰，因此石油焦脱硫灰渣等量取代石灰后会影响加气混凝土的抗压强度。为了找到最佳的石油焦脱硫灰渣的用量范围，我们的做法是通过改变石油焦脱硫灰渣取代率和钙质材料Ⅰ（即石油焦脱硫灰渣＋石灰）用量来改变有效氧化钙的含量，根据试验测得抗压强度变化规律确定出石油焦脱硫灰渣的最佳用量范围。钙质材料Ⅰ的用量范围为20％～28％，石油焦脱硫灰渣的取代率分别为0、60％、80％和100％，试验方案和试验结果见表6-13。

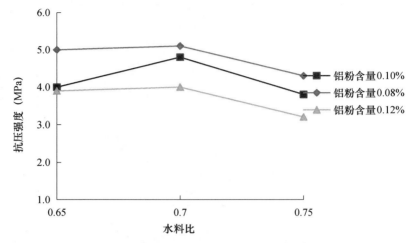

图 6-16　铝粉用量和水料比对抗压强度的影响

表 6-13　试验配比及结果

硅质材料（％）	钙质材料Ⅰ（％）	钙质材料Ⅱ（％）	取代率（％）	铝粉（％）	干密度（kg/m³）	抗压强度（MPa）
62	28	10	0	0.10	582	3.12
62	28	10	60	0.10	603	4.57
62	28	10	80	0.10	618	4.77
62	28	10	100	0.10	581	2.35
66	24	10	0	0.10	577	3.40
66	24	10	60	0.10	601	5.06
66	24	10	80	0.10	574	4.61
66	24	10	100	0.10	625	2.33
70	20	10	0	0.10	619	5.12
70	20	10	60	0.10	604	4.52
70	20	10	80	0.10	617	3.76
70	20	10	100	0.10	575	2.09

　　石油焦脱硫灰渣取代率对加气混凝土抗压强度的影响结果如图6-17所示。试验结果表明，钙质材料Ⅰ用量在20％～28％范围内，取代率为100％时的加气混凝土的强度均不能满足B06级的要求。但是，钙质材料Ⅰ用量在20％～28％范围内，取代率小于80％时的加气混凝土的抗压强度均能满足B06级的要求。同时，还可以发现，随着钙质材料Ⅰ用量的增加，石油焦脱硫灰渣的最佳取代率也逐渐增加。

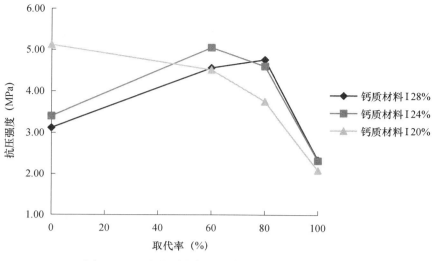

图 6-17　石油焦脱硫灰渣取代率对抗压强度的影响

虽然图 6-17 可以反映出石油焦脱硫灰渣取代率对抗压强度的影响规律，但不能清楚地反映出生石灰和石油焦脱硫灰渣用量对加气混凝土抗压强度的影响规律。为此，利用 MATLAB 软件画出了生石灰和石油焦脱硫灰渣用量对加气混凝土抗压强度的影响规律，如图 6-18～图 6-19 所示。

由图 6-18 可以看出，在抗压强度基本不变的条件下，随着石油焦脱硫灰渣用量的增加，石灰的用量也显著降低。为了找出石油焦脱硫灰渣最佳超量取代系数，画出抗压强度山脊线，如图 6-19 所示。石油焦脱硫灰渣最佳超量取代系数即为图中山脊线与两坐标轴截距之比，约为 $28/20 = 1.4$。

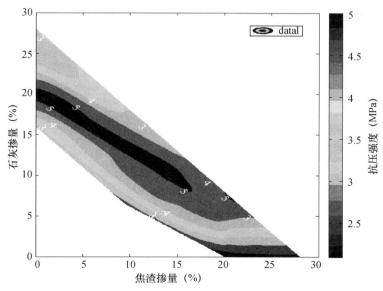

图 6-18　生石灰和石油焦灰渣用量对加气混凝土抗压强度的影响

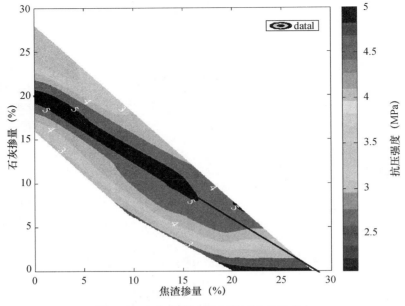

图 6-19　加气混凝土抗压强度山脊线走向

研究表明，利用水泥、石灰和尾矿砂生产加气混凝土时，抗压强度较高的配合比为水泥 10%、石灰 20%、尾矿砂 70%，铝粉膏 0.10%，在抗压强度基本不变的条件下，可以利用石油焦脱硫灰渣以 1.4 的超量取代系数取代生石灰，但是石灰的最小用量不能低于 8%；当生石灰用量不低于 5% 时，通过石油焦脱硫灰渣的超量取代可以制备出 B06A3.5 级加气混凝土，最低生石灰用量的配合比为生石灰 5%、石油焦脱硫灰渣 18%～23%、硅质材料 67%～72%、铝粉膏 0.10%。

4. 石油焦脱硫灰渣-粉煤灰加气混凝土制备技术

1）实验室研究

基于相关试验研究结果，分别用磨细石油焦脱硫灰渣以 1.4 的超量取代系数分别按照 0、20%、40%、60% 和 80% 取代生石灰制备粉煤灰加气混凝土，水泥用量为 10%，水料比为 0.7，具体的试验配合比见表 6-14。

表 6-14　工业试验配方（干料质量百分比）

代号	取代率（%）	石灰（%）	焦渣（%）	水泥（%）	粉煤灰（%）	铝粉膏（%）
F0	0	20	0	10	70.0	0.1
F20	20	16	5.6	10	68.4	0.1
F40	40	12	11.2	10	66.8	0.1
F60	60	8	16.8	10	65.2	0.1
F80	80	4	22.4	10	63.6	0.1

（1）材料准备：用雷蒙磨磨细石灰和石油焦脱硫灰渣并密封放置。

（2）称料：将原料按质量配合比称量备用，包括钙质材料、硅质材料、铝粉膏等。

（3）搅拌：将各种干物料混合后加 60℃ 左右的热水搅拌 4min 制成料浆，将提前稀释好的铝粉悬浊液倒入料浆，搅拌 30s 左右，迅速将料浆倒入模具中，放入 45℃ 的恒温干燥箱。

（4）静停：在温度（45±5）℃ 的条件下静停 2～3h，使料浆发气，稠化至具有一定初始强度。发气过程中，前 15min 料浆膨胀明显，30min 后发气结束，继续稠化至试块有一定的强度后适时进行刮模。

（5）蒸养：将静停养护好的试块脱模，放入蒸压釜开始蒸压养护，蒸压制度为抽真空 0.5～1h，升温时间 1h，恒温时间 10h，饱和蒸汽压力为 1.0MPa，降温 2h 左右。

（6）出釜：将蒸压养护好的制品取出，即为成品。

实验室试验结果见表 6-15。结果表明，利用石油焦脱硫灰渣超量取代生石灰可以生产出 B06A3.5 加气混凝土，但是取代率为 80% 时，抗压强度有较大幅度降低。因此，制备粉煤灰加气混凝土时，石油焦脱硫灰渣对生石灰的取代率宜控制在 60% 以内。

表 6-15　粉煤灰加气混凝土实验室试验结果

代　号	干密度（kg/m³）	抗压强度（MPa）
F0	588	4.5
F20	612	4.8
F40	602	4.3
F60	610	4.8
F80	621	3.7

2）工业试验

普通加气混凝土的生产流程，包括原料储备、计量配料、混合搅拌、浇注、发气静停、脱模、切割、高压蒸养和成品出釜这 9 个步骤。由于石油焦脱硫灰渣颗粒较粗，该公司改造了原有的生产设备，增加了雷蒙磨。图 6-20 为生产流程图。

粉煤灰浆料在搅拌罐中储存，每次放料前，测定浆料的扩展度为 19～21mm。然后将料浆、水泥、石灰和磨细石油焦脱硫灰渣打入计量搅拌设备。在搅拌过程中通入高温蒸汽，以提高料浆温度，并加入铝粉膏，搅拌 30s。料浆浇注，随后通过牵引设备将模具车推入静停室，静停室温度为 50℃ 左右。发气结束后，脱模。由于坯体体积很大，要达到所要求的产品尺寸，就必须进行切割加工。切割结束后，将模具车推入蒸压釜，蒸压过程分为升压、恒压和降压三个过程。蒸压结束后，出釜并堆放。

实验室试验时物料可以准确计量，但是工业试验时是先将粉煤灰制备成料浆，因此粉煤灰的用量是以一定扩展度的料浆的固含量进行估算。各配合比加气混凝土的试验结果见表 6-16。工业试验结果与实验室试验结果基本一致。

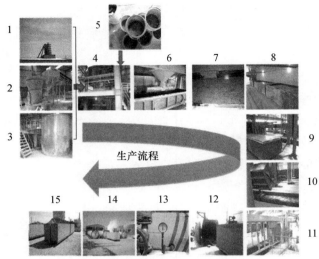

图 6-20 加气混凝土工业生产流程图

1—水泥和生石灰的储备罐；2—雷蒙磨（用来粉磨石油焦脱硫灰渣和石灰）；3—粉煤灰搅拌罐；
4—计量及混合搅拌设备；5—铝粉膏；6—浇注过程；7—发气静停的开始；8—发气静停过程；
9—发气静停的结束；10—脱模；11—切割过程；12—进蒸压釜的过程；
13—压力表（蒸压过程中）；14—出釜（蒸压结束）；15—成品堆放

表 6-16　粉煤灰加气混凝土工业试验结果

代　号	干密度（kg/m³）	抗压强度（MPa）
F0	594	4.2
F20	609	4.1
F40	614	4.4
F60	618	4.1
F80	587	3.2

5. 复合石灰制备加气混凝土工业化制备技术

前面的研究结果表明，生石灰与磨细石油焦脱硫灰渣的比例为1:2时，石油焦脱硫灰渣用量较大，而且产品性能较好。为了将磨细石油焦脱硫灰渣推广到现有加气混凝土厂，最好将石灰与石油焦脱硫灰渣事先按照一定比例混合磨细制备出所谓的"复合石灰"，再以超量取代的方式取代原来工艺配合比中的石灰和石膏。

依据山东某加气混凝土厂的正常生产模式及生产工艺，采用青岛腾云绿色建材科技有限公司生产的复合石灰：石灰（33%）+石油焦渣（67%），分别用工厂配合比中石灰和石灰总量的95%、100%、105%、110%和120%复合石灰全部替代工厂配合比中的生石灰及石膏，浇注温度控制在42～48℃，生产加工不同配合比的加气混凝土。工厂配合比见表6-17，超量取代后各种材料的实际用量见表6-18。

表 6-17　加气混凝土工厂生产配合比

粉煤灰（kg/m³）	石灰（kg/m³）	水泥（kg/m³）	石膏（kg/m³）
440	112	40	8

表 6-18　不同取代率配合比中各种材料的实际含量

取代率	粉煤灰（kg/m³）	复合石灰（kg/m³）	水泥（kg/m³）
95%	446	114	40
100%	440	120	40
105%	434	126	40
110%	428	132	40
120%	416	144	40

本试验方案中采用复合石灰取代石灰和石膏，目的是用石油焦脱硫灰渣取代部分的石灰和全部的石膏。主要原因：一是石油焦脱硫灰渣中含有的主要成分为 CaO 和 $CaSO_4$，可以实现用石油焦脱硫灰渣替代传统的石灰和石膏两个部分；二是从前期研究成果中可以得出，利用石油焦脱硫灰渣与石灰复合作为钙质材料制备的加气混凝土的总体性能与单独使用石灰制备加气混凝土的性能相当，甚至更优；三是石油焦脱硫灰渣属于工业废渣，将其用于制备加气混凝土能够实现经济和环境的综合效益。由于石油焦脱硫灰渣中 $CaSO_4$ Ⅱ的含量较高，不能用石油焦脱硫灰渣全部取代石灰，否则会造成 CaO 含量不足和石膏含量过多，可能造成后期使用的隐患。

试验过程如图 6-21 所示，发气温度对发气效果的影响如图 6-22 所示，产品的外观如图 6-23 所示。

(a) 发气静停　　　　　　　　　　(b) 脱模切割

(c) 高压蒸养　　　　　　　　　　(d) 成品出釜

图 6-21　加气混凝土生产过程

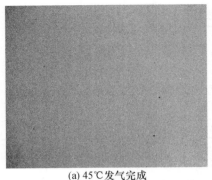

(a) 45℃发气完成   (b) 45℃切割完毕

(c) 48℃发气完成   (d) 48℃切割完毕

图 6-22　发气温度对加气混凝土发气效果的影响

图 6-23　产品外观质量

由上图 6-22 可知，采用相同配合比不同浇注温度，浇注温度为 45℃时，发气温度为 77℃，加气混凝土成型面无裂缝，较为平整，拆模后坯体表面无"憋气"现象，且发气表观特征优于发气温度为 48℃的加气混凝土。

加气混凝土试块的各物理性能测试结果见表 6-19。

表 6-19　不同取代率生产的加气混凝土物理性能试验数据

项目	工厂	取代率					
		95%	100%	105%	110%	110%助	120%
浇注温度（℃）	48	46	45	44	44	44	42

项目	工厂	取代率					
		95%	100%	105%	110%	110%助	120%
发气温度（℃）	79	72	77	70	75	73	75
养护时间（min）	75	125	74	115	80	85	89
抗压强度（MPa）	3.51	3.25	3.63	3.84	4.19	4.13	4.17
密度（kg/m³）	578	591	605	610	620	621	625

注：110%助表示复合石灰取代率为110%，生产复合石灰时加入了助磨剂。

加气混凝土抗压强度随取代率的变化趋势如图 6-24 所示。

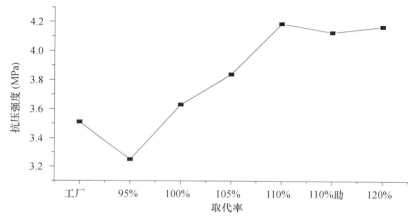

图 6-24　取代率对抗压强度的影响

由图 6-24 可知，加气混凝土的抗压强度随着石油焦脱硫灰渣掺量的提高先升高，然后趋于稳定，这是因为随着石油焦脱硫灰渣掺量的增加，料浆的钙硅比也逐渐增大，制品极易形成抗压强度较低的高碱水化硅酸钙，抗压强度会有所降低，导致抗压强度会随着石油焦脱硫灰渣掺量的增加而先升高然后趋于稳定。

6.2.4　石油焦脱硫灰渣加气混凝土力学性能研究

将出釜的加气混凝土制品分别置于不同的条件下，达到龄期后按照《蒸压加气混凝土性能试验方法》（GB/T 11969—2008），对试块进行切割、烘干，然后测试其抗压强度。

1. 自然状态下加气混凝土力学性能的变化

将各取代率的加气混凝土制品（200mm×250mm×600mm）放在室内干燥环境中，达到一定龄期后，按照标准规定的试验方法切割、烘干后测试试件抗压强度，试验结果如图 6-25 所示。

由图 6-25 可知，自然条件下，各配合比加气混凝土制品抗压强度随着放置时间的延长略有提高，其中第一个月平均升幅在 2.5% 左右，且随着时间的延长抗压强度增长缓慢，这主要是由于自然条件下，受温度和湿度的限制，使得制品中水泥强度发展缓慢，同时也限制了粉煤灰活性的激发。因此，对于自然条件下的加气混凝土制品而言，龄期对于抗压强度的影响并不是很明显。

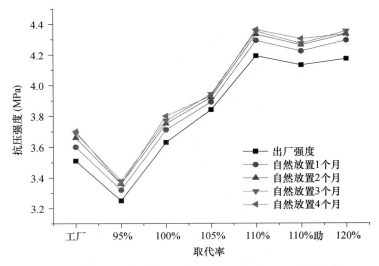

图 6-25　不同龄期自然条件下加气混凝土抗压强度的变化

2. 标准养护条件下加气混凝土力学性能的变化

标准养护是指将加气混凝土制品在温度为（20±3）℃，相对湿度高于 90％的标准条件下进行养护，将加气混凝土制品（200mm×250mm×600mm）放在养护室中进行养护，达到一定龄期后按照标准规定的试验方法切割、烘干后测试试件抗压强度，结果如图 6-26 所示。

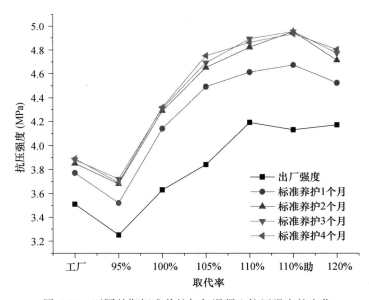

图 6-26　不同龄期标准养护加气混凝土抗压强度的变化

由图 6-26 可知，标准养护条件下，各配合比加气混凝土抗压强度较出厂抗压强度有较大幅度提高，其中养护 1 个月抗压强度平均增幅在 10％左右，第二个月平均增幅 4％左右，第三、第四个月抗压强度趋于稳定。总体来讲，标准养护条件下加气混凝土抗压强度明显增长，增幅在 15％左右。

3. 长期饱水状态下加气混凝土力学性能的变化

长期饱水即将加气混凝土制品（200mm×250mm×600mm）完全浸泡在水中，达到一定龄期后按照标准要求的试验方法切割、烘干后测试试件抗压强度，试验结果如图 6-27 所示。

由图 6-27 可知，随着饱水龄期的延长，加气混凝土的抗压强度明显降低，且抗压强度降幅与取代率相关。其中工厂制品饱水前两个月，平均每月降幅在 8％左右，后两个月平均降幅在 3.5％左右；复合取代率为 95％、100％及 105％时，前两个月加气混凝土的抗压强度平均降幅在 6％左右，后两个月平均降幅在 3％左右；取代率为 110％和 120％的抗压强度四个月降幅较均匀，每月平均降幅在 2.2％左右。总体来讲，不同饱水龄期后，加气混凝土抗压强度均有不同程度的降低。

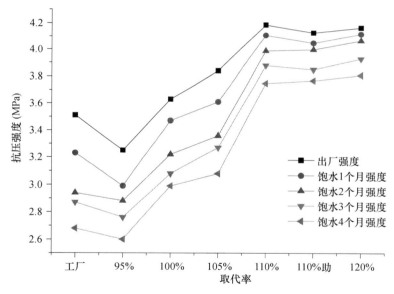

图 6-27　不同饱水龄期对加气混凝土抗压强度的影响

6.2.5　石油焦脱硫灰渣加气混凝土耐久性能研究

材料的耐久性是指在使用过程中，材料保持原有性能的能力。多孔性是加气混凝土的最主要特征之一，孔隙的存在一方面可以使加气混凝土具有轻质、保温等性能。但另一方面，它也是加气混凝土耐久性的关键影响因素，无论是耐水性、抗冻性、干燥收缩性还是碳化稳定性都跟它有密切的关系，孔隙的微细孔较多，表面自由能较高，吸水性强，孔隙对加气混凝土的性能的影响极为复杂。本节对石油焦脱硫灰渣加气混凝土的长期耐水性、干燥收缩性能、抗冻性、碳化稳定性等耐久性进行研究。

1. 加气混凝土的耐水性能

（1）软化系数

软化系数是评价材料耐水性的一个表观参数，它的值越大，表明材料耐水性越好，其表达式如式（6-3）：

$$K_R = f_b / f_g \qquad (6-3)$$

式中　　K_R——软化系数；

　　　　f_b——材料在饱水状态下的抗压强度（MPa）；

　　　　f_g——材料在干燥状态下的抗压强度（MPa）。

结合式（6-3）可知，K_R 的大小表明材料在浸水饱和后强度降低的程度。K_R 值越小，表明材料浸水饱和后的抗压强度下降越大，即耐水性越差；反之，材料的耐水性越好。材料的 K_R 值在 0～1 之间，各取代率加气混凝土制品的软化系数如图 6-28 所示。

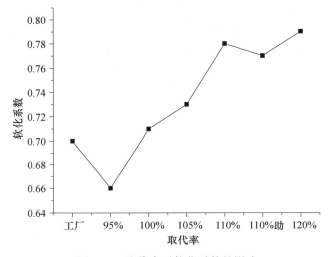

图 6-28　取代率对软化系数的影响

由图 6-28 可知，加气混凝土制品在饱水状态下，抗压强度降幅较大，主要是因为水分在组成材料的表面吸附，形成水膜，能够削弱微粒间的结合力，进而导致强度降低；随着取代率的增加，制品软化系数增大，这是由于抗压强度和干密度的增加，能减弱水分对制品结合力的弱化。

由于制品吸水饱和后抗压强度明显降低，严重影响制品的性能，尤其是抗压强度，因此对于容易受潮的加气混凝土墙体要做好防水，尤其是承重墙体，避免影响其正常使用。

（2）长期耐水性

本部分主要研究加气混凝土在长期饱水状态下，制品的抗压强度随饱水时间的变化而变化的情况。此处定义耐久性系数为饱水一定龄期的制品经切割、烘干后的抗压强度与出厂时抗压强度的比值。结合饱水后加气混凝土的抗压强度数据，计算出各个配合比加气混凝土的耐水性系数，判定其长期的耐水性能。耐水性系数的变化趋势如图 6-29所示。

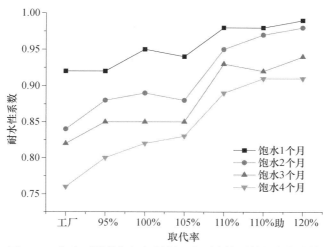

图 6-29　饱水不同龄期加气混凝土的耐水性系数的变化趋势

由图 6-29 能明显地看出各取代率的制品随着饱水时间的延长而变化的规律，耐水性系数随取代率的增大呈增大趋势，表明取代率增大时，制品的长期耐水性增强，即具有更好的耐久性。

2. 加气混凝土的干燥收缩性能

（1）加气混凝土的干燥收缩

从材料特性上来讲，加气混凝土是经高压蒸养而成的一种硅酸盐建筑材料，总体上构成了坚固的高分散性的多孔人造石结构，其孔隙率可达 85%，形成特有的"肚大口小"的孔结构，这些孔多是封闭型及半封闭型，孔间常有微细裂缝，同时在孔壁上尤其是大孔壁上充满毛细管，容易产生毛细压力，造成较大的收缩变形。加之加气混凝土具有多孔结构，水分可以自由迁移而不受限制，这种迁移使水和孔结构之间产生强烈的收缩作用，从而造成加气混凝土收缩，称为干燥收缩。干燥收缩时，加气混凝土孔结构随着湿度的变化，毛细孔中的水从饱和状态趋向不饱和，产生表面张力和毛细管张力，导致加气混凝土收缩变形。

依据《蒸压加气混凝土砌块》（GB 11968—2006），加气混凝土制品的最大干燥收缩值不应超过 0.5mm/m。干燥收缩用加气混凝土试块如图 6-30 所示。

图 6-30　待测加气混凝土试块

（2）试验结果分析与讨论

不同取代率条件下，试块的干缩值与含水率之间的关系曲线如图 6-31～图 6-37 所示。

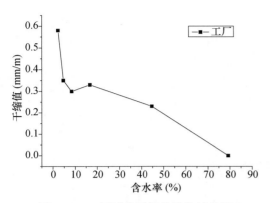

图 6-31　工厂试块干燥收缩特性曲线

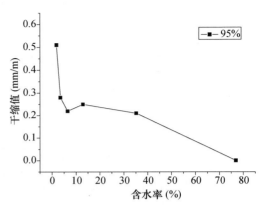

图 6-32　取代率为 95％时试块干燥收缩特性曲线

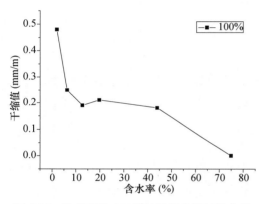

图 6-33　取代率为 100％时干燥收缩特性曲线

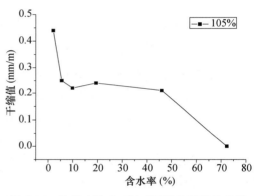

图 6-34　取代率为 105％时干燥收缩特性曲线

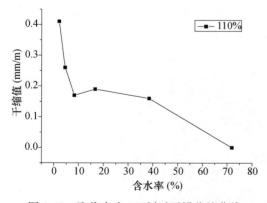

图 6-35　取代率为 110％时干燥收缩曲线

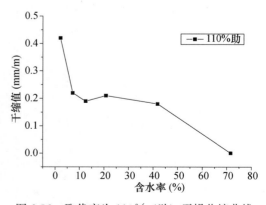

图 6-36　取代率为 110％（助）干燥收缩曲线

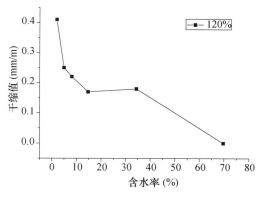

图 6-37 取代率为 120％时干燥收缩特性曲线

由以上不同配合比的石油焦脱硫灰渣加气混凝土的干燥收缩特性曲线可以得出以下结论：从饱和状态（含水率在 70％～85％之间）至出釜状态（含水率在 40％），随着加气混凝土含水率的降低，其干燥收缩值逐渐上升，这部分干燥收缩约占总收缩的 40％；出釜状态至含水率 10％之间时，随着含水率的降低，干燥收缩值上升缓慢，甚至有下降的趋势，最终形成一个谷；从含水率 10％降至平衡状态（含水率在 2％左右）时，干缩值急剧上升，此阶段干缩值约占总收缩的 50％或者更高。

从图 6-38 可以看出，复合石灰不同取代率的加气混凝土的干缩值与抗压强度成反比例关系。由物性分析可知，取代率为 110％的加气混凝土抗压强度值最高，因而干缩值最小。这可能是由于硅线石和托贝莫来石的结晶度较高，内部含有的水分难以蒸发，因此在干燥过程中，两者的含量越多，收缩值就越小。水化石榴子石也是一种结晶状况良好的矿物，一般以柱状或者六方形式存在，干燥过程中抵抗收缩的能力很强。对于 C-S-H 凝胶，由于其内部存在凝胶水，干燥会因失去一部分水而产生收缩，同时 C-S-H 的存在伴随着大量的毛细孔，由于毛细孔中水分蒸发，引起收缩。因此，C-S-H 凝胶的含量越多，收缩值也越大。

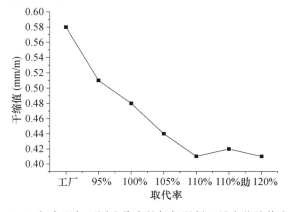

图 6-38 复合石灰不同取代率的加气混凝土最大收缩值变化

综上所述，对于抗压强度高的制品而言，矿物组成中的硅线石、托贝莫来石和水化石榴子石含量较多，C-S-H 凝胶相对较少，故其干缩值比抗压强度值低的制品小。对于不同取代率的加气混凝土的收缩值，混凝土抗压强度降低，弹性模量相应降低，导致渗透性增大，混凝土更易变形。

3. 加气混凝土的抗冻性能

本试验主要对 7 个配合比加气混凝土的抗冻性进行研究，试验方法按照《蒸压加气混凝土砌块》（GB 11968—2006）进行，判断标准见表 6-20。

表 6-20　抗冻性国家标准

干密度级别			B03	B04	B05	B06	B07	B08
质量损失率（％）≤			5					
抗冻性	冻后强度（MPa）≥	优等品	0.8	1.6	2.8	4.0	6.0	8.0
		合格品			2.0	2.8	4.0	6.0

不同冻融循环次数时，试件表面情况如图 6-39～图 6-42 所示。试验结果见表 6-21、图 6-43 和图 6-44。

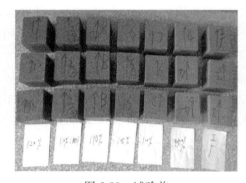

图 6-39　试验前

图 6-40　5 次循环后

图 6-41　10 次循环后

图 6-42　15 次循环后

表 6-21　冻融前后各试块的物理性能

项目	工厂	取代率					
		95％	100％	105％	110％	110％助	120％
吸水率（％）	78.1	75.3	74.5	73.1	71.5	72.3	70.7

项目	工厂	取代率					
		95%	100%	105%	110%	110%助	120%
冻前强度（MPa）	3.51	3.25	3.63	3.84	4.19	4.13	4.17
冻后强度（MPa）	2.36	2.15	2.78	3.34	3.73	3.87	3.75
质量损失率（%）	6.96	9.60	5.72	3.8	3.09	2.83	3.24

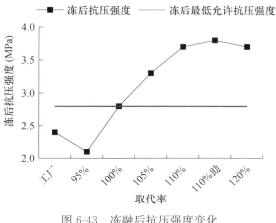 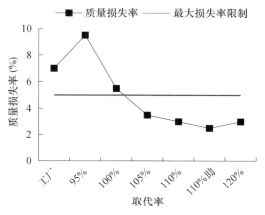

图 6-43　冻融后抗压强度变化　　　　图 6-44　冻融后质量损失率变化

国家标准规定，B06 级别加气混凝土的质量损失率应小于 5%，且冻后抗压强度不应低于 2.8MPa。工厂和复合石灰取代率为 95% 及 100% 的加气混凝土试块在 15 次冻融循环之后，无论是抗压强度还是质量损失率都不能达到国家的标准要求。材料冻融破坏的主要原因是材料的孔隙内所含水结冰时体积膨胀，对孔壁造成的压力使孔壁破坏。一般而言，在相同冻融条件下，材料含水率越高，材料的抗压强度越低，材料中含有的开口的毛细孔越多，受到冻融循环的损伤就越大。

由图 6-43 和图 6-44 可知，随着取代率的提高，石油焦脱硫灰渣加气混凝土制品经 15 次冻融循环之后，冻后强度损失率和质量损失率均呈现下降的趋势，即制品的抗冻性能提高。复合石灰取代率为 110% 的加气混凝土的冻后强度损失率和质量损失率为最低，抗冻性能最好，而复合石灰取代率为 95% 的加气混凝土的冻后强度损失率和质量损失率为最高，抗冻性能最差。根据上一部分的混凝土冻融破坏机理可知，上述结果主要是抗压强度值和饱和状态下的含水率两方面共同作用。

总而言之，对于加气混凝土而言，含水率越高，其冻融试验后质量损失和强度损失就越大，即制品的抗冻性越差。加气混凝土在实际的使用中，不会长期处在潮湿的环境中，也就不会长期处于饱和状态下，并且经过较长时间的使用以后，加气混凝土制品达到气干状态，其含水率很低，通常小于 10%，甚至可以达到 3%，在此含水率状态下，加气混凝土制品的抗冻性较好。

4. 加气混凝土的碳化性能

碳化稳定性是衡量加气混凝土耐久性能的重要指标之一。加气混凝土的碳化主要是由于其水化产物在水和 CO_2 的作用下发生分解，从而造成制品物理力学性能降低，加气混凝土的碳化稳定性可以用制品完全碳化后的抗压强度与未碳化时的抗压强度的比值，即碳化系数来衡量。

主要仪器及试剂包括碳化箱、二氧化碳钢瓶、转子流量计、电热鼓风干燥箱、钠石灰、工业用硝酸镁（保湿剂）、酚酞等。

由图 6-45 可知，碳化后试块的抗压强度有较大幅度降低，这是由于加气混凝土的水化产物托贝莫来石、硅线石和 C-S-H 凝胶等在水和 CO_2 的作用下逐渐分解，从而导致抗压强度降低。另外，碳化速度过快会导致试块的碳化收缩较大，引起微裂缝扩张，也会导致加气混凝土试块抗压强度降低。加气混凝土试块完全碳化后抗压强度明显降低，因此加气混凝土试块不宜长期放置，且砌墙后应尽快抹灰，防止碳化对加气混凝土耐久性的不利影响。

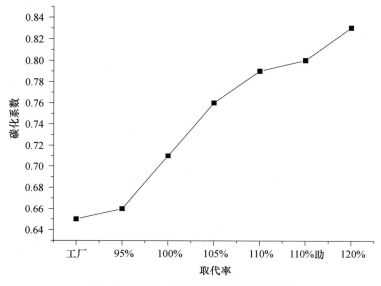

图 6-45　碳化系数随取代率的变化规律

6.3　石油焦脱硫灰渣蒸压砖

本节在传统蒸压粉煤灰砖的基础上，以建筑垃圾再生骨料代替天然骨料，并结合石油焦脱硫灰渣制备再生蒸压砖，研究石油焦脱硫灰渣蒸压粉煤灰砖的各种影响因素，如原材料、配合比、成型压力、养护制度和激发剂等。以 MU15 为标准，研究利用石油焦脱硫灰和石油焦脱硫渣制备再生蒸压砖，并得到建筑垃圾-粉煤灰-石油焦脱硫灰体系、建筑垃圾-粉煤灰-石油焦脱硫渣体系的最佳配合比，制备各体系下最佳配比的标准砖，测定其各项性能，并对再生蒸压砖进行经济性评定。这项技术既节约自然资源，又合理利用了建筑垃圾，保护环境，符合我国可持续发展战略要求。

6.3.1　原材料

（1）粉煤灰

试验用的粉煤灰取自青岛某电厂的湿排灰，颜色呈深灰色，其细度为 96.8％（80 目通过率），细度模数为 74.8，粒径＜1.25mm，堆积密度为 640kg/m³。本试验采用的粉煤灰的化学成分见表 6-22。

表 6-22　粉煤灰化学成分 XRF 分析结果（%）

名称	SiO_2	Al_2O_3	CaO	Fe_2O_3	SO_3	MgO
粉煤灰	52.05	19.53	4.68	9.32	0.96	0.2

（2）石油焦脱硫灰渣

目前，高硫焦主要作为燃料使用。但是由于燃烧过程中产生 SO_2 和 SO_3，污染环境，因此引入石灰进行脱硫，在锅炉底部形成的残渣称为石油焦脱硫渣。石油焦脱硫渣（在本文中简称焦渣），含钙量高，具有较高活性，呈米黄色，粒状，粒径小于 2mm。

石油焦脱硫灰是高硫石油焦作工业燃料时产生并在除尘设备中收集的飞灰（在本文中简称焦灰），具有一定的含钙量，在本试验中，探讨性地进行试验研究，其主要化学成分是 $CaCO_3$、CaO，还含有 SiO_2、硫化物、镁和铝等金属氧化物、氢氧化物等无机物以及少量有机物。具体的成分分析见表 6-5。

焦灰和焦渣均可以为粉煤灰蒸压砖提供一定的钙质材料，研究所用的焦灰和焦渣均取自中国石化青岛炼油化工有限责任公司。

（3）碎砖骨料

碎砖骨料使用前需经破碎研磨处理成粒径＜5mm 的颗粒，细度模数为 2.4～3.0，筛分结果见表 6-23。

表 6-23　碎砖骨料的筛分结果

筛孔径（mm）	筛余质量（g）	筛余百分数（g）	累计通过百分数（%）	累计筛余百分数（%）
9.5	0	0	100	0
4.75	99.9	20	80	20
2.36	77.5	15.5	64	36
1.18	133.4	26.7	38	62
0.6	65.3	13.1	25	75
0.3	27.9	5.6	19	81
0.15	27.1	5.4	14	86
＜0.15	68.8	13.8	—	—

（4）碎混凝土骨料

碎混凝土骨料是废弃的混凝土经破碎后得到的粒径＜5mm 的颗粒，细度模数为 2.56，筛分结果见表 6-24。

（5）天然骨料

天然骨料为最大粒径＜10mm 的砾石，取自蒸压粉煤灰砖厂。

（6）外加剂

激发剂 A：磷石膏，是指在磷酸生产中用硫酸处理磷矿时产生的固体废渣，其主要成分为硫酸钙（$CaSO_4$）；自制激发剂 B。

（7）水：普通自来水。

表 6-24　碎混凝土骨料的筛分结果

筛孔径（mm）	筛余质量（g）	筛余百分数（g）	累计通过百分数（%）	累计筛余百分数（%）
9.5	0	0	100	0
4.75	3.2	0.6	99	1
2.36	138.8	27.8	72	28
1.18	54.1	10.8	60	40
0.6	98.0	19.6	40	60
0.3	105.4	21.1	20	80
0.15	50.3	10.1	10	90
＜0.15	50.1	10.0	—	—

6.3.2　石油焦脱硫灰渣蒸压砖的基本工艺确定

蒸压粉煤灰砖是以粉煤灰、石油焦脱硫灰渣、石膏及细骨料作原料，按一定比例混合，经搅拌、消化、压制成型，再经高压蒸汽养护制成的墙体材料。再生蒸压砖的主要生产流程分为 4 步，即骨料制备；材料称量、搅拌；装料、压制成型；静停、蒸养。

1. 骨料制备

蒸压粉煤灰砖物理力学性能的优劣取决于反应所生成的水化硅酸钙的质量和数量。就其数量而言，与 CaO 和 $Ca(OH)_2$ 的分散度有关。因此，要求钙质材料尽可能磨得更细，硅质材料也要有一定细度。增加硅质材料的比表面积，可以提高其活性，这是因为磨细的过程中，粒子的表面层呈无定形态。硅质材料除了细度外，还应有一定的级配，使骨料间的空隙率达到最小。如果骨料粒度偏小，压出的砖坯虽然表面光滑细腻，但是成品脆性大，易折断。为此，要增加粒径为 5mm 以下的粗颗粒，可使粗细颗粒合理搭配。压出的砖坯在高温高压的消化条件下反应的生成物，能形成犬牙交错排列的晶体，从而提高砖的抗折强度。

试验所用的建筑垃圾主要是废旧建筑物拆除产生的废弃物，组成变化较大，一般有废弃砖瓦、混凝土、废砂浆等。将废弃砖瓦和废砂浆合为一类，第一步，经 PEF 250×400 型颚式破碎机破碎，大块废砖被破碎成为直径＜5cm 的小块碎砖，并伴随大量砖粉末产生，经过筛分，将粒径＜5mm 的碎砖颗粒收集作为碎砖骨料。第二步，将粒径＞5mm 的碎砖再经 PEF150×250 颚式破碎机破碎处理，收集粒径＜5mm 的碎砖颗粒，作为碎砖骨料；同理将废弃混凝土经 PEF250×400 型颚式破碎机和 PEF150×250 型颚式破碎机破碎处理形成粒径＜5mm 的建筑垃圾颗粒，作为碎混凝土骨料。

2. 压制成型

除了级配合理外，原料混合均匀也十分重要。只有保证钙质材料、硅质材料和水这三部分最大限度地接触，才能产生水化反应。这要求工艺上要有轮碾搅拌措施以保证混合料质量均匀。蒸压粉煤灰砖的压制成型采取半干法，使用压力机压制成型。成型的要求是砖坯外形尺寸达到标准要求，裂缝和缺陷较少，外观完整；具有足够的密实度。在一定范围内，压力与坯体密度、制品的强度成正比。压力越大，坯体密度越高，制品的强度越高。但成型压力并非越大越好，当成型压力提高到某一点时，混合料就会产生弹性阻抗，随着压力的卸除，混合料的弹性回复以及物料内被压缩残余空气的膨胀，将使砖坯膨胀层裂，超过极限成型压力时，砖坯的堆积密度和强度反呈下降趋势。砖坯强度由颗粒之间的机械咬合力、在分子力作用下颗粒之间的内聚力、均匀物料胶体颗粒靠近时形成的毛细管中的液体张力等产生，压力的作用主要是增加颗粒之间的机械咬合力。根据大量的文献资料以及实际生产经验，初步选定成型压力 15MPa（即 412kN 压力）压制成型，拆模即可完成。

3. 静停与蒸养

静停消化的目的是使混合料中的 CaO 和水发生反应后变成熟石灰，密封保温消化的时间需 3～4h，自然堆积消化需 6～8h。蒸养的目的是获得足够高的早期强度，主要是利用湿热作用来加热砖坯并加快化学反应过程，从而提高砖坯的宏观性能。试验结果表明，在一定范围内，随着在最大压力下蒸压时间的延长，制品的强度均有较大幅度的提高，就总体而言，如果要达到蒸压粉煤灰砖的质量标准，在 1.2MPa 下维持的时间应在 6h 以上。为保证制品的外观良好，升温速度和降温速度均不宜过快，但应综合考虑砖的蒸压效果、蒸压釜的生产效率及能源的消耗等各方面的因素。本试验选用两种蒸养方式：（1）使用 YZF-2A 型蒸压釜进行 1.0MPa 恒压、6h 蒸压养护；（2）使用 CF-A 型标准恒温水槽进行 100℃恒温、10h 蒸汽养护。将压制成型的标准试块静停 24h 后放入仪器内，调好压力、温度，计时取出即可。

6.3.3　石油焦脱硫灰渣蒸压砖的配合比确定

1. 再生蒸压砖基础配合比的试验研究

由于建筑垃圾再生骨料中含有的粉料具有一定的活性，可代替部分粉煤灰，因此再生蒸压砖的配合比不同于传统的蒸压砖。为了找出最佳配合比，有必要先找出建筑垃圾与粉煤灰的大致比例。本试验研究基于以往建筑垃圾粉煤灰蒸压砖的试验研究，采用生石灰用量为 10％，用水量为材料总量的 16％，对建筑垃圾和粉煤灰的比例进行调整，确定建筑垃圾再生骨料和粉煤灰的初步配合比。具体方案见表 6-25。

表 6-25　再生蒸压砖的基础配合比（质量百分比）

编　号	建筑垃圾（%）	粉煤灰（%）	生石灰（%）	激发剂（%）
A1	50	40	10	2
A2	55	35	10	2
A3	60	30	10	2
A4	65	25	10	2

建筑垃圾分为碎砖骨料和碎混凝土骨料两种，共 8 组，每个配合比制备标准砖 5 块，测其抗压强度，结果见表 6-26。

表 6-26　蒸压砖抗压强度试验结果

编　号	碎砖建筑垃圾				碎混凝土建筑垃圾			
	A1	A2	A3	A4	A1	A2	A3	A4
最小值（MPa）	17.82	20.87	21.12	21.82	17.67	20.75	21.03	21.64
平均值（MPa）	18.57	21.73	21.98	22.17	18.32	21.31	21.76	22.05

由试验数据可以得出，随着建筑垃圾用量的增加，标准砖的抗压强度也在提高。但当建筑垃圾骨料过多时，不利于制品的成型。所以适宜的建筑垃圾用量应小于 65%，粉煤灰和其他材料的用量可随之调整。并且分别用碎砖骨料与碎混凝土骨料制备的再生蒸压砖的抗压强度差别甚微，碎砖和碎混凝土可混合使用，不必区分，可避免建筑垃圾分类的复杂工序。

2. 建筑垃圾-粉煤灰-焦灰体系配合比研究

正交试验设计是分式析因设计的主要方法，是一种高效率、快速、经济的试验设计方法，可大大减少工作量，因而正交试验设计在很多领域的研究中已经得到广泛应用。本文中建筑垃圾-粉煤灰-焦灰体系配合比设计采用因素与水平正交试验进行。具体见表 6-27。

表 6-27　建筑垃圾-粉煤灰-焦灰体系正交因素与水平

水　平	因　素		
	激发剂（%）	碎砖（%）	焦灰（%）
1	0	55	10
2	2	60	15
3	4	65	20

实验结果表明，第 3 号试验的抗压强度值 19.8MPa 最高，相应的试验条件是激发剂 0%，碎砖 65%，焦灰 20%。又由极差和均值的大小可看出，影响抗压强度因素的主次顺序为焦灰＞碎砖＞激发剂，并且各因素较好的水平是 A1、B3、C3，最佳的试验条件是激发剂 0%，碎砖 65%，焦灰 20%。

3. 建筑垃圾-粉煤灰-焦渣体系配合比研究

本试验制备的再生蒸压砖的强度较高，在蒸压养护的基础上，再引入恒温水浴养护和自然养护，通过采用不同养护制度对再生蒸压砖养护做更进一步的研究。建筑垃圾-粉煤灰-焦渣体系采用的因素与水平见表6-28。

表 6-28　建筑垃圾-粉煤灰-焦渣体系正交因素与水平

水　平	因　素		
	激发剂（%）	建筑垃圾/焦渣	养护制度
1	0	55/20	蒸压
2	2	60/15	恒温水浴
3	4	65/10	自然养护

实验结果表明，抗压强度值最高的相应试验条件是蒸压养护，建筑垃圾/焦渣为55/20，激发剂为2%。又由极差和均值的大小可看出，影响抗压强度因素的主次顺序为养护制度＞激发剂＞建筑垃圾/焦渣，并且各因素较好的水平是A1、B1、C2，最佳的试验条件是蒸压养护，建筑垃圾/焦渣为55/20，激发剂为2%。

最终确定了建筑垃圾蒸养粉煤灰砖的最佳配合比如下：

（1）建筑垃圾-粉煤灰-焦灰体系：建筑垃圾65%，粉煤灰20%，焦灰15%。

（2）建筑垃圾-粉煤灰-焦渣体系：建筑垃圾55%，粉煤灰25%，焦渣20%。

6.3.4　石油焦脱硫灰渣蒸压砖的性能研究

1. 强度试验

各体系下的再生蒸压砖为5块。蒸压砖放在温度为（20±5）℃的水中浸泡24h后取出，用湿布拭去其表面水分，进行抗折强度试验。将蒸压砖同一块试块的两半截砖断口相反叠放，叠合部分不得小于100mm，即为抗压强度试件。

（1）抗折强度

不同类型建筑垃圾蒸压砖的抗折强度试验数据见表6-29。

表 6-29　建筑垃圾蒸压砖的抗折强度（MPa）

代号	骨料类别	单块抗折强度值					平均值	备注
BFZ	焦渣	4.2	4.8	4.5	3.9	3.9	4.3	满足 MU15 的要求
BFH	焦灰	4.2	4.0	3.8	3.5	3.3	3.7	

（2）抗压强度

建筑垃圾蒸压砖的抗压强度试验数据见表6-30。

表 6-30　建筑垃圾蒸压砖的抗压强度（MPa）

代号	骨料类别	单块抗压强度值					平均值	备注
BFZ	焦渣	29.3	27.4	26.1	24.8	22.7	26.1	满足 MU15 的要求
BFH	焦灰	18.0	17.6	17.2	16.7	15.2	16.9	

2. 体积密度试验

建筑垃圾蒸压砖的体积密度试验数据见表6-31。

表 6-31　建筑垃圾蒸压砖的体积密度（kg/m³）

代号	骨料类别	单块体积密度值					平均值	备注
BFZ	焦渣	1537.1	1537.8	1539.2	1537.5	1538.4	1538.0	满足 MU15 的要求
BFH	焦灰	1523.9	1523.7	1524.4	1525.1	1523	1524.1	

3. 吸水率试验

建筑垃圾蒸压砖的吸水率试验数据见表 6-32。

表 6-32　建筑垃圾蒸压砖的吸水率（％）

代号	骨料类别	单块吸水率					平均值	备注
BFZ	焦渣	16.9	17.6	18.7	17.3	16.4	17.5	满足 MU15 的要求
BFH	焦灰	21.6	18.9	22.3	16.4	22.8	21.0	

4. 干燥收缩试验

制备好的建筑垃圾蒸压砖的干燥收缩试验数据见表 6-33。

表 6-33　建筑垃圾蒸压砖的干燥收缩值（mm/m）

代号	骨料类别	单块干燥收缩值					平均值	备注
BFZ	焦渣	0.245	0.341	0.414	0.424	0.134	0.312	满足 MU15 的要求
BFH	焦灰	0.703	0.441	0.507	0.437	0.543	0.526	

5. 冻融试验

（1）将 10 块试块放入鼓风干燥箱中，在 105～110℃下干燥至恒量（在干燥过程中，前后两次称量相差不超过 0.2％，前后两次称量时间间隔为 2h），称其质量 m_0，并检查其外观，将缺棱掉角和裂纹作标记。

（2）将试块浸在 10～20℃ 的水中，24h 后取出，用湿布拭去表面水分，以大于 20mm 的间距大面侧向立放于预先降温至 −15℃ 以下的冷冻箱中。

（3）当箱内温度再次降至 −15℃ 时开始计时，在 −15～−20℃ 下冰冻 5h。然后取出，放入 10～20℃ 的水中融化不少于 3h，如此为一次冻融循环。

（4）每 5 次冻融循环后，检查一次冻融过程中出现的破坏情况，如冻裂、缺棱掉角、剥落等。冻融过程中，发现试块的冻坏超过外观规定时，应继续试验至 15 次冻融循环结束为止。15 次冻融循环后，检查并记录试块在冻融过程中的冻裂长度、缺棱掉角和剥落等破坏情况。

（5）经 15 次冻融循环后的试块，放入鼓风干燥箱中，在 105～110℃ 下干燥至恒量，称其质量 m_1。

（6）将干燥后的试块放在 10～20℃ 的水中浸泡 24h，再进行抗压强度试验。

以建筑垃圾为骨料的蒸压粉煤灰砖的冻融试验结果，包括试块冻后抗压强度和质量损失率分别见表 6-34 和表 6-35。

表 6-34　建筑垃圾蒸压砖的冻后抗压强度（MPa）

代号	骨料类别	单块冻后抗压强度					平均值	备注
BFZ	焦渣	18.7	18.9	20.0	20.4	21.7	20.3	满足 MU15 的要求
BFH	焦灰	12.4	13.7	13.9	14.6	14.9	13.9	

表 6-35　建筑垃圾蒸压砖的冻后质量损失率（%）

代号	骨料类别	单块冻后质量损失率					平均值	备注
BFZ	焦渣	0.3	0.3	0.2	0.1	0.2	0.22	满足 MU15 的要求
BFH	焦灰	0.5	0.5	0.4	0.4	0.2	0.40	

6.4　石油焦脱硫灰混凝土

石油焦脱硫灰主要的矿物成分 CaO、$CaSO_4$ 和 $CaCO_3$，可以为混凝土中的水泥提供反应所需的钙。由于其中 CaO 的含量较高，加水搅拌时会产生大量水化热，缩短了其凝结时间。一方面，石油焦脱硫灰中的硫酸盐起到缓凝的作用，抑制了早期因水化过快产生大量水化热而造成的气孔不规则和分布不均匀；另一方面，石油焦脱硫灰中的 SO_3 激发了水泥水化产物和石油焦脱硫灰及粉煤灰中的 SiO_2 和 Al_2O_3 的反应，生成的托贝莫来石填充在颗粒之间提高了强度。因此，石油焦脱硫灰的化学组成和矿物成分决定其可以部分取代石灰和石膏用于加气混凝土、砂浆等多种建筑材料。石油焦脱硫灰所具有的胶凝性能也使其可以取代部分水泥应用于混凝土中。将焦灰掺在混凝土中，系统研究石油焦脱硫灰对混凝土性能的影响规律，对于推动其在混凝土中的应用尤为重要。

由于石油焦脱硫灰中游离的 CaO 限制了它的应用，将其进行预水化处理再加以利用是一种较好的途径。法国的 CERCHAR 水化法已经申请专利，J Blondin 用试验证明了水化处理的作用，证明了焦灰预水化处理后再用作混凝土掺合料是可行的处理途径。

本文使用的石油焦脱硫灰的添加采用两种方案：（1）直接添加；（2）利用水的预处理把 CaO 转化成 $Ca(OH)_2$ 后添加。主要研究了石油焦脱硫灰的处理工艺、添加方式（单掺与复掺）以及掺量对混凝土的工作性能、力学性能、耐久性能的影响，从而确定了石油焦脱硫灰取代水泥制备混凝土的最佳掺量。

6.4.1　石油焦脱硫灰混凝土试验方案

1. 试验原材料

（1）水泥

采用青岛市山水水泥厂生产的 P·O 42.5 硅酸盐水泥，具体性能和 XRF 成分分析见表 6-36 和表 6-37。

表 6-36　水泥的物理力学性能指标

水泥品种	抗压强度（MPa）		抗折强度（MPa）		安定性（沸煮法）
	3d	28d	3d	28d	
P・O 42.5	17.2	44.5	4.8	6.9	合格

表 6-37　水泥 XRF 分析结果（%）

名称	CaO	SiO$_2$	Al$_2$O$_3$	Fe$_2$O$_3$	Na$_2$O	K$_2$O	MgO	SO$_3$	TiO$_2$	P$_2$O$_5$	Cl
水泥	61.71	20.07	5.09	2.93	0.70	0.36	1.58	1.99	0.34	0.07	0.00

（2）石油焦脱硫灰

燃油电厂的产物通过锅炉燃烧脱硫以后再从烟道排出，其中收尘系统得到的为石油焦脱硫灰，本试验所用的焦灰为青岛市某炼油厂生产的石油焦脱硫灰。

（3）粉煤灰

本试验采用青岛四方电厂生产的Ⅱ级粉煤灰，其性能指标见表 6-38 和表 6-39。

表 6-38　粉煤灰的性能技术指标（%）

细　度	需水量比	烧失量比
10.50	0.90	1.21

表 6-39　粉煤灰 XRF 分析结果（%）

名称	CaO	SiO$_2$	Al$_2$O$_3$	Fe$_2$O$_3$	Na$_2$O	K$_2$O	MgO	SO$_3$	TiO$_2$	P$_2$O$_5$	Cl
粉煤灰	7.01	45.19	17.82	8.18	0.85	2.55	1.12	0.58	0.00	0.00	0.00

（4）矿渣

本试验主要采用青岛新型建材厂生产的 S95 级矿渣，其化学成分和技术指标见表 6-40 和表 6-41。

表 6-40　矿渣化学成分

矿渣	Loss	SiO$_2$	Al$_2$O$_3$	Fe$_2$O$_3$	CaO	MgO	SO$_3$	Na$_2$O	K$_2$O	MnO
含量（%）	0.3	36.87	12.51	1.48	39.02	9.23	2.23	1.14	0.63	0.24

表 6-41　矿粉物理技术指标

密度（kg/m^3）	比表面积（m^2/kg）	活性指数（%）		流动度比（%）	含水量（%）	SO$_3$含量（%）	Cl$^-$含量（%）	烧失量（%）
		7d	28d					
2810	379	79	97	91	0.51	2.722	0.007	0.37

（5）骨料

细骨料（砂）：符合 JGJ 52—2006 要求的河砂，细度模数为 2.4。

粗骨料（石子）：符合 JGJ 52—2006 要求的天然碎石，5～25mm 连续级配的花岗岩碎石，粗骨料具体参数见表 6-42。

表 6-42　碎石的技术指标

吸水率（%）	含水率（%）	针片状含量（%）	压碎指标（%）	堆积密度（kg/m³）	表观密度（kg/m³）
1.7	0.42	4.05	11.2	1460	2510

（6）外加剂

采用山东建科院产聚羧酸高效减水剂。

（7）水

普通自来水。

2. 试验方案

1）单掺原状焦灰，分别取代 0%、5%、10%、15%、20% 的水泥用量，研究其对混凝土工作性能、力学性能、耐久性能的影响。

2）复掺原状焦灰和矿渣或者粉煤灰时，焦灰分别取代 0%、5%、10%、15%、20% 的水泥，矿物掺合料用量占总胶凝材料用量的 50%，研究其对混凝土工作性能、力学性能、耐久性能的影响。

3）将 1）和 2）中的原状焦灰换成预消解焦灰，研究其对混凝土工作性能、力学性能、耐久性能的影响。

根据上述设计，本试验采用的六种胶凝材料体系分别为：

（1）水泥＋原状焦灰（0、5%、10%、15%、20%）；

（2）水泥 50%＋原状焦灰（0、5%、10%、15%、20%）＋S95 矿渣（50%、45%、40%、35%、30%）；

（3）水泥 50%＋原状焦灰（0、5%、10%、15%、20%）＋FA 粉煤灰（50%、45%、40%、35%、30%）；

（4）水泥＋预消解焦灰（0、5%、10%、15%、20%）；

（5）水泥 50%＋预消解焦灰（0、5%、10%、15%、20%）＋S95 矿渣（50%、45%、40%、35%、30%）；

（6）水泥 50%＋预消解焦灰（0、5%、10%、15%、20%）＋FA 粉煤灰（50%、45%、40%、35%、30%）；

混凝土配合比的确定：胶凝材料的用量分别为 350kg/m³、390kg/m³、430kg/m³、470kg/m³，砂率统一采用 40%，采用聚羧酸高效减水剂，其掺量为占胶凝材料总量的 1.5%，通过控制坍落度在 160～200mm 来调整用水量。J 代表单掺焦灰，掺量为占胶凝材料用量的百分比；K 代表矿粉；F 代表粉煤灰；JK 代表复掺焦灰和矿粉；JF 代表复掺焦灰和粉煤灰。

6.4.2　石油焦脱硫灰对混凝土工作性能的影响

混凝土拌合物的工作性能是混凝土应用于施工中的一项重要指标，又称为和易性，主要包含流动性、黏聚性、保水性三大特性。减水剂、引气剂等外加剂的大量运用可以提高拌合物的流动性，因此也就出现了很多新型的混凝土及其施工工艺；然而提高了混凝土拌合物的流动性，会影响到其稳定性，进一步影响其工作性能。考虑到施工的需要，本试验通过调整用水量控制焦灰混凝土的坍落度在160～200mm范围内。不同混凝土达到要求所需要的用水量和水胶比见表6-43～表6-45。

表 6-43　单掺焦灰混凝土工作性能试验数据

编号	原状焦灰			预消解焦灰		
	水胶比	用水量（kg/m³）	坍落度（mm）	水胶比	用水量（kg/m³）	坍落度（mm）
J1	0.34	132.37	160	0.34	135.67	160
J2	0.36	138.67	180	0.36	138.67	180
J3	0.33	141.00	180	0.33	140.13	180
J4	0.32	149.33	190	0.32	149.33	190
JA1	0.42	147.33	180	0.43	152.33	190
JA2	0.36	140.00	190	0.38	146.67	180
JA3	0.31	135.00	200	0.33	143.67	170
JA4	0.31	146.67	190	0.35	162.67	180
JB1	0.40	140.67	190	0.44	155.00	170
JB2	0.37	143.67	190	0.38	146.33	180
JB3	0.34	147.33	190	0.39	165.67	200
JB4	0.33	155.33	210	0.34	157.67	170
JC1	0.39	135.33	190	0.42	147.67	170
JC2	0.36	140.67	190	0.35	138.33	180
JC3	0.36	156.67	200	0.33	142.67	170
JC4	0.31	146.00	190	0.33	157.33	180
JD1	0.41	143.67	200	0.39	139.00	180
JD2	0.36	141.00	190	0.35	137.00	180
JD3	0.33	143.33	190	0.34	145.33	170
JD4	0.31	145.00	190	0.32	149.67	180

表 6-44　复掺焦灰和矿粉混凝土工作性能试验数据

编号	原状焦灰			预消解焦灰		
	水胶比	用水量（kg/m³）	坍落度（mm）	水胶比	用水量（kg/m³）	坍落度（mm）
K1	0.41	143.84	190	0.37	131.23	170
K2	0.36	141.53	180	0.34	132.33	170
K3	0.33	142.69	180	0.33	144.00	180
K4	0.32	151.15	180	0.31	145.33	180
KA1	0.42	148.07	180	0.42	146.00	160
KA2	0.36	141.92	190	0.35	135.67	170
KA3	0.32	139.61	180	0.33	140.33	180
KA4	0.31	143.84	190	0.31	148.00	170

编号	原状焦灰			预消解焦灰		
	水胶比	用水量（kg/m³）	坍落度（mm）	水胶比	用水量（kg/m³）	坍落度（mm）
KB1	0.41	144.23	180	0.38	131.33	160
KB2	0.37	146.15	190	0.33	132.12	170
KB3	0.32	139.23	190	0.31	134.67	170
KB4	0.30	141.92	190	0.31	145.00	180
KC1	0.39	138.07	180	0.38	134.67	180
KC2	0.36	141.53	190	0.32	131.87	160
KC3	0.31	133.46	190	0.32	137.00	170
KC4	0.30	139.23	190	0.29	135.00	160
KD1	0.38	133.46	190	0.40	141.00	190
KD2	0.36	139.23	190	0.35	137.33	170
KD3	0.33	139.99	190	0.35	152.00	180
KD4	0.31	143.46	190	0.30	142.33	170

表 6-45　复掺焦灰和粉煤灰时混凝土工作性能试验数据

编号	原状焦灰			预消解焦灰		
	水胶比	用水量（kg/m³）	坍落度（mm）	水胶比	用水量（kg/m³）	坍落度（mm）
F1	0.38	140.52	170	0.43	150.33	180
F2	0.39	141.53	180	0.40	156.67	180
F3	0.37	142.69	180	0.37	157.33	190
F4	0.32	145.26	170	0.31	147.33	170
FA1	0.40	142.26	170	0.42	145.67	180
FA2	0.34	142.51	160	0.36	141.33	180
FA3	0.35	143.36	170	0.34	145.33	170
FA4	0.32	146.68	160	0.31	146.67	170
FB1	0.40	143.62	180	0.42	147.00	180
FB2	0.39	143.24	170	0.37	142.67	180
FB3	0.35	144.62	180	0.36	153.67	180
FB4	0.32	147.21	180	0.30	140.67	160
FC1	0.38	144.57	170	0.40	140.00	160
FC2	0.36	148.29	160	0.38	148.67	180
FC3	0.37	148.36	170	0.35	148.67	170
FC4	0.32	146.25	170	0.31	144.67	170
FD1	0.40	158.64	180	0.46	162.00	190
FD2	0.35	159.63	170	0.36	142.00	170
FD3	0.35	154.14	160	0.35	151.33	180
FD4	0.34	150.29	170	0.31	147.33	160

　　由上表可知，在保证坍落度为 160～200mm 的前提下，单掺原状焦灰时，随着焦灰掺量的增加，混凝土用水量增加，这是因为焦灰中含有大量的氧化钙，水化生成 $Ca(OH)_2$；复掺矿渣和焦灰时，用水量基本保持一致，是因为矿渣具有一定的减水性，

跟焦灰水化的需水量相抵消；复掺粉煤灰和焦灰时，由于试验所用的粉煤灰为Ⅱ级灰，需水量比为 0.9，不利于降低混凝土的用水量。单掺预消解焦灰时，随着焦灰掺量的增加，用水量先增加后减少；复掺矿粉和预消解焦灰时，用水量基本保持不变；复掺粉煤灰与预消解焦灰时，当胶凝材料总量低于 390kg/m³ 时，用水量随着预消解焦灰掺量的增加是先减少后增加。当胶凝材料总量高于 430kg/m³ 时，用水量变化不明显，基本保持不变。

6.4.3 石油焦脱硫灰对混凝土力学性能的影响

试验方法依据《普通混凝土力学性能试验方法标准》（GB/T 50081—2002），试验过程中制作 100mm×100mm×100mm 的立方体试块，研究在石油焦脱硫灰掺量不同的条件下对混凝土力学性能的影响，分别测试 3d、7d、14d 及 28d 的抗压强度，抗压强度测定值再乘以 0.95 的换算系数得到标准的抗压强度。

1. 不同状态焦灰对混凝土的力学性能的影响

（1）原状焦灰系列

胶凝材料总量一定，不同矿物掺合料体系条件下，原状焦灰的掺量对混凝土抗压强度的影响如图 6-46～图 6-49 所示。

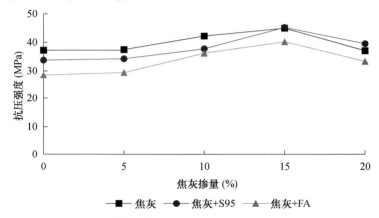

图 6-46 胶凝材料总量 350kg/m³ 时焦灰混凝土 28d 抗压强度

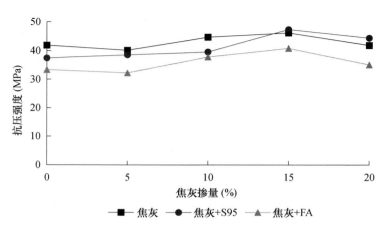

图 6-47 胶凝材料总量 390kg/m³ 时焦灰混凝土 28d 抗压强度

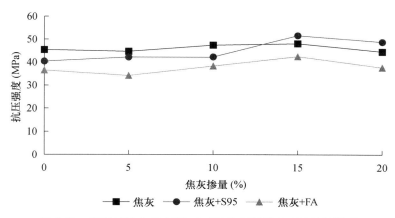

图 6-48　胶凝材料总量 430kg/m³ 时焦灰混凝土 28d 抗压强度

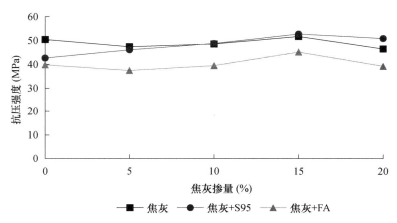

图 6-49　胶凝材料总量 470kg/m³ 时焦灰混凝土 28d 抗压强度

（2）预消解焦灰系列

胶凝材料总量一定，不同矿物掺合料体系条件下，预消解焦灰的掺量对混凝土抗压强度的影响如图 6-50～图 6-53 所示。

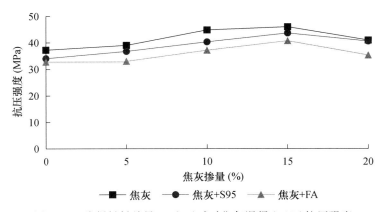

图 6-50　胶凝材料总量 350kg/m³ 时焦灰混凝土 28d 抗压强度

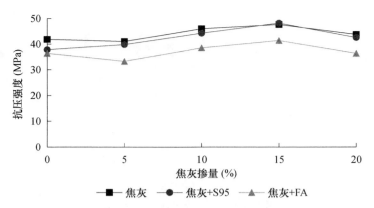

图 6-51　胶凝材料总量 390kg/m³ 时焦灰混凝土 28d 抗压强度

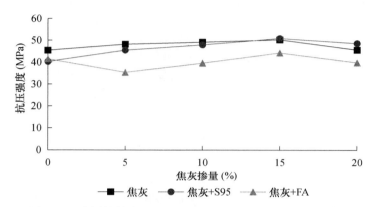

图 6-52　胶凝材料总量 430kg/m³ 时焦灰混凝土 28d 抗压强度

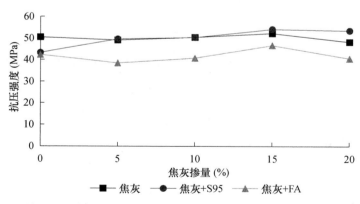

图 6-53　胶凝材料总量 470kg/m³ 时焦灰混凝土 28d 抗压强度

从图中可以看出，原状焦灰及预消解焦灰对混凝土力学性能的影响趋势比较相似。当胶凝材料总量和焦灰掺量一定时，若焦灰掺量低于 15％，焦灰和 S95 矿渣或粉煤灰复掺的混凝土抗压强度均低于单掺焦灰的混凝土抗压强度，超过 15％时焦灰和 S95 矿渣复掺混凝土抗压强度在三者之中最高，而焦灰和粉煤灰复掺的抗压强度最低。这是因为粉煤灰前期水化较慢，降低了混凝土的抗压强度，相比之下，矿渣更能提高焦灰混凝土的抗压强度；在胶凝材料总量一定时，随着焦灰掺量的增加，混凝土抗压强度出现先增加后降低的趋势，在焦灰掺量为 15% 时，不同矿物掺合料体系的混凝土抗压强度均达到最高。

2. 单掺焦灰对混凝土的力学性能影响分析

不同的胶凝材料总量条件下，单掺原状焦灰和预消解焦灰混凝土的 28d 抗压强度与焦灰掺量的关系曲线如图 6-54 和图 6-55 所示。

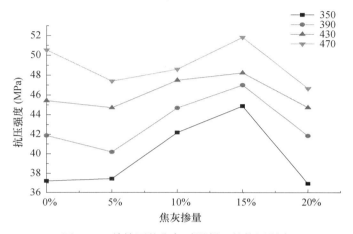

图 6-54　单掺原状焦灰时混凝土的抗压强度

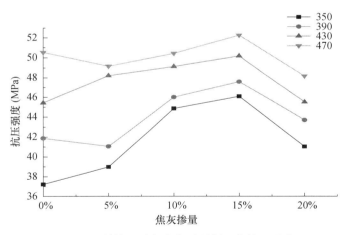

图 6-55　单掺预消解焦灰时混凝土的抗压强度

由图 6-54 和图 6-55 可以看出，单掺原状焦灰及单掺预消解焦灰混凝土抗压强度随焦灰掺量的变化趋势基本一致。当焦灰掺量在 5%～15% 之间时，随着焦灰掺量的增加，焦灰混凝土的抗压强度逐渐增高；当焦灰掺量达到 15% 时，强度曲线出现转折点，28d 抗压强度值达到最高；超过 15% 的焦灰掺量会导致混凝土抗压强度降低，但这种趋势随着胶凝材料用量的增加，特别在高于 430kg/m³ 后并不明显。这是因为石油焦灰本身具有一定的水化能力，其水化产物作为骨料可以填充于水化硅酸钙之间，使制品抗压强度提高，因此抗压强度随着焦灰掺量的增加呈现先增后降的趋势。

同时，当焦灰掺量一定时，混凝土抗压强度与胶凝材料总量成正比例关系，胶凝材料总量越大，焦灰混凝土的抗压强度越大。随着胶凝材料用量的增加，焦灰掺量在15%时性能最佳的表现减化，强度变化的速率减小，在焦灰掺量为15%时变化趋于平缓。

3. 复掺焦灰和矿渣对混凝土的力学性能影响分析

在不同的胶凝材料总量条件下，复掺焦灰和矿渣以及复掺预消解焦灰和矿渣时混凝土的抗压强度与焦灰掺量的关系曲线如图6-56和图6-57所示。

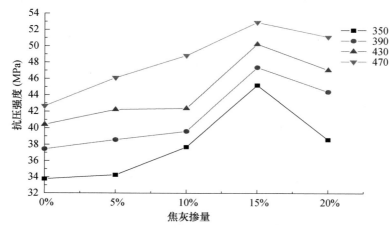

图 6-56　复掺原状焦灰和矿渣时混凝土的抗压强度

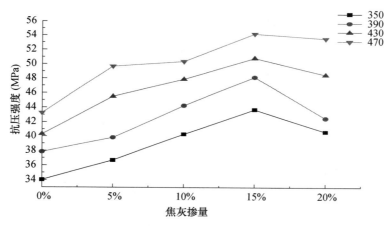

图 6-57　复掺预消解焦灰和矿渣时混凝土的抗压强度

从图6-56和图6-57可以看出，复掺原状焦灰和矿渣与预消解焦灰和矿渣混凝土抗压强度变化趋势基本相似。当胶凝材料总量一定，复掺矿渣和焦灰时，焦灰的掺量与混凝土抗压强度呈线性关系。当焦灰掺量低于15%时，随着焦灰掺量的增加，混凝土的抗压强度逐渐增高，与焦灰掺量成正比例关系；而当焦灰掺量高于15%时，随着焦灰掺量的增加，混凝土的抗压强度急剧下降。因此，15%的焦灰掺量是焦灰混凝土强度曲线的转折点，此时 28d 抗压强度最高；超过 15％的掺量会导致混凝土抗压强度降低。这主要是因为随着焦灰掺量的增加，浆体的钙硅比逐渐增大，极易形成抗压强度较低的水化硅酸钙，从而抗压强度会有所降低。此外，当焦灰掺量一定时，胶凝材料总量越大，焦灰掺量相同的混凝土抗压强度越高。

4. 复掺焦灰和粉煤灰对混凝土的力学性能影响分析

在不同的胶凝材料总量条件下，复掺原状焦灰和粉煤灰以及复掺预消解焦灰和粉煤灰时混凝土的抗压强度与焦灰掺量的关系曲线如图 6-58 和图 6-59 所示。

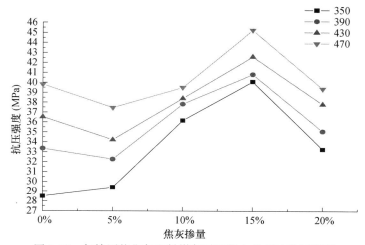

图 6-58　复掺原状焦灰和粉煤灰时混凝土的 28d 抗压强度

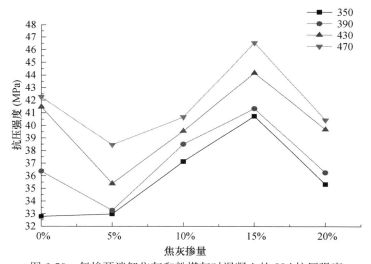

图 6-59　复掺预消解焦灰和粉煤灰时混凝土的 28d 抗压强度

由图 6-58 和图 6-59 可以看出，复掺原状焦灰和粉煤灰对混凝土抗压强度的增强效果明显不如矿渣系列。当焦灰掺量低于 5％时，混凝土抗压强度随焦灰掺量的增加而降低，这是由于粉煤灰掺量较多，因此不利于混凝土抗压强度的提高，明显低于复掺矿渣系列；当焦灰掺量为 5％～15％时，抗压强度随着焦灰掺量的增加而增高，在掺量为

15％时达到最大值。这是因为随着粉煤灰量的减少，焦灰掺量增多，水化硅酸钙含量越多，而前期适度地加入少量焦灰会生成水化物填充孔隙，有效进行"补钙"，提高混凝土抗压强度；当焦灰掺量大于15％时，抗压强度随着焦灰掺量的增加而降低。

6.4.4 石油焦脱硫灰对混凝土耐久性能的影响

1. 石油焦脱硫灰对混凝土碳化性能的影响

碳化试验按照 GB/T 50082—2009 进行，测试不同胶凝材料体系下石油焦脱硫灰渣混凝土的碳化性能的变化规律。试验过程中调整碳化箱中 CO_2 的浓度保持在 20％左右，湿度在 70％左右，温度控制在 20℃左右。碳化试验所用试块如图 6-60 所示。

图 6-60 碳化试验过程

（1）单掺原状焦灰与预消解焦灰对混凝土碳化性能的影响

从图 6-61～图 6-64 可以看出，单掺焦灰或者预消解焦灰时，碳化深度变化趋势基本一致，在掺量为 5％时碳化深度较大，在掺量为 15％时均达到最小。同时，预消解焦灰混凝土的碳化深度小于原状焦灰混凝土，这是因为原状焦灰含有较多 CaO，在混凝土搅拌过程中放出大量的热，使混凝土的体积膨胀，降低了其抗碳化能力；而预消解焦灰中 CaO 已完全水化成 $Ca(OH)_2$ 和部分 $CaCO_3$，在搅拌过程中基本没有热量放出，对混凝土的体积影响较小，提高了混凝土抗碳化性能。因此，使用预消解焦灰比原状焦灰更能提高混凝土的抗碳化性能。

（2）原状焦灰对混凝土碳化性能的影响

由图 6-65～图 6-68 可以看出，在胶凝材料总量一定的情况下，单掺焦灰和复掺矿粉、焦灰两种系列的碳化深度较为接近，而复掺粉煤灰和石油焦灰的碳化深度明显高于单掺焦灰和复掺矿粉系列，其抗碳化性能最差。这是因为掺入粉煤灰后混凝土的早期强度较低，内部孔结构较差，孔隙率增加使得混凝土的碳化深度增加。同时，试验所用粉煤灰中 CaO 含量远低于矿粉，粉煤灰引起的体系碱度明显高于矿粉，粉煤灰混凝土水化产物中 C-S-H 凝胶的 Ca/Si 比使用矿粉的低，吸收 CO_2 的能力较低，也会增加其碳化深度。此外，随着胶凝材料用量的增加，混凝土密实度增高，CO_2 不易向混凝土内部渗透，混凝土的抗碳化性能均得到改善。

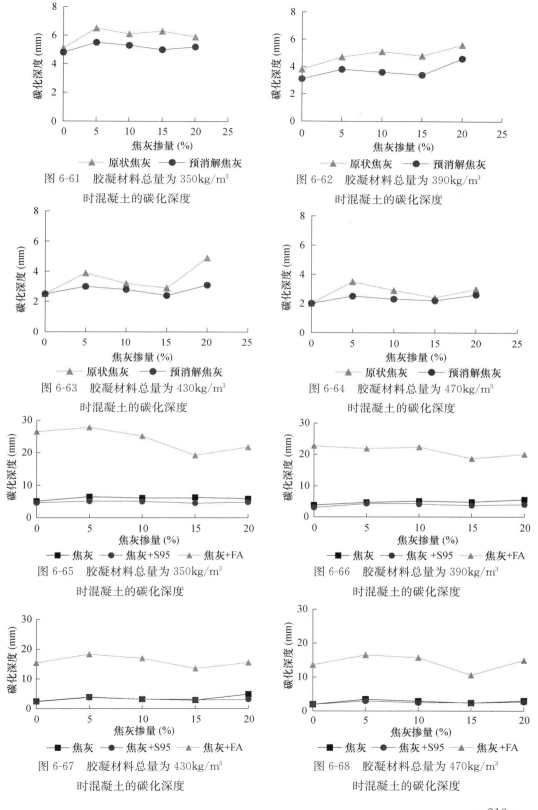

图 6-61 胶凝材料总量为 350kg/m³
时混凝土的碳化深度

图 6-62 胶凝材料总量为 390kg/m³
时混凝土的碳化深度

图 6-63 胶凝材料总量为 430kg/m³
时混凝土的碳化深度

图 6-64 胶凝材料总量为 470kg/m³
时混凝土的碳化深度

图 6-65 胶凝材料总量为 350kg/m³
时混凝土的碳化深度

图 6-66 胶凝材料总量为 390kg/m³
时混凝土的碳化深度

图 6-67 胶凝材料总量为 430kg/m³
时混凝土的碳化深度

图 6-68 胶凝材料总量为 470kg/m³
时混凝土的碳化深度

（3）预消解焦灰对混凝土碳化性能的影响

由图 6-69～图 6-72 可以看出，预消解焦灰混凝土与原状焦灰混凝土的碳化深度变化规律基本一致。在胶凝材料总量一定的情况下，单掺焦灰和复掺矿粉系列混凝土的碳化深度相差不大，复掺粉煤灰系列的混凝土碳化深度明显高于单掺焦灰和复掺矿粉系列，其抗碳化性能最差。同时，在不同胶凝材料总量的条件下，复掺粉煤灰系列混凝土的碳化深度均在焦灰掺量为 15％时达到最低，抗碳化能力最好。

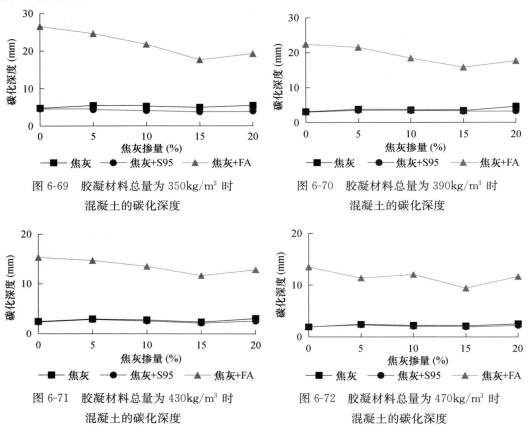

图 6-69 　胶凝材料总量为 350kg/m³ 时混凝土的碳化深度

图 6-70 　胶凝材料总量为 390kg/m³ 时混凝土的碳化深度

图 6-71 　胶凝材料总量为 430kg/m³ 时混凝土的碳化深度

图 6-72 　胶凝材料总量为 470kg/m³ 时混凝土的碳化深度

2. 石油焦脱硫灰对混凝土抗渗性能的影响

本试验参照国家标准 GB/T 50082—2009 的氯离子电迁移快速试验方法测定混凝土的抗氯离子渗透性能，即 RCM 法。将试件制作成直径 ϕ（100±1）mm，高度 $h=$（50±2）mm，放入标准养护室中水养护至试验龄期。将试件取出，进行 15min 超声浴，将试件正负极分别浸入 0.2mol/L 的 KOH 溶液和含 5％NaCl 的 0.2mol/L 的 KOH 溶液中，在试件两端加上 30V 电压，根据电流大小确定通电时间，如图 6-73 所示。通电结束后，把试件劈成两半，在试件断面上喷上 0.1mol/L 的 AgNO₃ 溶液，用游标卡尺测量氯离子渗透深度，根据公式计算氯离子扩散系数，如图 6-74 所示。

（1）原状焦灰和预消解焦灰对混凝土抗氯离子渗透性能的影响

由图 6-75～图 6-82 可以看出，无论是原状焦灰混凝土还是预消解焦灰混凝土，三种掺入方式的混凝土渗透系数变化规律基本一致。当焦灰掺量低于 15％时，随着焦灰掺量的增加，混凝土氯离子渗透系数逐渐减小，在焦灰掺量为 15％的时候达到最小值；当焦灰掺量高于 15％时，随着焦灰掺量的增加，混凝土渗透系数逐渐增大。

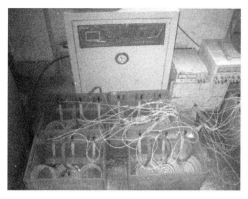

图 6-73　氯离子扩散系数测定仪

图 6-74　氯离子扩散深度示意图

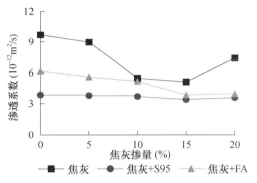

图 6-75　胶凝材料总量 350kg/m³
时渗透系数

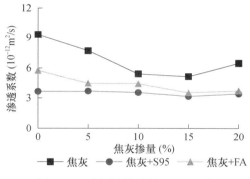

图 6-76　胶凝材料总量 390kg/m³
时渗透系数

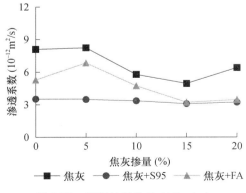

图 6-77　胶凝材料总量 430kg/m³
时渗透系数

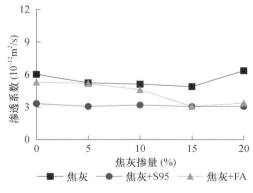

图 6-78　胶凝材料总量 470kg/m³
时渗透系数

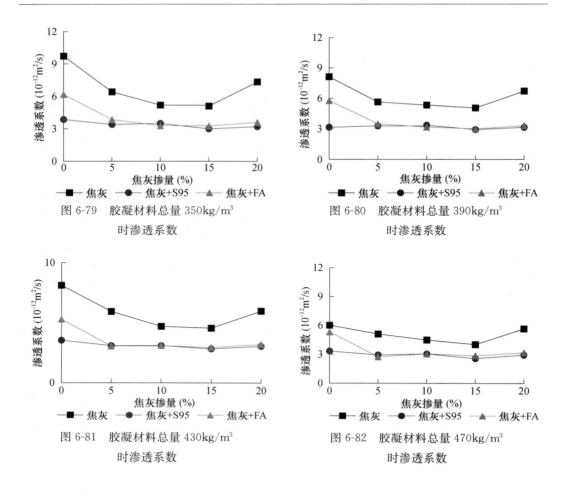

图 6-79　胶凝材料总量 350kg/m³
时渗透系数

图 6-80　胶凝材料总量 390kg/m³
时渗透系数

图 6-81　胶凝材料总量 430kg/m³
时渗透系数

图 6-82　胶凝材料总量 470kg/m³
时渗透系数

复掺两种矿物掺合料的混凝土的抗渗透性能优于单掺焦灰混凝土的抗渗性能，这是由于复合掺加掺合料时，"微骨料效应"更容易形成良好的级配，使得混凝土的内部结构更加密实，进而提高混凝土抵抗外界氯离子侵蚀的能力。另外，由于两种掺合料的水化进程不同，不同的水化进程起到了相互促进的作用，使得混凝土内部的水化反应进行得更加彻底。粉煤灰复杂的内部结构使之固化能力较强，在混凝土水化初期对氯离子固化起很重要的作用；到了水化中后期，二次水化产物 C-S-H 和水化铝酸钙与氯离子生成不溶于水的"Friedel 盐"，都在很大程度上降低了混凝土中自由的氯离子浓度。粉煤灰的火山灰效应，可与水泥和脱硫灰的水化产物 $Ca(OH)_2$ 反应，生成水化硅酸钙和水化铝酸钙，提高了混凝土的抗氯离子渗透能力。与粉煤灰系列相比，矿渣系列混凝土除了火山灰效应外，还具有更好的活性以及胶凝性，可与水泥和焦灰的水化产物 $Ca(OH)_2$ 反应，改善混凝土的孔结构和骨料界面结构，提高混凝土的密实性，进而提高其抵抗氯离子侵蚀的能力。石油焦脱硫灰取代部分水泥后，由于其潜在活性、细度较小，可以促进早期水泥水化，但是对氯离子的固化能力明显不如前两种掺入方式。因此，试验中的三种掺入方案的抗氯离子渗透能力排序由强到弱依次为：复掺矿渣和焦灰＞复掺粉煤灰和焦灰＞单掺焦灰。

此外，随着胶凝材料总量的增大，混凝土中的水泥含量增加，改善了混凝土的孔隙结构，提高了混凝土的密实度，降低了孔隙率，因此三种掺入方式的混凝土的抗氯离子渗透性之间的差异减小，这一点在胶凝材料总量为 470kg/m^3 时表现最为明显。

（2）不同状态焦灰对混凝土抗氯离子渗透性能的影响

以混凝土胶凝材料用量为 390kg/m^3 和 470kg/m^3 为例，由图 6-83～图 6-85 可以看出，胶凝材料用量一定时，掺入预消解焦灰比掺入原状焦灰混凝土的抗氯离子渗透能力更强，二者的抗氯离子扩散的规律基本一致。同时，不同胶凝材料体系的混凝土的渗透系数，均在焦灰掺量为 15％时达到最小值。

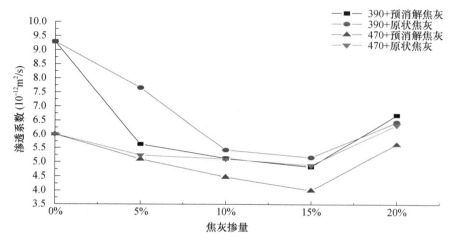

图 6-83　单掺（预消解）焦灰时混凝土的渗透系数

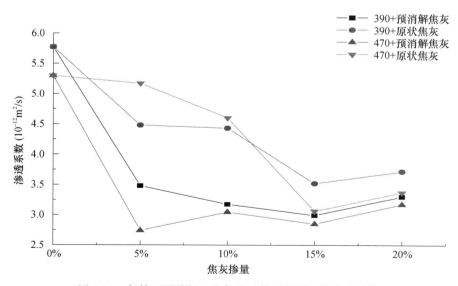

图 6-84　复掺（预消解）焦灰和矿粉时混凝土的渗透系数

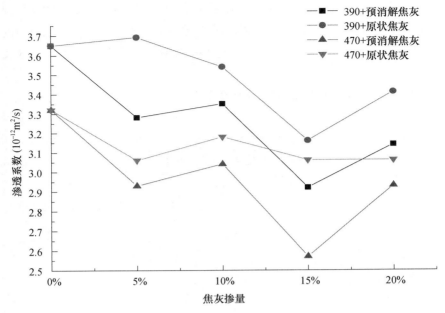

图 6-85　复掺（预消解）焦灰和粉煤灰时混凝土的渗透系数

参考文献

[1] 石国力，王杰，等．大力发展绿色混凝土［J］．广东建材，2009.7：22-25.

[2] 冷发光，田冠飞，李昕成．工业废渣——用作混凝土掺合料是最佳出路［J］．废弃物再生利用，2004：97-104.

[3] 姜耀军．石油焦煅烧工艺的稳定及节能减排［D］．2010.12.

[4] 梁和奎，王世富，尹良明，明文雪，许开伟．石油焦的性能、生产、用途和市场预测［J］．轻金属，2007（增刊）：138-139.

[5] 何红光，等．炉内喷钙脱硫技术［J］．热力发电，1989（5）：7-9.

[6] 彭庆新，宁述河．工业锅炉炉内喷钙脱硫技术简介［J］．山东环境，1999（3）：29-30.

[7] 赵明才，高德杨，赵景琛，等．石油焦脱硫提纯方法及工业炉［P］．中国专利，98114600.7，2000-01-05.

[8] 王宗贤译．石油焦脱硫-综述［J］．世界石油科学，1995（1）：82-87.

[9] 赵子明．高硫石油焦的工业利用前景分析［J］．中外能源，2006，11（5）：65.

[10] 付晓茹．金陵热电厂脱硫灰的理化性能研究［J］．粉煤灰综合利用，2005：50-57.

[11] 宋星星．高硫石油焦的清洁利用工艺展望［J］．石油知识，2006（3）：25.

[12] 单俊鸿，邢振影，王军，张保珍，任胜鸽．脱硫渣用于加气混凝土生产的试验研究［J］．河北工程大学学报（自然科学版）：29-32.

[13] 瞿国华．高硫石油焦循环流化床锅炉清洁燃烧技术［J］．中外能源，2008，13（3）81-84.

[14] C. F. Cockrell，R. B.　Master，and J. W，Leonard，Study of the profitable utilization of pulverized coal fly ash modified by the addition of limestone-dolomite sulfur dioxide removal assi-

tives. U. S. Department of health, education, and welfare, national air pollution control adiministration, report NO. FB-185802, Washington, DC, April 30, 1969.

[15] 周全. 火电厂 LIFAC 脱硫灰渣的处置与应用 [J]. 粉煤灰综合利用, 1995 (2): 9-12.

[16] Seeber, J, and Scheffknecht, G. Utilization of high-sulfur coals in CFB. Proceedings of the International Conference On Fluided Bed Combustion, 2001 (16): 770-783.

[17] Lingming Shi, Xuchang Xu. Study of the fly ash on desulfurization by lime [J]. Fuel, 2001, 80: 1969-1973.

[18] 刘素霞. 利用工业废渣生产新型墙体材料的试验研究 [J]. 中国科技核心期刊, 2011, 7: 59-75.

[19] 杜辉. 石油焦脱硫渣加气混凝土的实验研究 [J]. 新型建筑材料, 2010, 37 (5).

[20] 付晓茹. CFB 锅炉混烧高硫石油焦脱硫灰渣综合利用研究 [J]. 河北理工学院.

[21] 侯传海. 粉煤灰在水泥混凝土中的应用 [J]. 科技信息 (科学教研), 2007 (18): 383.

[22] 申爱琴. 水泥与水泥混凝土 [M]. 北京: 中国铁道出版社, 1999.

[23] 吴中伟, 廉慧珍. 高性能混凝土 [M]. 北京: 原子能出版社, 2000.

[24] 杨云芳. RCM 快速测定氯离子扩散系数法及其验证. 施工技术, 2008 (6): 52-53.

[25] 陈雪, 李秋义. 以石油焦为燃料的 CFB 锅炉飞灰的基本性质及其应用 [J].

[26] 栗华清, 兰祥辉, 陆春华, 等. 粉煤灰对水泥石氯离子渗透扩散性的影响 [J]. 硅酸盐通报, 2009, 28 (2): 320-323.

[27] 郭伟, 秦鸿根, 孙伟, 杨毅文. 外加剂与水胶比对混凝土氯离子渗透性的影响 [J]. 硅酸盐通报, 2010, 29 (6): 1478-1483.

[28] 高晓健, 杨英姿. 矿物掺合料对混凝土早期开裂的影响 [J]. 建筑科学与工程学报, 2006, 4: 19-23.

[29] 张巨松. 矿物掺合料混凝土早期氯离子扩散系数的试验 [J] 沈阳建筑大学学报, 2007: 312-315.

[30] JGJ 52—2006 普通混凝土用碎石或卵石质量标准及检验方法.

[31] 薛龙. 混凝土的抗裂性研究 [D]. 青岛: 青岛理工大学, 2012.

[32] 刘德昌, 陈汉平, 沈伯雄. 石油焦在循环流化床锅炉中的燃烧 [J]. 动力工程, 2000, 20 (1): 1-4.

[33] 吴正舜, 刘德昌, 陈汉平. 石油焦的燃烧特性 [J]. 化工学报, 2001. 52 (9): 834-837.

[34] BRUNELLO S. Rank Dependence of N_2O Emission in Fluidized Bed Combustion of Coal [J]. Fuel, 1996, 75 (5): 536-544.

[35] 林刚, 吴基球, 李竟先. CFB 锅炉燃烧高硫石油焦的灰渣综合利用研究 [J]. 环境科学与技术, 2003, 26 (增刊): 62-63.

[36] 苏达根, 鲁建军. 石油焦脱硫灰渣用作水泥调凝剂的研究 [J]. 水泥技术, 2008 (2): 31-34.

[37] GB/T 1346—2001 水泥标准稠度用水量、凝结时间、安定性检验方法.

[38] GB/T 17671—1999 水泥胶砂强度检验方法 (ISO 法).

[39] 宋瑞旭, 万朝均, 王冲, 等. 粉煤灰再生骨料混凝土试验研究 [J]. 新型建筑材料, 2003, 2: 26-28.

[40] 李占印. 再生混凝土性能的试验研究 [D]. 西安: 西安建筑科技大学, 2003.

[41] GB/T 50081—2002 普通混凝土力学性能试验方法标准.

[42] 重新认识混凝土裂缝问题. 混凝土技术, 2010.

[43] 金伟良, 赵羽习. 混凝土结构耐久性 [M]. 北京: 科学出版社, 2002.

［44］江影. 粉煤灰混凝土早期抗裂力学性能的试验研究［J］. 大坝与安全，2005，3：30-33.

［45］叶建雄，李晓筝，廖佳庆，等. 矿物掺合料对混凝土氯离子渗透扩散性研究［J］. 重庆建筑大学学报，2005，27（3）：89-92.

［46］陈剑雄，石宁，张旭. 高掺量复合矿物掺合料自密实混凝土耐久性研究［J］. 混凝土，2005（1）：24-26.

［47］Ueli Angst，Bernhard ElseneL Claus K. Larsen，et al. Critical chloride content in reinforced concrete-A review［J］. Cement and Concrete Research，2009，39（12）：1122-1138.

［48］胡红梅，马保国. 矿物功能材料改善混凝土氯离子渗透性的试验研究［J］，混凝土 2004（2）：16-20.

［49］谢友均，刘宝举，刘伟. 矿物掺和料对高性能混凝土抗氯离子渗透性能的影响［J］. 铁道科学与工程学报，2004（2）：46-51.

［50］朱安民. 混凝土碳化与钢筋混凝土耐久性. 混凝土，1992（6）：18-22.

［51］赵明辉. 浅析混凝土碳化机理及其碳化因素［J］. 吉林水利，2004（8）：36.

［52］邸小坛，周燕. 混凝土碳化规律研究. 北京：中国建筑科学研究院，1995.

［53］J. Duchesne. Effect of Supplementary Cementing Materials on the Composition of Cement Hydration Products［J］. Advanced Cement Based Material 1995，2.

［54］刘刚，方坤河，高钟伟. 高强混凝土的增韧减脆措施研究［J］. 混凝土，2004（5）：46-48.

［55］钱枫，曹慧芳，张溱芳，钙基脱硫灰渣浸出特性［J］. 北京工商大学学报（自然科学版），2003，21（1），19-24.

［56］J. Blondin，E J Anthony. A Selective Hydration Treatment to Enhance the Utilization of CFBC Ash in Concrete［C］. 1995 Int. Conf. on FBC，Vol. 2：1123.

［57］Suzanne M Burwell，Edward J Anthony，Ediwin E Berry. Advanced FBC Ash Treatment Technologies［C］. 1995 Int. Conf. on FBC，Vol. 2：1137.

［58］段玖祥，薛建明，炉内喷钙后活化脱硫副产品的综合利用［J］. 电力环境保护，2005（2）：7-9.

第7章 固体废弃物在泡沫混凝土中的应用

固体废弃物与水泥、混凝土等建筑材料生产所需原材料具有组分类似、矿物相近的特性，具有广阔的资源化利用前景。然而，目前固体废弃物的资源化利用仍不理想，固体废弃物的综合利用问题亟待解决。工信部在《工业绿色发展规划（2016—2020年）》中提出："为应对气候变化，实现 2030 年碳排放达峰目标，开展水泥生产原料替代，利用工业固体废弃物等非碳酸盐原料生产水泥，引导使用新型低碳水泥替代传统水泥。"

与此同时，目前我国建筑业常用保温材料为苯乙烯泡沫塑料（EPS、XPS）等有机泡沫材料，存在易开裂、脱落，保温材料易老化，不能与建筑同寿命等严重问题。更为严重的是其耐高温、防火安全性差。上海静安、央视大火进一步催生了人们对具有防火、隔声、抗震、耐候以及与建筑同寿命的无机轻质节能保温墙材的研究激情。

因此，本章利用多种工业固体废弃物协同处理烧制低能耗、低排放的绿色高贝利特硫铝酸盐水泥熟料，并采用高效发泡技术，利用高贝利特硫铝酸盐水泥制备泡沫混凝土保温墙材，解决其防火、耐水性差、密度高的难题，不仅实现固体废弃物的大宗、高附加值利用，而且解决了传统有机保温材料寿命短、耐久性差的技术难题。

7.1 绿色高贝利特硫铝酸盐水泥

高贝利特硫铝酸盐水泥是一种性能优良的无机胶凝材料，它将高贝利特水泥与硫铝酸盐水泥的优势集于一身，不仅早期强度高，而且后期强度发展好；其主要矿物成分为 $C_4A_3\bar{S}$（无水硫铝酸钙）、C_2S（硅酸二钙），生产能耗低且 CO_2 排放量少，应用前景非常广泛。本课题组在前期调研与试验的基础上，成功利用多种工业固体废弃物一次烧成含 $CaSO_4$ 成分的高贝利特硫铝酸盐水泥，其物理、力学性能优异，固废利用率可达到 80% 以上，这不仅能够节省大量的天然资源，而且拓宽了固体废弃物资源化利用的途径，对实现资源、能源和环境的协调发展具有重要意义。

7.1.1 原材料

制备高贝利特硫铝酸盐水泥所采用的工业固体废弃物包括石油焦脱硫灰渣、粉煤灰、电石渣以及铝矾土。石油焦脱硫灰渣取代产生大量 CO_2 的石灰石与资源紧缺的石膏，提供熟料矿物形成所需的钙、硫质元素，同时，熟料中残留的 $CaSO_4$ 成分代替水泥熟料外掺混合材中的石膏；粉煤灰取代部分铝矾土，提供熟料矿物形成所需的铝、硅质元素；而电石渣、铝矾土分别作为钙质元素和铝、硅质元素的校正原料加入。

试验用石油焦脱硫灰渣取自中石化青岛炼油厂，粉煤灰取自青岛市政集团混凝土业有限公司，电石渣取自青岛青新建材有限公司，铝矾土取自巩义市万盈环保材料有限公司。各原材料的主要化学成分采用日本岛津公司生产的 1800 型 X-射线荧光光谱仪测得，列于表 7-1；烧失量根据《水泥化学分析方法》（GB/T 176—2017）中的标准方法测得，列于表 7-1；主要矿物成分采用德国布鲁克公司生产的 D8 advance 型 X-射线衍射仪测得，示于图 7-1。

表 7-1　各原材料主要化学成分（%）

原料	CaO	Al_2O_3	SiO_2	Fe_2O_3	SO_3	MgO	TiO_2	Loss	Σ
石油焦脱硫灰渣	52.93	0.96	4.56	1.13	30.12	2.03	0.00	7.48	99.21
粉煤灰	7.86	27.45	52.56	4.24	1.26	1.12	0.99	1.73	97.21
电石渣	66.02	1.47	4.61	0.68	1.97	0.25	0.00	24.62	99.62
铝矾土	0.51	64.07	14.53	0.88	0.00	15.38	2.56	1.03	98.96

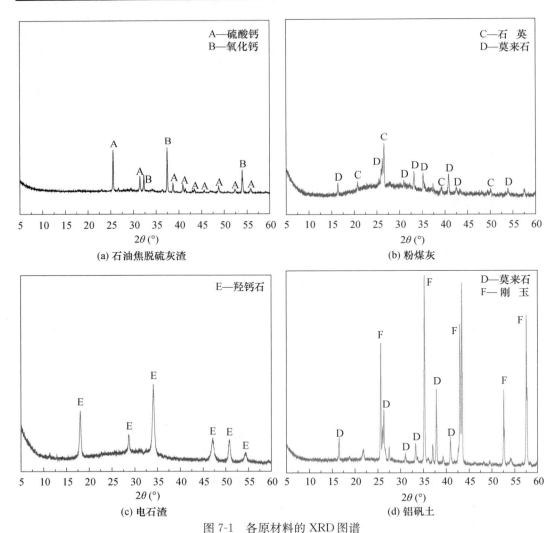

图 7-1　各原材料的 XRD 图谱

7.1.2　水泥矿物组成设计

在进行生料矿物组成设计时，首先将熟料中 $CaSO_4$ 含量分别设定为 10％、15％、20％，并假定高温反应过程按 $4CaO + Al_2O_3 + Fe_2O_3 \longrightarrow C_4AF$、$3CaO + 3Al_2O_3 + CaSO_4 \longrightarrow C_4A_3\bar{S}$、$2CaO + SiO_2 \longrightarrow C_2S$ 进行，然后在每个 $CaSO_4$ 含量基础上设计不同含量 C_4AF、$C_4A_3\bar{S}$ 和 C_2S，形成不同矿物组成配比，列于表 7-2。控制熟料碱度系数 $C_m \geqslant 1$，确定各原材料最终用量。

表 7-2　水泥熟料矿物组成设计

配比	C_4AF	$C_4A_3\bar{S}$	C_2S	$CaSO_4$
A	5％	40％	45％	10％
B	5％	35％	50％	10％
C	5％	30％	55％	10％
D	5％	40％	40％	15％
E	5％	35％	45％	15％
F	5％	30％	50％	15％
G	5％	35％	40％	20％
H	5％	30％	45％	20％
I	5％	25％	50％	20％

7.1.3　高贝利特硫铝酸盐水泥的制备

各原料在 SM500×500 型水泥磨中粉磨至 200 目以下，根据生料配比混合均匀后放入特制成型模具中压制成 $\phi 15mm \times 13mm$ 圆柱体试块。煅烧方式遵循以下原则：

（1）置于已恒温至（105±5）℃的干燥箱内烘干 1h。

（2）放入已恒温至 950℃的 SX-8-16 型高温炉内预烧 30min。

（3）快速移入已恒温至设定温度的高温炉内煅烧设定时长。

（4）取出吹风快冷或在（26±2）℃室温下自然冷却，冷却后熟料粉磨至 200 目方孔筛筛余小于 5％。

1. 煅烧制度

图 7-2～图 7-4 分别为 D 配比在不同煅烧温度、不同保温时间和不同冷却方式下制备的水泥熟料 XRD 衍射图谱。

从图 7-2 可以看出，$C_4A_3\bar{S}$ 在 1050℃时才开始少量形成；温度升高到 1150～1225℃，$C_4A_3\bar{S}$ 逐渐大量形成，同时出现中间产物 $C_5S_2\bar{S}$（硫硅酸钙）；温度继续升高到 1250～1300℃时，β-C_2S 逐步形成，烧成产物主要为 $C_4A_3\bar{S}$、β-C_2S 和 $C\bar{S}$，且随温度的升高，$C_4A_3\bar{S}$、β-C_2S 衍射峰强度增加而 $C\bar{S}$ 衍射峰强度降低，说明温度的升高促进了高温反应的进行；在 1325℃时，烧成产物与 1300℃相差不大，但各产物衍射峰强度开始下降，说明此温度已造成各矿物相的分解；在 1350℃之后，各产物衍射峰强度继续降低，甚至已观察不到 $C\bar{S}$ 衍射峰，由此可见，该水泥熟料的烧成温度范围为 1225～1325℃，最适宜的煅烧温度为 1300℃。

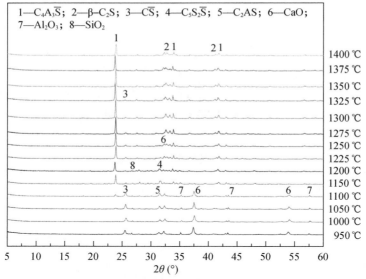

图 7-2　不同煅烧温度水泥熟料 XRD 图谱

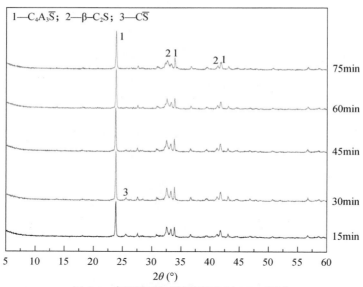

图 7-3　不同保温时间水泥熟料 XRD 图谱

由图 7-3 可以看出，保温时间在 30min 以下时，烧成产物以 $C_4A_3\bar{S}$、$\beta\text{-}C_2S$ 和 $C\bar{S}$ 为主，且随着保温时间的延长，$C_4A_3\bar{S}$、$\beta\text{-}C_2S$ 衍射峰强度逐渐增高而 $C\bar{S}$ 衍射峰强度降低，说明适当地延长保温时间有利于水泥熟料矿物的形成；保温时间在 30min 以上时，烧成产物以 $C_4A_3\bar{S}$、$\beta\text{-}C_2S$ 为主，且随着保温时间的延长，$C_4A_3\bar{S}$、$\beta\text{-}C_2S$ 衍射峰强度逐渐降低，$C\bar{S}$ 衍射峰已观察不到，说明各产物已经开始分解，过长的煅烧时间对水泥熟料矿物的形成并不一定有利。由此可见，该水泥熟料的保温时间为 15～30min，最适宜的保温时间为 30min。

从图 7-4 可以看出，两种冷却方式的烧成产物比较一致，均以 $C_4A_3\bar{S}$、$\beta\text{-}C_2S$ 和 $C\bar{S}$

为主；在（26±2）℃室温自然冷却的水泥熟料中未出现 β-C$_2$S 晶型向 γ-C$_2$S 晶型的转变，但是其 C$_4$A$_3\overline{\text{S}}$ 衍射峰强度出现较为明显的降低，原因可能是冷却速度慢，熟料出炉后仍然长时间保持较高的温度致使 C$_4$A$_3\overline{\text{S}}$ 分解。由此可见，该水泥熟料的冷却方式为吹风快冷和（26±2）℃室温自然冷却均可，最佳冷却方式为吹风快冷。

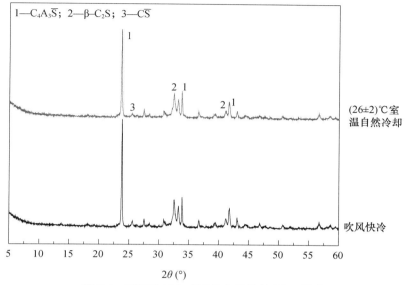

图 7-4　不同冷却方式下的水泥熟料 XRD 图谱

综上所述，该配比下水泥熟料宜在煅烧温度为 1225～1325℃、保温时间为 15～30min、冷却方式为吹风快冷或（26±2）℃室温自然冷却条件下制得。此外，为探究不同配比下水泥熟料的煅烧情况，将其余各配比水泥生料置于不同煅烧温度下保温 30min 后取出吹风快冷，研磨成粉料后进行 XRD 衍射分析，结果如图 7-5～图 7-12 所示。分析发

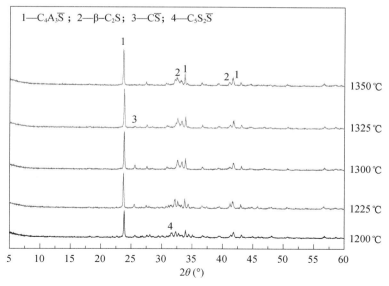

图 7-5　配比 A 在不同煅烧温度下水泥熟料 XRD 图谱

现，配比 A、B、C 的烧成温度在 1225～1325℃，配比 E、F 的烧成温度在 1250～1350℃，配比 G、H、I 的烧成温度在 1275～1350℃，这表明随着熟料中 C$\overline{S}$ 含量的增加，水泥熟料的烧成温度提高，烧成难度加大，煅烧温度区间仍基本维持在 100℃左右。

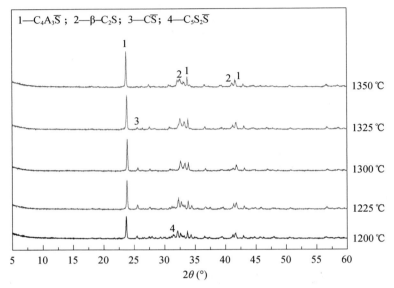

图 7-6　配比 B 在不同煅烧温度下水泥熟料 XRD 图谱

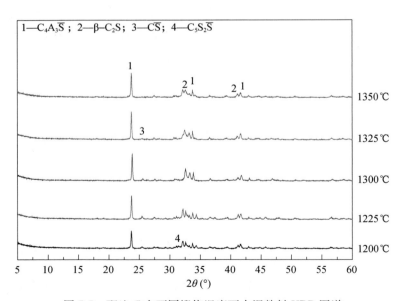

图 7-7　配比 C 在不同煅烧温度下水泥熟料 XRD 图谱

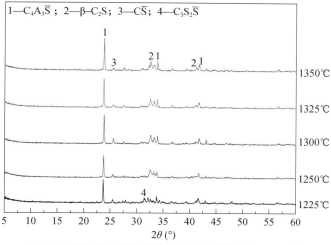

图 7-8　配比 E 在不同煅烧温度下水泥熟料 XRD 图谱

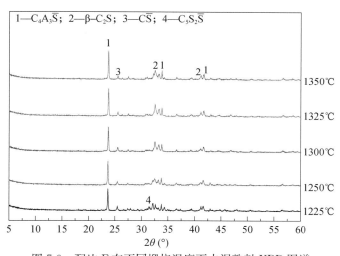

图 7-9　配比 F 在不同煅烧温度下水泥熟料 XRD 图谱

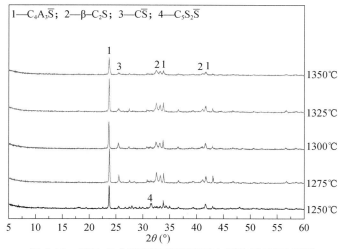

图 7-10　配比 G 在不同煅烧温度下水泥熟料 XRD 图谱

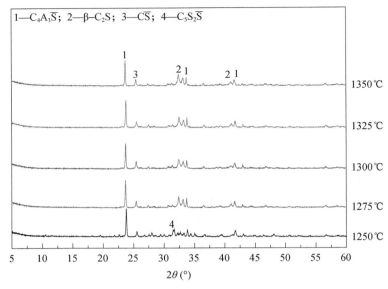

图 7-11　配比 H 在不同煅烧温度下水泥熟料 XRD 图谱

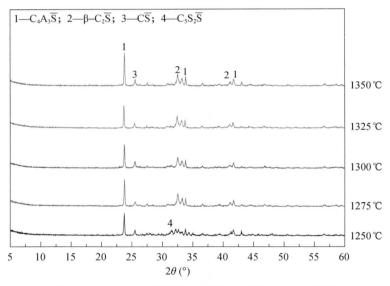

图 7-12　配比 I 在不同煅烧温度下水泥熟料 XRD 图谱

2. 熟料 SEM 微观形貌

为进一步探究烧成制度的合理性，将基于配比 D 在 1300℃、30min、吹风快冷条件下制备的水泥熟料进行 SEM 微观形貌分析，结果如图 7-13 所示。

从图 7-13 中可以看出，该水泥熟料体系主要由板状 $C_4A_3\bar{S}$、块粒状 $\beta\text{-}C_2S$ 以及辐射状的针棒型 $C\bar{S}$ 组成，矿物相组成与 XRD 分析基本一致；针棒型 $C\bar{S}$ 大部分聚集在板状 $C_4A_3\bar{S}$ 周围，为 $C_4A_3\bar{S}$ 的早期水化提供条件。

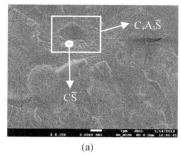
(a)

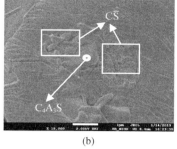
(b)

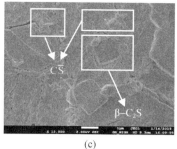
(c)

图 7-13　水泥熟料 SEM 微观形貌

7.1.4　高贝利特硫铝酸盐水泥的性能

为探究利用多种工业固废协同制备的高贝利特硫铝酸盐水泥的物理、力学性能，将基于 1300℃、30min、吹风快冷条件下制备的各配比水泥熟料进行标准稠度用水量、凝结时间、安定性及强度测试，其中水泥标准稠度用水量和凝结时间按照《水泥标准稠度用水量、凝结时间、安定性检验方法》（GB/T 1346—2011）进行，结果列于表 7-3。

表 7-3　水泥熟料物理性能指标

配比	标准稠度用水量（％）	初凝时间（min）	终凝时间（min）	安定性
A	39.5	21.80	35.95	
B	39.0	23.17	37.75	
C	38.5	24.50	39.53	
D	37.5	20.10	30.60	
E	37.0	21.08	31.58	合格
F	36.5	22.75	32.08	
G	37.0	17.05	23.45	
H	36.5	18.18	26.42	
I	36.0	19.38	28.20	

由表 7-3 可以看出，各配比下水泥标准稠度用水量在 $36\%\sim40\%$ 范围内，初凝时间、终凝时间分别在 $17\sim25min$、$23\sim40min$ 范围内，凝结硬化较快，适合应用于抢修、抢险等工程。仔细研究发现，在 $C\bar{S}$ 含量相同的条件下，随着 $C_4A_3\bar{S}$ 含量的减少，呈现出标准稠度用水量减少、凝结时间延长的趋势，这在 $C\bar{S}=10\%$（A、B、C）、15%（D、E、F）、20%（G、H、I）时均得以体现，原因在于该水泥早期水化以 $C_4A_3\bar{S}$ 矿物为主，$C_4A_3\bar{S}$ 的含量对标准稠度用水量与凝结时间起到决定性作用；而对比配比 A、D，B、E，G，C、F、H 均能够发现，在 $C_4A_3\bar{S}$ 含量相同的条件下，随 $C\bar{S}$ 含量的增加，呈现出标准稠度用水量减少、凝结时间缩短的趋势，说明 $C\bar{S}$ 在 $10\%\sim20\%$ 范围时，其含量的增加有利于加速 $C_4A_3\bar{S}$ 矿物的水化，对早期强度的发展具有重要作用。

强度测试按照《水泥胶砂强度检验方法（ISO 法）》（GB/T 17671—1999）和《硫铝酸盐水泥》（GB 20472—2006）在水胶比为 0.52 条件下制备 4cm×4cm×16cm 水泥

胶砂试块，并养护至规定龄期进行，结果如图 7-14～图 7-19 所示。

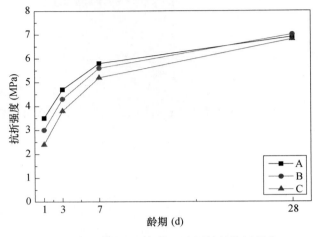

图 7-14　C$\overline{S}$＝10％条件下水泥熟料抗折强度

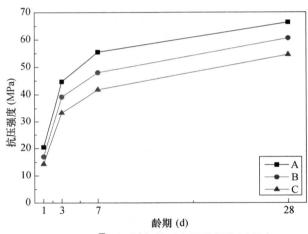

图 7-15　C$\overline{S}$＝10％条件下水泥熟料抗压强度

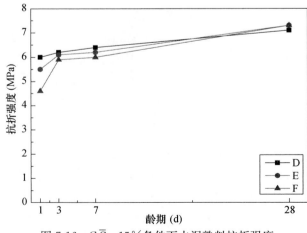

图 7-16　C$\overline{S}$＝15％条件下水泥熟料抗折强度

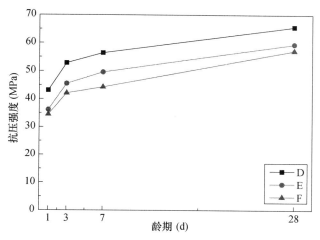

图 7-17　C$\overline{S}$=15％条件下水泥熟料抗压强度

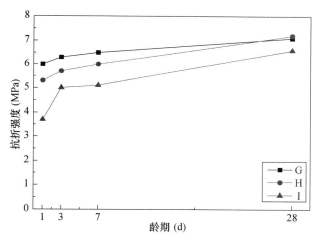

图 7-18　C$\overline{S}$=20％条件下水泥熟料抗折强度

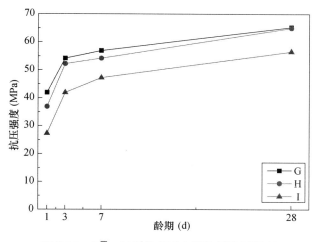

图 7-19　C$\overline{S}$=20％条件下水泥熟料抗压强度

由图 7-14～图 7-19 可以看出，该水泥早期强度发展迅速，3d 强度即可达到 28d 强度的 70%～80%，7d 强度较之 3d 强度增幅较小，表明 7d 龄期时早期水化已经基本完成。对比各个配比水泥熟料强度值，不难发现，在 $C\bar{S}$ 含量相同条件下，随着 $C_4A_3\bar{S}$ 含量的减小，早期强度随之减小，而随着 C_2S 含量的增长，28d 强度的变化规律与早期强度的变化规律基本一致，各配比间后期强度的差距开始出现缩小的趋势。

7.1.5 高贝利特硫铝酸盐水泥的水化产物

水化产物与水泥强度的发展息息相关，在不同的水化龄期水化产物也不尽相同。为探究利用多种工业固废协同制备的高贝利特硫铝酸盐水泥水化产物的形成情况，将基于配比 D 在 1300℃、30min、吹风快冷条件下制备的水泥熟料的水化产物分别进行 XRD 衍射分析和 SEM 微观形貌分析，结果如图 7-20～图 7-21 所示。

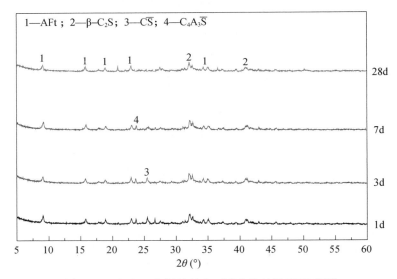

图 7-20 配比 D 水泥熟料在不同水化龄期 XRD 图谱

从图 7-20 可以看出，该种水泥的主要水化产物为钙矾石 AFt 相，7d 龄期主要为 $C_4A_3\bar{S}$ 的水化，同时 $C\bar{S}$ 被大量消耗。进入水化后期，C_2S 才开始发生水化反应，水化产物的形成过程与强度随龄期的变化规律比较吻合。

从图 7-21 可以观察到，该种水泥的主要水化产物为针棒状的钙矾石 AFt 相与絮状的 C-S-H 凝胶。水化初期水化产物为细针棒状的钙矾石 AFt 相，随着水化反应的进行，细针棒状的钙矾石 AFt 相逐渐变成粗针棒状，并与水化后期形成的絮状 C-S-H 凝胶交织在一起，共同提高了水泥浆体的强度。

综上所述，利用多种工业固体废弃物一次烧成含 $CaSO_4$ 成分的高贝利特硫铝酸盐水泥是完全可行的，大力发展固废水泥将会带来更大的经济效益、环境效益和社会效益。

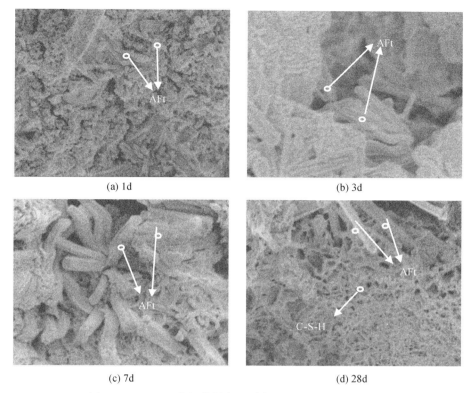

(a) 1d　　　　　　　　　　　　　(b) 3d

(c) 7d　　　　　　　　　　　　　(d) 28d

图 7-21　配比 D 水泥熟料在不同水化龄期 SEM 微观形貌

7.2　泡沫混凝土保温墙材

　　泡沫混凝土通常是用机械方法将泡沫剂水溶液制备成泡沫，再将泡沫加入含硅质材料、钙质材料、水及各种外加剂等组成的料浆中，经混合搅拌、浇注成型、养护而成的一种多孔材料，是一种利废、环保、节能、低廉且具有不燃性的新型建筑节能材料。泡沫混凝土以其良好的特性，广泛应用于节能墙体材料中，目前泡沫混凝土在我国的应用主要是屋面泡沫混凝土保温层现浇、泡沫混凝土面块、泡沫混凝土轻质墙板、泡沫混凝土补偿地基等。

7.2.1　泡沫混凝土保温墙材的制备

　　1. 泡沫混凝土的发泡技术

　　常用的泡沫混凝土的发泡方式主要有物理发泡法和化学发泡法两种，由于物理发泡法制得的泡沫具有可控性好、稳定性好和操作简单等优势，而化学发泡法产生的泡沫量难以控制且极易破裂，因此现在施工过程中大多采用物理发泡法制备泡沫混凝土。

　　（1）物理发泡法

　　物理发泡法是指将发泡剂按一定的比例加入水中稀释制得发泡剂溶液，然后利用发泡机空气压缩作用或将其倒入高速搅拌装置中制备泡沫的方法。其中最常用的是利用空气压缩发泡机，将其吸液管和引气管插入发泡剂溶液中，发泡剂溶液经吸液管进入发泡机并在空气压缩作用下产生泡沫并从发泡机的出液管排出或直接排入正在搅拌的水泥浆中，由于这种方式容易形成施工流水线，因此常用于现场施工。

（2）化学发泡法

化学发泡法是指在由水泥、细骨料、外加剂和水制成的料浆中加入两种或几种化学试剂使其产生化学反应持续不断地产生泡沫的方法。这种方法不适于大面积的施工现场，而比较适用于工厂预制泡沫混凝土构件的生产。

2. 泡沫混凝土的生产制备工艺

目前，泡沫混凝土的制备工艺主要有两种，一种是预制泡混合法，即先制备出泡沫，然后再将泡沫与料浆拌和；另一种是混合搅拌法，比较适用于化学发泡法，即先制备含有发泡剂的料浆再预制浇筑，然后使其静停发泡。其中，最常用的是预制泡混合法，即先将称好的胶凝材料和细骨料加入砂浆锅中进行干拌，等其搅拌均匀后加入水和外加剂进行混合搅拌，在此同时，预先稀释好的发泡剂溶液将通过发泡机制备泡沫，并将泡沫按一定的质量比或体积比加入正在搅拌的混合料浆中，等泡沫完全溶入并均匀分布在料浆中，停止搅拌并浇模，经拆模养护后进行性能检测，其生产制备工艺如图 7-22 所示。

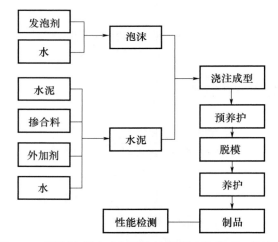

图 7-22　预制泡混合法制备泡沫混凝土的典型工艺流程

7.2.2　泡沫混凝土保温墙材的性能

1. 原材料

水泥：高贝利特硫铝酸盐水泥，强度等级 42.5，抗裂双快水泥 BS-CFR，具体的化学组分见表 7-4。

粉煤灰：Ⅰ级粉煤灰（购自北京市电力粉煤灰工业公司），具体化学组分见表 7-5。

泡沫剂：高分子复合发泡剂（产自广州市天河区黄村浩峰化工有限公司）。

减水剂：萘系减水剂（产自上海丽瑞化工有限公司）。

水：普通自来水。

表 7-4　高贝利特硫铝酸盐水泥的化学成分

化学组分	CaO	SiO₂	Al₂O₃	Fe₂O₃	MgO	SO₃	TiO₂	烧失量
含量（％）	51.54	13.80	15.34	1.52	2.08	14.21	0.71	0.38

表 7-5　Ⅰ级粉煤灰的化学成分

化学组分	SiO₂	Fe₂O₃	Al₂O₃	CaO	MgO	f-CaO	SO₃	烧失量
含量（％）	60.98	6.70	24.47	4.90	0.68	0.58	0.52	1.86

2. 泡沫性能测定

为了探究不同发泡剂的稀释比对泡沫稳定性的影响并筛选出最佳稀释比用于制备泡沫混凝土，分别将发泡剂按 1∶15、1∶20、1∶30、1∶40 的比例稀释并用混凝土泡沫测定仪（TJ-T226 型混凝土泡沫测定仪，图 7-23）测定泡沫的 1h 沉降距、1h 泌水量、发泡倍数和泡沫密度以评定泡沫性能，其测试结果见表 7-6，规范所规定的泡沫剂性能指标见表 7-7。

图 7-23　TJ-T226 型混凝土泡沫测定仪
①容量筒；②托盘；③玻璃导管；④支架；⑤铝片盖；⑥导管夹；⑦量筒；⑧底座

表 7-6　不同稀释比下复合型泡沫剂所发泡沫性能比较

稀释比	1h 泌水量（mL）	1h 沉降距（mm）	发泡倍数	泡沫密度（kg/m³）
1∶15	47.3	4.7	32.1	31.2
1∶20	53.2	5.6	28.0	35.7
1∶30	68.1	7.9	24.9	40.1
1∶40	85.7	11.5	23.7	42.1

表 7-7　规范所规定的泡沫剂性能指标基本要求

项目	指标
发泡倍数	＞20
1h 沉降距（mm）	＜10
1h 泌水量（mL）	＜80

从表 7-6 和表 7-7 可以发现，当稀释比为 1：15、1：20 和 1：30 时发泡剂产生的泡沫性能都满足规范要求，而当稀释比为 1：40 时泡沫的泌水量和沉降距都已超标。如图 7-24（a）所示，随着发泡剂稀释比的减小，泡沫的 1h 泌水量和 1h 沉降距都呈现逐渐增加的趋势，而当稀释比为 1：15 时，1h 泌水量和 1h 沉降距最小，分别为 47.3mL 和 4.7mm。这是由于随着稀释比减小，发泡剂溶液中的水占的比率增加，使得液泡膜中的含水量增加，机械强度降低，承压能力减弱，因此极易破裂，消泡现象严重，泌水量增加。从图 7-24（b）中可以看出，随着稀释比减小，发泡倍数逐渐减小，而泡沫密度却逐渐增高。其中，当稀释比为 1：15 时，发泡倍数最大，泡沫密度最低，分别为 32.1 倍和 31.2kg/m³，而当稀释比为 1：40 时，发泡倍数最小，泡沫密度最高，分别为 23.7 倍和 42.1kg/m³。这是由于稀释比越小，泡沫液浓度越低，液体的表面张力越大，而泡沫液膜内含水量增大，因此发泡倍数下降，泡沫密度却增高。

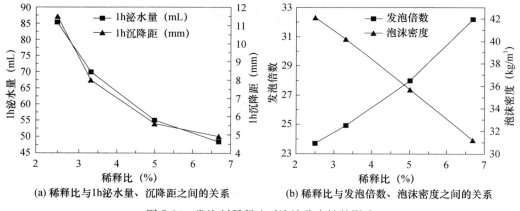

(a) 稀释比与 1h 泌水量、沉降距之间的关系　　(b) 稀释比与发泡倍数、泡沫密度之间的关系

图 7-24　发泡剂稀释比对泡沫稳定性的影响

3. 泡沫混凝土的性能

为了探究不同掺量的粉煤灰、不同掺量的泡沫和水胶比对高贝利特硫铝酸盐水泥基泡沫混凝土性能的影响，快速筛选出满足保温墙材要求的配合比，设计了三因素三水平的正交试验，试验因素水平见表 7-8，试验方案及性能测试结果见表 7-9，极差分析结果见表 7-10。在发泡剂稳定性满足要求的前提下同时考虑其经济性，因此本试验中统一将高分子复合发泡剂按 1：30 稀释后用以制备泡沫混凝土。另外每组试验加入 6％的萘系减水剂以改善浆体流动性。

表 7-8　泡沫混凝土正交试验因素水平表

水　平	因　素		
	A	B	C
	粉煤灰掺量（%）	水胶比	泡沫掺量（%）
1	0	0.40	13.0
2	15	0.45	14.5
3	25	0.50	16.0

表 7-9　泡沫混凝土正交试验方案及测试结果（$L_9 3^3$）

组别 因素	粉煤灰掺量 （%）	水胶比	泡沫掺量 （%）	减水剂掺量 （%）	干密度 （kg/m³）	抗压强度 （MPa）	导热系数 ［W/（m・K）］
1	0	0.40	13.0	0.6	313	0.64	0.0840
2	0	0.45	14.5	0.6	315	0.40	0.0805
3	0	0.50	16.0	0.6	311	0.42	0.0789
4	15	0.40	14.5	0.6	315	0.51	0.0813
5	15	0.45	16.0	0.6	309	0.39	0.0752
6	15	0.50	13.0	0.6	314	0.64	0.0825
7	25	0.40	16.0	0.6	335	0.42	0.0779
8	25	0.45	13.0	0.6	306	0.63	0.0810
9	25	0.50	14.5	0.6	298	0.40	0.0762

表 7-10　正交试验极差分析表

项　目		粉煤灰掺量（%）	水胶比	泡沫掺量（%）
干密度	K1	313.0	315.7	335.0
	K2	315.3	309.3	306.3
	K3	311.0	314.3	298.0
	极差	4.3	6.3	37.0
	优水平	3	2	3
	主次	CBA		
抗压强度	K1	0.70	0.75	0.91
	K2	0.73	0.67	0.62
	K3	0.69	0.70	0.58
	极差	0.04	0.08	0.30
	优水平	2	1	1
	主次	CBA		
导热系数	K1	0.0811	0.0811	0.0824
	K2	0.0795	0.0789	0.0793
	K3	0.0784	0.0791	0.0773
	极差	0.003	0.002	0.005
	优水平	3	2	3
	主次	CAB		

如图 7-25 （a）所示，粉煤灰对泡沫混凝土的干密度并没有太大的影响。如图 7-25 （b)所示，随着粉煤灰掺量的增加，泡沫混凝土的抗压强度先增加后减小，这说明适量的增加粉煤灰可以有效地改善浆体的流动性从而提高泡沫混凝土的抗压强度，而过多的粉煤灰会影响其水化而不利于强度增长。如图 7-25 （c）所示，随着粉煤灰掺量的增加导热系数逐渐降低，这是因为粉煤灰本身的导热系数小于水泥，掺入粉煤灰可以降低泡沫混凝土整体导热系数。随着水胶比的增大，泡沫混凝土的干密度先降低后增高，这是由于当水胶比为 0.45 时，泡沫与水泥浆体的相容性最好，既不会因为浆体中水过少而使得水泥浆吸收泡沫液泡中的水而使其失水破裂，也不会因为浆体中水过多而使液泡吸水过多而胀破。因此，此时泡沫消泡数最少，得到的泡沫混凝土浆体体积大、密度低。而泡沫混凝土密度低则其中的孔隙率高，承受抗压能力减小，导热系数也减小，这也就很好地解释了水胶比对泡沫混凝土抗压强度和导热系数影响的曲线趋势。从图 7-25 中可以看出，随着泡沫掺量的增加，泡沫混凝土的干密度、抗压强度和导热系数均呈现逐渐降低的趋势，这是因为随着掺入的泡沫增加，泡沫撑起的体积增大，孔隙率增加，导致干密度、抗压强度和导热系数分别降低。

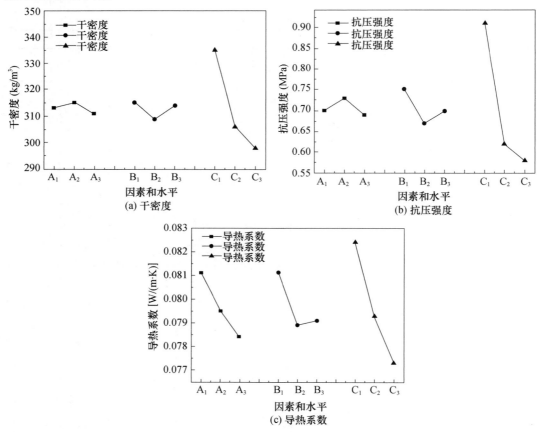

图 7-25　不同因素对泡沫混凝土性能的影响

经过对正交试验综合评定，满足泡沫混凝土最优性能的配合比为粉煤灰掺量、水胶比和泡沫掺量分别为 15%、0.45 和 16.0%，制得的泡沫混凝土性能最优，经试验验证，制得的泡沫混凝土干密度、抗压强度和导热系数分别为 305kg/m³、0.45MPa 和 0.0774W/（m·K），较好地满足泡沫混凝土保温墙材的要求。

7.3　泡沫混凝土的吸水率

泡沫混凝土作为一种优良的无机保温材料，具有保温、隔声、防火、抗震等优异的性能，因此广泛应用于建筑行业的各个领域。但泡沫混凝土为多孔结构，内部存在大量的孔隙且孔径较大，因此泡沫混凝土具有较高的吸水率。泡沫混凝土的吸水率极大地影响其性能，特别是耐久性。吸水率越高，泡沫混凝土的冻融破坏越严重，其抗渗性能越差，如氯离子、硫酸根离子等对混凝土产生破坏的离子越容易随着水分进入混凝土内部。如何在不破坏混凝土内部环境平衡的情况下降低其吸水率成为研究的热点和重点。

影响泡沫混凝土吸水率的因素有很多，包括泡沫混凝土自身的密度、孔结构、渗透机理等。目前，解决泡沫混凝土较高吸水率的方法有多种，使用最多的有两种方法：（1）在泡沫混凝土料浆中掺加防水剂或者在泡沫混凝土的表面涂覆一层防水材料；（2）在泡沫混凝土制作过程中，通过加入减水剂降低其水灰比，使得混凝土更致密，从而提高其防水性能。

7.3.1　内掺防水材料降低吸水率

内掺防水剂处理即在泡沫混凝土制作过程中将防水剂加入料浆中，作为混凝土的拌合物。丁曼研究了硬脂酸锌乳液、石蜡微乳液和硅氧烷溶液三种防水剂对泡沫混凝土防水性能的影响，研究结果表明，掺入硬脂酸锌乳液后，泡沫混凝土的防水性能最好，其次是石蜡微乳液，而掺入硅氧烷溶液后，泡沫混凝土的防水性能最差。侯星等研究了有机硅防水剂对泡沫混凝土吸水率的影响，结果表明，当有机硅防水剂的内掺量为 4% 时，泡沫混凝土的吸水率降至 17.32%，比空白试样的吸水率降低了 24.17%。

内掺防水剂相较于表面防水处理来讲，对泡沫混凝土的耐久性提升更有效果，主要原因是防水剂在混凝土内部不易受到外部环境的破坏，比如强紫外线、高温等。但防水剂的选择是这种处理方式的关键，尤其是防水剂与发泡剂的相容性问题，如果防水剂与混凝土内部环境相容性较差的话，会使泡沫混凝土内部产生消泡而降低其孔隙率，影响泡沫混凝土的各类性能。例如硅烷类材料可以降低表面能，而发泡剂一般都为表面活性物质，如果将硅烷类材料掺入泡沫混凝土中就会出现迅速消泡的现象。

7.3.2　外涂防水材料降低吸水率

外涂防水处理即在已成型的泡沫混凝土表面涂覆防水材料，在混凝土表面形成一层致密的防水膜，隔绝混凝土内部水分与外界水分的流动，从而提高泡沫混凝土的防水性能，降低泡沫混凝土的吸水率，提高泡沫混凝土的耐久性。这种处理方法的优点在于施工难度较低，可在泡沫混凝土成型的基础上进行处理，有利于在工地现场进行施工，而且其用量相对较少，可省一定的施工成本。周述光等用高渗透防水剂 FSJ 对泡沫混凝土进行表面喷涂处理，显著提高了其防水性能。胡璐等在泡沫混凝土表面涂刷乳液型有机硅和甲基硅酸盐，均能够降低泡沫混凝土的吸水率。朱桂红等使用硅烷乳液在混凝土表面进行表面处理后取得了较好的防水效果，当混凝土孔隙率较大时，防水材料能获得较大的渗透深度，从而得到较好的防水效果。虽然表面防水处理的方法能有效地降低泡沫混凝土的吸水率，但是仍不能从根本上解决泡沫混凝土的防水问题，一旦防水涂层老化失效，则泡沫混凝土防水性能则会下降，从根本而言并没有解决其防水问题，仅仅是对其进行暂时的防水。

7.3.3　高效减水剂降低吸水率

在泡沫混凝土的制作过程中，往往需要料浆具有较高的流动性以便于其发泡，这就意味着一般泡沫混凝土都具有较高的水灰比。水灰比过高导致其内部含水率偏高，孔隙内的水分会使泡沫混凝土的导热系数变高从而使保温性能变差。减水剂通过改变水的表面张力使水泥的絮凝结构解体，达到分散的效果，从而在保证一定流动性的同时降低水灰比。水灰比的降低使水泥水化更完全、强度更高，同时降低泡沫混凝土内部的含水率，提高其密实性，从而达到提高泡沫混凝土防水性能的目的。

减水剂按减水能力可分为普通减水剂和高效减水剂，按成分组成可分为木质素磺酸盐类减水剂、萘系高效减水剂、三聚氰胺系高效减水剂、脂肪酸系高效减水剂和聚羧酸盐系高效减水剂。管文比较研究了聚羧酸减水剂、三聚氰胺减水剂和萘系减水剂对泡沫混凝土吸水率的影响，结果表明，萘系减水剂不仅可以降低泡沫混凝土的吸水率，还可以提高其抗压强度。钱中秋等研究了不同减水剂对泡沫混凝土吸水率的影响，研究认为，聚羧酸、三聚氰胺、萘系减水剂均可以改善泡沫混凝土的吸水率，其中三聚氰胺减水剂对优化泡沫混凝土的综合性能更有效。李启金的研究则认为，聚羧酸减水剂最适合在普通硅酸盐发泡水泥中使用，能够有效提升发泡水泥的力学强度、保温隔热性能和防水性能。赵怀霞等研究了萘系减水剂掺量对泡沫混凝土吸水率的影响，结果表明，泡沫混凝土的吸水率随减水剂掺量的增加先减少后增加。

从上述研究中可以发现，减水剂能够降低泡沫混凝土的吸水率，同时还能起到稳泡作用，是泡沫混凝土中不可或缺的一种外加剂。但是，不同减水剂的作用效果不同，即使是同一减水剂，在不同体系的泡沫混凝土中效果也不尽相同，这与泡沫混凝土的组分有关。因此，需要针对不同的泡沫混凝土组成，选择最合适的减水剂。

7.3.4　泡沫混凝土常用防水剂

泡沫混凝土常用防水剂按照主要成分可分为无机防水剂、有机防水剂和复合防水剂三类。无机防水剂主要包括氯盐系（如氯化铁、氯化钙等）、硅酸钠系（如水玻璃等）、锆化物等。有机防水剂主要包括脂肪酸及其盐类（如硬脂酸钙、硬脂酸锌等）、石蜡及沥青系（如石蜡微乳液等）、树脂及橡胶类（如天然橡胶、合成橡胶等）、水溶性树脂系（如纤维素醚、聚乙烯醇等）和有机硅类（如甲基硅醇钠等）等。复合防水剂主要包括无机复合防水剂、有机复合防水剂和无机-有机复合防水剂，主要是有机物和无机物通过物理或化学方式进行合成。

单星本等研究了硬脂酸盐类、硅烷基类、有机硅防水剂对泡沫混凝土吸水率的影响，研究表明，掺加硬脂酸盐防水剂的泡沫混凝土的吸水率明显低于掺加其他两种防水剂的泡沫混凝土，并且硬脂酸盐防水剂对不同密度的泡沫混凝土的吸水率均有改善作用。于宁等研究了有机硅憎水剂、硅烷基憎水剂和胶粉基憎水剂对化学发泡法制备的泡沫混凝土的吸水率的影响，结果表明，硅烷基憎水剂的效果最好，胶粉基憎水剂的效果最差。Zheng 等通过研究有机硅防水剂、高脂肪酸防水剂和防水剂 F 对发泡水泥吸水率的影响，结果表明，高脂肪酸防水剂能显著降低发泡水泥的吸水率，有机硅防水剂的效果仅次于高脂肪酸防水剂。

李静等研究了乳化硬脂酸和乳化复合防水剂对水泥基复合保温材料吸水率的影响，结果表明，乳化复合防水剂的防水效果和增强效果均明显优于乳化硬脂酸，当乳化硬脂酸和乳化复合防水剂掺量分别为 5％时，两种试样 2h 和 24h 吸水率分别为 20.59％、47.64％和 15.35％、34.53％。同时，该课题组还对比了甲基硅醇类有机硅防水剂和乳化硬脂酸防水剂的效果，结果表明有机硅防水剂的效果优于乳化硬脂酸防水剂。Du 等研究了有机防水剂和无机防水剂对泡沫混凝土吸水率的影响，结果表明，有机防水剂的效果优于无机防水剂。杜传伟等研究了苯丙乳液和氯化铁对泡沫混凝土防水效果的影响，结果表明，相同用量下苯丙乳液的效果明显优于氯化铁，当掺入水泥质量 2.5％的苯丙乳液时，泡沫混凝土的吸水率仅为 26.7％，比未添加时降低了 59.8％。

通过上述研究可以看出，有机防水剂在泡沫混凝土中的防水效果最为明显，脂肪酸金属盐类防水剂可在一定程度上大幅度降低泡沫混凝土的吸水率，而且成本较低，但需要长时间搅拌才能使其与水泥浆体搅拌均匀。石蜡乳胶类防水剂在使用前必须经过乳化处理才能应用到泡沫混凝土中，但乳化方法会给泡沫混凝土的强度带来不利影响。有机硅类防水剂的种类较多，不仅可以内掺，还可以进行表面处理，但在泡沫混凝土中的防水效果并不理想。

参考文献

[1] 闫振甲，何艳君 . 高性能泡沫混凝土保温制品实用技术 [M] . 北京：中国建材工业出版社，2015.

[2] 李秋义 . 建筑垃圾资源化再生利用技术 [M] . 北京：中国建材工业出版社，2014：3-5.

[3] 耿永娟，李绍纯，李秋义，等 . 利用石油焦脱硫灰渣制备硫铝酸盐水泥 [J] . 环境工程学报，2016，10（8）：4462-4466.

[4] 冯燕博 . 混合赤泥胶结硬化机理研究及其工程应用 [D] . 重庆：重庆大学，2015.

[5] 王勇伟 . 利用煤矸石制备陶粒支撑剂的研究 [D] . 济南：济南大学，2016.

[6] 李娟. 高贝利特硫铝酸盐水泥的研究 [D]. 武汉：武汉理工大学，2013.

[7] Pourrezaei P，Alpatova A，Chelme-ayala P，et al. Impact of petroleum coke characteristics on the adsorption of the organic fractions from oil sands process-affected water [J]. International Journal of Environmental Science and Technology，2014，11 (7)：2037-2050.

[8] 陈雪，李秋义，王凤参，等. 脱硫石油焦渣的基本性质及其应用 [J]. 青岛理工大学学报，2013，34 (4)：23-26.

[9] 张巨松，王才智，黄灵玺，等. 泡沫混凝土 [M]. 哈尔滨：哈尔滨工业大学出版社，2016.

[10] 朱红英. 泡沫混凝土配合比设计及性能研究 [D]. 杨凌：西北农林科技大学，2013.

[11] 张启. 寒冷地区超轻泡沫混凝土的制备与性能 [D]. 哈尔滨：哈尔滨工业大学，2014.

[12] 徐文，钱冠龙，化子龙. 用化学方法制备泡沫混凝土的试验研究 [J]. 混凝土与水泥制品，2011，(12)：1-4.

[13] 张鹤译. 镁水泥超轻泡沫混凝土制备与性能研究 [D]. 沈阳：沈阳建筑大学，2013.

[14] 蒋晓曙，李莽. 泡沫混凝土的制备工艺及研究进展 [J]. 混凝土，2012 (01)：142-144.

[15] 黄暑年. 泡沫混凝土稳定性研究 [D]. 合肥：合肥工业大学，2017.

[16] 刘超，罗健林，李秋义，李贺，王赛显. 泡沫混凝土的生产现状及未来发展趋势 [J]. 现代化工，2018，38 (09)：10-14，16.

[17] 刘超，苏敦磊，于琦，等. 泡沫混凝土研究综述 [J]. 建设科技，2018 (19)：45-48.

[18] GB/T 7462 表面活性剂发泡力的测定标准 [S].

[19] 光鉴森，吴其胜，刘小艳，等. 水热合成镍矿渣加气混凝土及其水化产物 [J]. 材料科学与工程学报，2016，34 (03)：421-426.

[20] 刘超，罗健林，李秋义. 高贝利特硫铝酸盐水泥基泡沫混凝土的物理性能研究 [J]. 硅酸盐通报，2018，37 (11)：3416-3421，3432.

[21] 蒋宁山，刘连新，徐婷婷，吴成友，张吾渝，刘亚. 高海拔地区现浇泡沫混凝土正交试验研究 [J]. 新型建筑材料，2016，43 (04)：29-31.

[22] 嵇鹰，张军，武艳文，等. 粉煤灰对泡沫混凝土气孔结构及抗压强度的影响 [J]. 硅酸盐通报，2018，37 (11)：3657-3662.

[23] 王志刚，习会峰，龙志勤，等. 泡沫混凝土配合比的正交试验研究 [J]. 新型建筑材料，2015，42 (07)：82-84.

[24] 袁润章. 胶凝材料学 [M]. 武汉：武汉理工大学出版社，2008.

[25] 褚会超，吕宪俊，张燕，王志强. 降低泡沫混凝土吸水率的研究现状及展望 [J]. 硅酸盐通报，2016，35 (09)：2852-2859.

[26] 杜传伟，李国忠. 减水剂对发泡水泥性能的影响及作用机理研究 [J]. 墙材革新与建筑节能，2014 (03)：44-46.